面向新工科普通高等教育系列教材

MySQL 数据库基础与实践
第 2 版

主　编　夏　辉　杨伟吉　李松平

副主编　白　萍　毕　婧　张书锋

参　编　董妍彤　李天辉　屈　巍

机械工业出版社

本书从数据库基础知识讲起，内容包括数据库设计概述、关系型数据库设计原则、SQL 语言基础等，逐步深入介绍 MySQL 数据库的高级特性和应用技巧，如索引优化、查询优化、事务管理，数据表数据的增、删、改操作，数据查询，常用函数，索引，视图，数据完整性约束，存储过程与存储函数，触发器，事务，事件，备份与恢复等，最后提供了一个综合案例，介绍使用 Java 和 MySQL 实现物流管理系统。书中所有知识都结合具体实例进行介绍，涉及的程序代码也给出了详细的注释，帮助读者轻松掌握 MySQL 的核心概念，快速提高开发技能。

本书提供的资源包括程序的源代码、多媒体教学PPT 和课后习题答案。其中，源代码全部经过测试，能够在 Windows 10 操作系统上编译和运行。

本书既可作为高等学校计算机软件技术课程的教材，也可作为管理信息系统开发人员的技术参考书。

教师如需获取授课电子课件，可登录 www.cmpedu.com 免费注册，审核通过后即可下载，或联系编辑索取（微信：13146070618，电话：010-88379739）。

图书在版编目（CIP）数据

MySQL 数据库基础与实践 / 夏辉，杨伟吉，李松平主编. -- 2 版. --北京：机械工业出版社，2025.1. （面向新工科普通高等教育系列教材）. -- ISBN 978-7-111-77303-0

Ⅰ. TP311.132.3

中国国家版本馆 CIP 数据核字第 2025XT3120 号

机械工业出版社（北京市百万庄大街 22 号 邮政编码 100037）
策划编辑：郝建伟　　　　　责任编辑：郝建伟
责任校对：郑　雪　李　婷　责任印制：单爱军
北京虎彩文化传播有限公司印刷
2025 年 2 月第 2 版第 1 次印刷
184mm×260mm・19.25 印张・512 千字
标准书号：ISBN 978-7-111-77303-0
定价：79.00 元

电话服务　　　　　　　　　网络服务
客服电话：010-88361066　　机　工　官　网：www.cmpbook.com
　　　　　010-88379833　　机　工　官　博：weibo.com/cmp1952
　　　　　010-68326294　　金　书　网：www.golden-book.com
封底无防伪标均为盗版　机工教育服务网：www.cmpedu.com

前言

MySQL 数据库是世界上非常流行的数据库之一。全球最大的网络搜索引擎公司——谷歌使用的数据库就是 MySQL，并且国内很多大型网络公司也选择了 MySQL 数据库，诸如百度、网易、新浪等。据统计，世界上排名前 20 位的一流互联网公司中，有 80%是 MySQL 的忠实用户。因此，学习和掌握 MySQL 数据库技术已经成为计算机相关专业学生的迫切需求。

本书以 MySQL 数据库为核心，全面介绍 MySQL 数据库的技术原理、应用场景和开发实践。本书在第 1 版基础上增加了导学和思政元素。此外，采用 MySQL 8.2 最新开发平台，增加了 MySQL 8.2 涵盖的最新知识点，每个知识点都配以精彩实例。最后增加了一个综合实例。

本书共 11 章。第 1 章介绍数据库设计基础，主要介绍数据库开发的基本概念以及专用术语。第 2 章是 MySQL 数据库基础，主要介绍 MySQL 数据库安装、数据库的操作以及表结构的操作。第 3 章介绍 MySQL 管理表记录，主要包括 MySQL 基本数据类型、运算符、字符集设置和数据表的操作。第 4 章介绍检索表记录，主要讲解利用各种方式进行查询。第 5 章介绍视图和触发器。第 6 章介绍事务管理。第 7 章介绍 MySQL 连接器 JDBC 和连接池。第 8 章介绍 Hibernate 框架。第 9 章介绍事件和数据管理。第 10 章介绍常见函数和存储过程。第 11 章介绍综合案例——物流管理系统，让学生学会综合运用数据库技术解决实际问题。

本书内容全面，案例新颖，针对性强。书中所介绍的案例都是在 Windows 10 操作系统下调试运行通过的。每一章都有和该章知识点相关的案例和实验，以帮助读者顺利完成开发任务。从应用程序的设计到应用程序的发布，读者都可以按照书中所讲述内容实施。作为教材，每章后附有习题。

本书由夏辉负责整体策划，夏辉、杨伟吉、李松平、白萍、毕婧、张书锋、董妍彤、李天辉、屈巍负责编写，并且最终完成书稿的修订、完善、统稿和定稿工作，王晓薇教授、吴鹏博士负责主审。李航教授为本书策划和编写提供了有益的帮助和支持，并且对本书初稿在教学过程中存在的问题提出了宝贵的意见。本书也借鉴了中外参考文献中的原理知识和资料，在此一并感谢。

本书配有电子课件、课后习题答案、各章案例代码、实验代码，以方便教学和自学时参考使用。

由于时间仓促，书中难免存在不妥之处，请读者原谅，并提出宝贵意见。

编　者

目录

前言
第1章 数据库设计基础 ·············· 1
1.1 数据库设计概述 ················· 1
   1.1.1 关系数据库概述 ············ 2
   1.1.2 结构化查询语言 ············ 2
   1.1.3 数据库设计的基本步骤 ········ 3
1.2 关系模型 ······················ 5
   1.2.1 数据库和表 ··············· 6
   1.2.2 列和行 ·················· 6
   1.2.3 主键与外键 ··············· 6
   1.2.4 约束 ···················· 7
1.3 E-R 图 ························ 9
   1.3.1 实体和属性 ··············· 9
   1.3.2 实体与属性之间的关系 ······ 10
   1.3.3 E-R 图的设计原则 ·········· 11
本章小结 ···························· 12
实践与练习 ·························· 12
实验指导：E-R 图的设计与画法 ······· 13
第2章 MySQL 数据库基础 ········ 16
2.1 MySQL 数据库概述 ············ 16
   2.1.1 MySQL 概述 ············· 16
   2.1.2 MySQL 体系结构 ········· 17
2.2 MySQL 数据库安装和配置 ······ 18
   2.2.1 MySQL 的安装 ··········· 18
   2.2.2 启动和停止服务 ··········· 25
   2.2.3 将 MySQL 加入环境变量 ··· 26
   2.2.4 连接 MySQL 服务器 ······· 27
   2.2.5 MySQL 可视化操作工具 ···· 28
2.3 MySQL 数据库的基本操作 ······ 30
   2.3.1 创建数据库 ·············· 30
   2.3.2 查看数据库 ·············· 31
   2.3.3 显示数据库 ·············· 31
   2.3.4 选择当前数据库 ··········· 32

   2.3.5 删除数据库 ·············· 32
2.4 MySQL 表结构的操作 ·········· 32
   2.4.1 创建数据表 ·············· 32
   2.4.2 查看表结构 ·············· 34
   2.4.3 修改表结构 ·············· 35
   2.4.4 删除数据库表 ············ 38
2.5 MySQL 存储引擎 ·············· 38
   2.5.1 InnoDB 存储引擎 ········· 39
   2.5.2 MyISAM 存储引擎 ······· 39
   2.5.3 存储引擎的选择 ··········· 39
2.6 案例：网上书店系统 ············ 40
本章小结 ···························· 43
实践与练习 ·························· 43
实验指导：学生选课系统数据库
   设计 ···························· 44
第3章 MySQL 管理表记录 ······· 47
3.1 MySQL 基本数据类型 ·········· 47
   3.1.1 整数类型 ················ 48
   3.1.2 小数类型 ················ 50
   3.1.3 字符串类型 ·············· 51
   3.1.4 日期时间类型 ············ 52
   3.1.5 复合类型 ················ 55
   3.1.6 二进制类型 ·············· 56
3.2 MySQL 运算符 ················ 56
   3.2.1 算术运算符 ·············· 57
   3.2.2 比较运算符 ·············· 58
   3.2.3 逻辑运算符 ·············· 59
   3.2.4 位运算符 ················ 60
   3.2.5 运算符优先级 ············ 61
3.3 字符集设置 ···················· 61
   3.3.1 MySQL 字符集与字符排序
       规则 ···················· 61

3.3.2　MySQL 字符集的设置 ………… 63	本章小结 ……………………………… 103
3.4　增添表记录 ………………………… 64	实践与练习 …………………………… 103
3.4.1　INSERT 语句 ………………… 64	实验指导：学生选课系统数据库
3.4.2　REPLACE 语句 ……………… 68	检索 ……………………………… 104
3.5　修改表记录 ………………………… 69	**第 5 章　视图和触发器** …………… 106
3.6　删除表记录 ………………………… 69	5.1　视图 ………………………………… 107
3.6.1　DELETE——删除表记录 …… 69	5.1.1　创建视图 ……………………… 108
3.6.2　TRUNCATE——清空表记录 … 70	5.1.2　查看视图 ……………………… 113
3.7　案例：图书管理系统中表记录的	5.1.3　管理视图 ……………………… 115
操作 ……………………………… 72	5.1.4　使用视图 ……………………… 116
本章小结 ……………………………… 76	5.2　触发器 ……………………………… 119
实践与练习 …………………………… 76	5.2.1　创建并使用触发器 …………… 120
实验指导：MySQL 数据库基本操作 … 78	5.2.2　查看触发器 …………………… 122
第 4 章　检索表记录 ……………… 81	5.2.3　删除触发器 …………………… 123
4.1　SELECT 基本查询 ………………… 81	5.2.4　触发器的应用 ………………… 123
4.1.1　SELECT…FROM 查询语句 … 81	5.3　案例：在删除分类时自动删除
4.1.2　查询指定字段信息 …………… 82	分类对应的消息记录 …………… 127
4.1.3　关键字 DISTINCT 的使用 …… 83	本章小结 ……………………………… 132
4.1.4　ORDER BY 子句的使用 ……… 84	实践与练习 …………………………… 132
4.1.5　LIMIT 子句的使用 …………… 84	实验指导：视图、触发器的创建与
4.2　条件查询 …………………………… 85	管理 ……………………………… 133
4.2.1　使用关系表达式查询 ………… 85	**第 6 章　事务管理** ………………… 136
4.2.2　使用逻辑表达式查询 ………… 86	6.1　事务机制概述 ……………………… 136
4.2.3　设置取值范围的查询 ………… 87	6.2　事务的提交和回滚 ………………… 138
4.2.4　空值查询 ……………………… 87	6.2.1　事务的提交 …………………… 138
4.2.5　模糊查询 ……………………… 87	6.2.2　事务的回滚 …………………… 140
4.3　分组查询 …………………………… 88	6.3　事务的四大特性和隔离级别 ……… 142
4.3.1　GROUP BY 子句 ……………… 89	6.3.1　事务的四大特性 ……………… 142
4.3.2　HAVING 子句 ………………… 90	6.3.2　事务的隔离级别 ……………… 144
4.4　表的连接 …………………………… 91	6.4　解决多用户使用问题 ……………… 145
4.4.1　内连接 ………………………… 91	6.4.1　脏读 …………………………… 145
4.4.2　外连接 ………………………… 93	6.4.2　不可重复读 …………………… 147
4.4.3　自连接 ………………………… 94	6.4.3　幻读 …………………………… 148
4.4.4　交叉连接 ……………………… 95	6.5　案例：银行转账业务的事务
4.5　子查询 ……………………………… 95	处理 ……………………………… 149
4.5.1　返回单行的子查询 …………… 95	本章小结 ……………………………… 151
4.5.2　返回多行的子查询 …………… 96	实践与练习 …………………………… 152
4.5.3　子查询与数据更新 …………… 98	实验指导：MySQL 中的事务管理 …… 153
4.6　联合查询 …………………………… 100	**第 7 章　MySQL 连接器 JDBC 和**
4.7　案例：网上书店系统综合查询 …… 101	**连接池** ………………………… 155

V

7.1 JDBC 概述 ……………………… 155
7.2 JDBC 连接过程 ………………… 156
7.3 JDBC 对象的数据库操作 ……… 161
　　7.3.1 增加数据 ………………… 161
　　7.3.2 修改数据 ………………… 163
　　7.3.3 删除数据 ………………… 163
　　7.3.4 查询数据 ………………… 164
　　7.3.5 批处理 …………………… 165
7.4 开源连接池 …………………… 167
7.5 案例：分页查询大型数据库 … 169
本章小结 …………………………… 172
实践与练习 ………………………… 173
实验指导：学生选课系统数据库
　　　　　操作 ……………………… 174

第 8 章　Hibernate 框架 ………… 177
8.1 Hibernate 概述 ………………… 177
8.2 Hibernate 原理和工作流程 …… 178
8.3 Hibernate 的核心组件 ………… 180
　　8.3.1 Configuration 接口 ……… 180
　　8.3.2 sessionFactory 接口 …… 181
　　8.3.3 Session 接口 …………… 181
　　8.3.4 Transaction 接口 ……… 182
　　8.3.5 Query 接口 ……………… 183
　　8.3.6 Criteria 接口 …………… 185
8.4 Hibernate 框架的配置过程 …… 187
　　8.4.1 导入相关 jar 包 ………… 187
　　8.4.2 创建数据库及表 ………… 187
　　8.4.3 创建实体类（持久化类） … 188
　　8.4.4 配置映射文件 …………… 189
　　8.4.5 配置主配置文件 ………… 190
　　8.4.6 编写数据库操作 ………… 191
8.5 Hibernate 的关系映射 ………… 199
8.6 案例：人事管理系统数据库 … 203
本章小结 …………………………… 210
实践与练习 ………………………… 210
实验指导：Hibernate 框架的持久层
　　　　　数据操作 ………………… 211

第 9 章　事件和数据管理 ………… 214
9.1 事件概述 ……………………… 214
　　9.1.1 查看事件是否开启 …… 215

9.1.2 开启事件 ………………… 216
9.1.3 创建事件 ………………… 217
9.1.4 查看事件 ………………… 219
9.1.5 修改事件 ………………… 220
9.1.6 删除事件 ………………… 222
9.2 数据库备份与还原 …………… 223
　　9.2.1 数据的备份 ……………… 223
　　9.2.2 数据的还原 ……………… 225
9.3 MySQL 的用户管理 …………… 227
　　9.3.1 数据库用户管理 ………… 227
　　9.3.2 用户权限设置 …………… 230
9.4 案例：数据库备份与恢复 …… 233
本章小结 …………………………… 241
实践与练习 ………………………… 241
实验指导：数据库安全管理 ……… 242

第 10 章　常见函数和存储过程 … 244
10.1 常见函数 …………………… 244
　　10.1.1 数学函数 ……………… 244
　　10.1.2 字符串函数 …………… 249
　　10.1.3 时间日期函数 ………… 254
　　10.1.4 数据类型转换函数 …… 257
　　10.1.5 流程控制函数 ………… 258
　　10.1.6 系统信息函数 ………… 259
10.2 存储过程 …………………… 259
　　10.2.1 存储过程的优点和缺点 … 259
　　10.2.2 存储过程的用法 ……… 260
本章小结 …………………………… 262
实践与练习 ………………………… 262
实验指导：数据库的内置函数和
　　　　　存储过程 ………………… 264

第 11 章　物流管理系统 …………… 266
11.1 系统需求分析 ……………… 266
11.2 相关技术 …………………… 267
　　11.2.1 需求工程 ……………… 267
　　11.2.2 ARIS 模型 …………… 267
　　11.2.3 多层软件结构体系 …… 268
　　11.2.4 Hibernate 框架 ………… 269
11.3 持久层的实现 ……………… 270
　　11.3.1 持久化类文件 ………… 270
　　11.3.2 基础配置文件 ………… 271

11.4 业务逻辑层的实现 ·················272
   11.4.1 逻辑对象封装 ···············272
   11.4.2 逻辑接口···················272
   11.4.3 逻辑组件配置···············273
11.5 表示层的实现·····················273
   11.5.1 过滤器设置·················273
   11.5.2 实现过程···················274
11.6 数据表设计·······················274

11.7 数据库表创建·····················278
11.8 系统实现·························282
   11.8.1 业务流程···················282
   11.8.2 系统登录···················288
   11.8.3 托运方平台·················289
   11.8.4 承运方平台·················294
本章小结······························299
参考文献·······························300

第 1 章 数据库设计基础

学习目标

- 了解数据库的基础知识。
- 掌握数据库相关术语。
- 了解关系数据库。

素养目标

- 授课知识点：数据库技术概论及软件介绍。
- 素养提升：工匠精神。
- 预期成效：从数据库软件标准引出工匠精神，培养学生具备国际视野，要追求卓越。

当今的时代是信息化的时代，信息成为重要的战略资源，对信息的占有和利用是衡量一个国家、地区、组织或企业综合实力的一项重要指标。随着社会各行各业信息化的快速发展，知识也以惊人的速度增长。有效地组织和利用庞大的知识，以及合理地管理和维护海量的信息，都要依靠数据库。数据库技术是数据管理的核心技术，主要研究如何科学地组织、存储和管理数据库中的数据，以提供可共享、安全、可靠的数据。

1.1 数据库设计概述

数据库（Database，DB）是"按照某种数据结构对数据进行组织、存储和管理的容器"，简单来说，它是一个用来存储和管理数据的容器。数据库系统（Database System，简称 DBS）是指在计算机中引入数据库后的系统，一般由数据库、数据库管理系统、应用程序和数据库管理员组成。数据库管理系统（Database Management System，简称 DBMS）是一种负责管理、控制数据库容器中各种数据库对象的系统软件。数据库用户无法直接通过操作系统获取数据库文件中的数据，而数据库管理系统则可以通过调用操作系统的进程管理、内存管理、设备管理以及文件管理等服务，为数据库用户提供管理、控制数据库中各种数据库对象和数据库文件的接口，从而实现对数据库中具体内容的获取。数据库管理系统按照一定的数据模型组织数据，常用的模型包括"层次模型""网状模型""关系模型"及"面向对象模型"等，基于"关系模型"的数据库管理系统称为关系数据库管理系统（Relational Database Management System，简称 RDBMS）。

1.1.1 关系数据库概述

关系数据库的概念最早出现在 E. F. Codd 博士于 1976 年发表的论文《关于大型共享数据库数据的关系模型》中。该论文阐述了关系数据库模型及其原理，并将其用于数据库系统的设计和实现。

使用关系模型对数据进行组织、存储和管理的数据库被称为关系数据库。关系数据库系统是指支持关系数据模型的数据库系统。在关系数据库中，所谓的"关系"，实际上是一张二维表，表是逻辑结构而不是物理结构，系统在物理层可以使用任何有效的存储结构来存储数据，如顺序文件、索引、哈希表和指针等。因此，表是对物理存储数据的一种抽象，隐藏了许多存储细节，如存储记录的位置、记录的顺序、数据值的表示，以及记录的访问结构（如索引）等。

关系数据库要求将每个具有相同属性的数据独立存放在一张表中，这样的设计克服了层次数据库在处理横向关联时的不足，也避免了网状数据库关联过于复杂的问题，因此关系数据库被广泛应用于各种场景。

1.1.2 结构化查询语言

结构化查询语言（Structured Query Language，简称 SQL）是一种专门用来与数据库通信的语言。它通过一些简单的句子构成基本的语法来存取数据库中的内容，便于用户从数据库中获得和操作所需数据。例如，删除"选课系统"中课程表（course）的所有记录，可使用一条"delete from course"语句来实现。

SQL 语言具有以下特点。

1）SQL 语言是非过程化语言。

SQL 语言允许用户在高层的数据结构上工作，不必对单个记录进行操作，而是可以操作整个记录集。SQL 语句接受集合作为输入，并返回集合作为输出。在 SQL 语言中，用户只需要在程序中说明"做什么"，而无须说明"怎样做"，即用户无须指定数据存放的方法。

2）SQL 语言是统一的语言。

SQL 语言适用于所有用户的数据活动类型，即 SQL 语言可用于所有用户，包括系统管理员、数据库管理员、应用程序员、决策支持系统人员，以及许多其他类型的终端用户对数据库等数据对象的定义、操作和控制活动。

3）SQL 语言是关系数据库的公共语言。

用户可将使用 SQL 的应用从一个关系型数据库管理系统移植到另一系统。

SQL 语言由 4 部分组成。

1）数据定义语言（Data Definition Language，简称 DDL）。

DDL 用来定义数据的结构，是对数据的格式和形态进行定义的语言，主要用于创建、修改和删除数据库对象、表、索引、视图及角色等，常用的数据定义命令有 CREATE、ALTER 和 DROP 等。

建立每个数据库时首先要面对一些问题，例如，数据与哪些表有关、表内有什么栏目主键，以及表与表之间互相参照的关系等，这些都需要在设计开始时就预先规划好，所以，DDL 是数据库管理员和数据库拥有者才有权操作的用于生成与改变存储结构的命令语句。

2）数据操纵语言（Data Manipulation Language，简称 DML）。

DML 用于读取和操纵数据。数据定义完成后接下来就是对数据的操作。数据的操作主要有插入数据（insert）、查询数据（query）、更改数据（update）和删除数据（delete）4 种方式，即数据操纵主要用于数据的更新、插入等操作。

3）数据控制语言（Data Control Language，简称 DCL）。

DCL 用于安全性控制，如权限管理、定义数据访问权限、进行完整性规则描述及事务控制等，其主要内容包括以下 3 方面。
- 用来授予或回收操作数据库的某种特权。
- 控制数据库操纵事务发生的时间及效果。
- 对数据库实行监视。

4）嵌入式 SQL 语言的使用规定。

嵌入式 SQL（Embedded SQL）语言主要涉及 SQL 语句嵌入在宿主语言程序中的规则。SQL 通常有两种使用方式：联机交互使用（命令方式）和嵌入某种高级程序设计语言的程序中（嵌入方式）。两种使用方式虽然不同，但是 SQL 语言的语法结构一致。

根据 SQL 语言的 4 个组成部分可以得到 SQL 的数据定义、数据查询、数据操纵及数据控制的 4 个基本功能，表 1-1 列出了实现其功能的主要动词。

表 1-1 SQL 功能及包含的主要动词

SQL 功能	动词
数据定义	CREATE、DROP、ALTER
数据查询	SELECT
数据操纵	INSERT、UPDATE、DELETE
数据控制	GRANT、REVOKE

经过多年发展，SQL 已经成为一种应用最广泛的关系数据库语言，并定义了操作关系数据库的标准语法。为了实现更强大的功能，各关系数据库管理系统通过增加语句或指令的方式来扩展 SQL 标准。如 Oracle 引入了 PL/SQL，SQL Server 开发了 T-SQL 等。MySQL 也对 SQL 标准进行了扩展，如 MySQL 命令"show database;"用于查询当前 MySQL 服务实例中所有的数据库名。

> 为了区分 SQL 扩展与 SQL 标准，本书将符合 SQL 标准的代码称为"SQL 语句"，如"delete from course"，把 MySQL 对 SQL 标准进行扩展的代码称为"MySQL 命令"，如"show database;"。

1.1.3 数据库设计的基本步骤

按照规范设计的方法，同时考虑数据库及其应用系统开发的全过程，可以将数据库设计分为以下六个阶段。

1. 需求分析阶段

需求分析是数据库设计的第一步，也是整个设计过程的基础。本阶段的主要任务是对现实世界要处理的对象（公司、部门及企业）进行详细调查，并在了解现行系统的概况、确定新系统功能的过程中，收集支持系统目标的基础数据及其处理方法。

需求分析是在用户调查的基础上，通过分析，逐步明确用户对系统的需求，包括数据需求和围绕这些数据的业务处理需求。用户调查的重点是"数据"和"处理"，要从用户处获得对数据库的下列要求。

- 信息需求。定义所设计数据库系统用到的所有信息，明确用户将向数据库中输入什么样的数据，从数据库中要求获得什么样的内容，将要输出什么信息。即明确在数据库中需要存储什么数据，对这些数据将做什么处理等，同时还需要描述数据之间的联系。
- 处理需求。定义系统数据处理的操作功能，描述操作的优先次序，包括操作的执行频率和场合，操作与数据间的联系。要明确用户需要完成哪些处理功能，每种处理的执行频度，用户需求的响应时间，以及处理方式等。
- 安全性与完整性需求。安全性要求描述系统中不同用户对数据库的使用和操作情况，完整性要求描述数据之间的管理关系及数据的取值范围。

在数据分析阶段，通常不必确定数据的具体存储方式，这个问题将留待进行物理结构设计时再考虑。需求分析是整个数据库设计中最重要的一步，它为后续的各个阶段提供必要的信息。如果把整个数据库设计视为一个系统工程，那么需求分析就是该系统工程最原始的输入信息。不充分的需求分析，可能会导致整个数据库重新返工。

2. 概念结构设计阶段

概念结构设计阶段是整个数据库设计的关键。通过对用户需求进行综合、归纳与抽象，形成一个独立于具体 DBMS 的概念模型。

概念结构设计的策略主要有以下几种。

- 自底向上。先定义每个局部应用的概念结构，然后按一定的规则把它们集成起来，从而得到全局概念结构。
- 自顶向下。先定义全局概念结构，然后逐步细化。
- 自内向外。先定义最重要的核心结构，然后逐步向外扩展。
- 混合策略。先用自顶向下的方法设计一个概念结构的框架，然后以它为框架再用自底向上策略设计局部概念结构，最后集成。

3. 逻辑结构设计阶段

逻辑结构设计阶段将概念结构转换为某个 DBMS 所支持的数据模型，并对其性能进行优化。

逻辑结构设计一般包含两步。

- 将概念结构转换为某种组织层数据模型。
- 对组织层数据模型进行优化。

4. 物理结构设计阶段

物理结构设计阶段是利用数据库管理系统提供的方法和技术，对已经确定的数据库逻辑结构，以较优的存储结构和数据存取路径、合理的数据存储位置以及存储分配，设计出一个高效的、可实现的物理数据库结构。

数据库物理结构设计通常分两步。

- 确定数据库的物理结构，在关系数据库中主要指存取方法和存储结构。
- 对物理结构进行评价，评价的重点是时间和空间效率。

如果评价的结果满足原设计要求，则可以进入数据库实施阶段，否则，需要重新设计或修改物理结构，有时甚至需要返回到逻辑设计阶段修改数据模式。

若物理数据库设计得合理，则事务的响应时间短，存储空间利用率高，事务吞吐量大。在设计数据库时，首先要对经常用到的查询和需要数据更新的事务进行详细的分析，获得物理结构设计所需的各种参数。其次，要充分了解所使用的 DBMS 的内部特征，特别是系统提供的存取方法和存储结构。

通常关系数据库的物理结构设计主要包括以下内容。
- 确定数据的存取方法。
- 确定数据的存储结构。

5．实施阶段

在实施阶段运用 DBMS 提供的数据语言（如 SQL）及宿主语言（如 C），根据逻辑设计和物理设计的结果建立数据库，编制与调试应用程序，组织数据入库，并进行试运行。

6．运行与维护阶段

数据库应用系统在运行过程中需要不断调整、修改与完善，经过试运行后即可投入正式运行。

图 1-1 给出了各阶段的设计内容及描述。

设计阶段	设计描述	
	数据	处理
需求分析	数据字典，全系统中数据项、数据流、数据存储的描述	数据流图和判定表（判定树）、数据字典中处理过程的描述
概念结构设计	概念模型（E-R图） 数据字典	系统说明书包括： ① 新系统要求、方案和概图、 ② 反映新系统信息流的数据流图
逻辑结构设计	某种数据模型 关系　　非关系	系统结构图 （模块结构）
物理结构设计	存储安排 方法选择 存取路径建立 分区1 分区2	模块设计 IPO表 IPO表 输入： 输出： 处理：
实施	编写模式 装入数据 数据库试运行 Create … Load …	程序编码 编译联结 测试 Main( ) … if … then … end
运行与维护	性能监测、转储、恢复 数据库重组和重构	新旧系统转换、运行、维护（修正性、适应性、改善性维护）

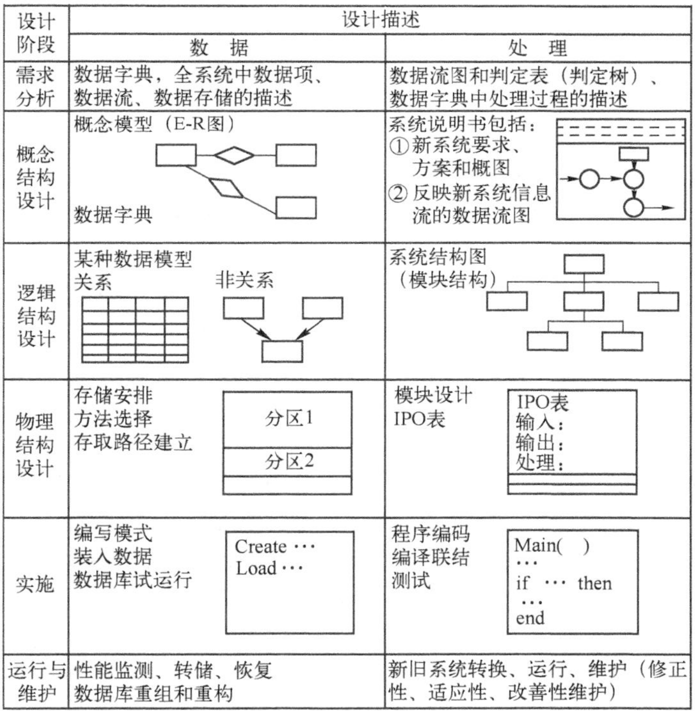

图 1-1　数据库各阶段的设计内容及描述

设计一个完善的数据库应用系统需要上述 6 个阶段的不断反复。在设计过程中，应把数据库的结构设计和数据处理的操作紧密结合起来，这两个方面的需求分析、数据抽象、系统设计及实现等各阶段应同时进行，互相参照和互相补充。

1.2　关系模型

关系模型是当前最主流的，也是应用最广泛的数据模型。简而言之，关系模型就是一张由行和列组成的二维表。关系模型将数据组织成表格的形式，这种表格在数学上称为关系。

1.2.1 数据库和表

关系数据库是由多个表和其他数据库对象组成的。表是一种最基本的数据库对象，由行和列组成，类似于电子表格。一个关系数据库通常包含多个二维表（称为数据库表或表），用于存储和维护各类信息。在关系数据库中，如果存在多个表，则表与表之间也会因为字段的关系产生关联，关联性由主键和外键所体现的参照关系实现。关系数据库不仅包含表，还包含其他数据库对象，如关系图、视图、存储过程和索引等。所以，提到关系数据库时，通常就是指一些相关的表和其他数据库对象的集合。例如，表 1-2 所示的课程表中收集了教师申报课程的相关信息，包括课程名、课程编号、人数上限、授课教师、课程性质及状态，构成了一张二维表。

表 1-2 课程表（二维表实例）

课程名	课程编号	人数上限	授课教师	课程性质	状态
C 语言程序设计	16209020	60	孙老师	必修	未审核
MySQL 数据库设计	16309620	90	李老师	必修	未审核
物联网导论	16309490	40	王老师	选修	未审核
专业外语	16209101	70	田老师	必修	未审核

1.2.2 列和行

数据表中的列也称为字段，每个列都通过列名（也称为字段名）来标记。除了字段名行，表中每一行都称为一条记录。例如，表 1-2 中共有 6 个字段、4 条记录。如果想查找"MySQL 数据库设计"这门课程的授课教师，则可以查找"MySQL 数据库设计"所在的行与字段"授课教师"所在的列的关联相交处获得。初看上去，关系数据库中的一个数据表与一个不存在"合并单元"的 Excel 电子表格相似，但是同一个数据表的字段名不允许重复，而且为了优化存储空间，便于数据排序，数据库表的每一列都会要求指定数据类型。

1.2.3 主键与外键

关系型数据库中的表由行和列组成，并且要求表中的每行记录必须是唯一的。在设计表时，可以通过定义主键（primary key）来保证记录（实体）的唯一性。一个表的主键由一个或多个字段组成，其值具有唯一性且不允许为空（即不可控制），主键的作用是唯一地标识表中的每一条记录。例如，在表 1-3 中，可以用"学号"字段作为主键，但是不能使用"姓名"字段作为主键，因为存在同名现象，无法保证唯一性，有时候表中也可能没有一个字段具有唯一性，即没有任何字段可以作为主键，这时候可以考虑使用两个或两个以上字段的组合作为主键。

表 1-3 主键与外键关系

学号	课程编号	成绩
14180070	16209020	98
14180071	16309620	95
14180083	16309490	87
17180086	16209101	90

为表定义主键时需要注意以下几点。
- 以取值简单的关键字作为主键。例如，如果学生表存在"学号"和"身份证号"两个字

段，建议选取"学号"作为主键，对于开发人员来说"学号"的取值比"身份证号"的取值简单。
- 不建议使用复合主键。在设计数据库表时，复合主键会给表的维护带来不便，因此不建议使用。
- 以添加一个没有实际意义的字段作为表的主键的方式来解决无法从已有字段选择主键或者存在复合主键的问题。例如，在课程表中如果没有包含"课程编号"这个字段，此时因为"课程名"可能重复，课程表就没有关键字。开发人员可以在课程表中添加一个没有实际意义的字段，如"课程号"作为该表的主键。
- 当数据库开发人员向数据库中添加一个没有实际意义的字段作为表的主键时，建议该主键的值由数据库管理系统或者应用程序自动生成。这样既方便又避免了人工录入引入的错误。

一个关系型数据库可能包含多个表，可以通过外键（foreign key）使这些表关联起来。如果在表 A 中有一个字段对应表 B 中的主键，那么该字段称为表 A 的外键。该字段出现在表 A 中，但由它所标识的主题的详细信息存储在表 B 中，对 A 来说这些信息是存储在表的外部的，因此称为外键。

如表 1-3 所示的学生成绩表中有两个外键：一个是"学号"，其详细信息存储在"学生表"中；一个是"课程编号"，其详细信息存储在"课程表"中。"成绩表"和"学生表"中各有一个"学号"字段，该字段在"成绩表"中是外键，在"学生表"中则是主键，但这两个字段的数据类型及字段宽度必须保持一致，字段的名称可以相同，也可以不同。

1.2.4 约束

设计表时，可对表中的一个字段或多个字段的组合设置约束条件，由数据库管理系统（如 MySQL）自动检测输入的数据是否满足约束条件，不满足约束条件的数据将被数据库管理系统拒绝录入。约束分为表级约束和字段级约束，表级约束是对表中几个字段的约束，字段级约束是对表中一个字段的约束。几种常见的约束形式如下。

1. 主键约束

主键用来保证表中每条记录的唯一性。因此，在设计数据库表时，建议为所有的数据库表都定义一个主键。一张表只允许设置一个主键，它可以由单个字段构成，也可以是多个字段组合（不建议使用复合主键）。当使用单个字段作为主键时，应设置字段级约束；用字段组合作为主键时，则应设置表级约束。在输入数据的过程中，必须在所有主键字段中输入数据，即任何主键字段的值不允许为空（null）。如果不在主键字段中输入数据，或输入的数据与已有记录重复，则这条记录将被拒绝。可以在创建表时创建主键，也可以对表中已有的主键进行修改或者增加新的主键。

2. 外键约束

外键约束主要用于定义表与表之间的关系。对于表 A 来说，外键字段的取值是 null，或者是来自表 B 的主键字段的取值，且表 A 和表 B 必须存放在同一关系型数据库中。外键字段所在的表称为子表，而主键字段所在的表称为父表。父表与子表之间通过外键字段建立起了外键约束关系，即表 A 称为表 B 的子表，表 B 称为表 A 的父表。

创建表时建议先创建父表，再创建子表，并且建议子表的外键字段与父表的主键字段的数据类型、数据长度相似或者可以相互转换（最好相同）。子表与父表之间的外键约束关系如下。
- 如果子表的记录"参照"了父表的某条记录，则父表中该记录的删除（delete）或修改（update）操作可能失败。
- 如果试图直接插入（insert）或者修改（update）子表的"外键值"，子表中的"外键值"必须是父表中的"主键值"或者 null，否则插入（insert）或者修改（update）操作将失败。

MySQL 的 InnoDB 存储引擎支持外键约束，而 MySQL 的 MyISAM 存储引擎暂时不支持外键约束。对于 MyISAM 存储引擎的表而言，数据库开发人员可以使用触发器"间接地"实现外键约束。

3. 非空约束

如果在一个字段中允许不输入数据，可以将该字段定义为 null。反之，如果在一个字段中必须输入数据，则应当将该字段定义为 not null。设置某个字段的非空约束时，直接在该字段的数据类型后面加上 not null 关键字即可。当一个字段中出现 null 值时，意味着用户还没有为该字段输入值，非空约束限制该字段的内容不能为空，但可以是空白，也就是说，null 值既不等价于数值型数据中的 0，也不等价于字符型数据中的空字符串。

4. 唯一性约束

如果一个字段值不允许重复，则应当对该字段添加唯一性（unique）约束。与主键约束不同，一张表中可以存在多个唯一性约束，且满足唯一性约束的字段可以取 null 值。如果要设置某个字段为唯一性约束，直接在该字段的数据类型后面加上 unique 关键字即可。

5. 默认约束

默认值字段用于指定一个字段的默认值，当尚未在该字段中输入数据时，数据库将自动填入这个默认值到该字段。例如，可以为课程表（course）中的人数上限（up_limit）字段设置默认值 90，则当尚未在该字段中输入数据时，该字段会自动填入默认值。如果设置某个字段的默认值约束，直接在该字段的数据类型后面加上 default 即可。如果对一个字段添加了 not null 约束，但又没有设置默认约束，则必须在该字段中输入一个非 null 值，否则会出现错误。

6. 检查约束

检查（check）约束用于检查字段的输入值是否满足指定的条件。如果在表中输入或者修改记录时不符合检查约束指定的条件，则这条数据不会被写入该字段。例如，课程的人数上限必须在（90，100，120）整数集合中取值；性别字段只能接受"男"或"女"字符串的值；成绩表中的成绩字段需要满足大于或等于 0、小于或等于 100 的约束条件等。这些约束条件都属于检查约束。

MySQL 暂时不支持检查约束，数据库开发人员可以使用 MySQL 复合数据类型或者触发器"间接地"实现检查约束。

7. 自增约束

自增（AUTO_INCREMENT）约束是 MySQL 特有的完整性约束。当向数据库表中插入新记录时，字段上的值会自动生成唯一的 ID。在设置自增约束时，一个数据库表中只能有一个字段使用该约束，且该字段的数据类型必须是整型。通常，该字段会被设置为主键。在 MySQL 中，自增约束通过 SQL 语句的 AUTO_INCREMENT 关键字来实现。

8．删除约束

在 MySQL 数据库中，一个字段的所有约束都可以用 alter table 命令删除。

1.3 E-R 图

关系数据库设计一般要从数据模型 E-R 图（Entity-Relationship Diagram，简称 E-R 图）开始。E-R 图可以表示现实世界中的实体及其相互之间的关系，它描述了软件系统的数据存储需求。E-R 图由实体、属性和关系 3 个要素构成，其中 E 表示实体，R 表示关系，通过这些要素可以较好地描述信息世界的结构。

1.3.1 实体和属性

1．实体

E-R 图中的实体表示现实世界具有相同属性描述的事物的集合。它不是某一个具体事物，而是一类事物的统称。E-R 图中的实体通常用矩形表示，如图 1-2 所示，把实体名写在矩形框内。实体中的每一个具体的记录值称为该实体的一个实例。在设计 E-R 图时，一张 E-R 图中通常包含多个实体，每个实体由实体名唯一标记。在数据库开发中，每个实体对应数据库中的一张数据库表，每个实体的具体取值对应数据库表中的一条记录。例如，在"选课系统"中，"课程"是一个实体，它对应"课程"数据库表，而"课程名"为 MySQL 数据库设计，"人数上限"为 90 的课程是"课程"实体的具体取值，对应"课程"数据库表中的一条记录。

图 1-2 "课程"实体及属性

2．属性

E-R 图中的属性通常表示实体的某种特征，也可以使用属性表示实体间关系的特征。一个实体通常包含多个属性，每个属性由唯一的属性名标记，并画在椭圆内，如图 1-2 所示，"课程"实体包含"课程名""人数上限""课程描述""状态" 4 个属性。再如图 1-3 所示，"学生"实体可以由"学号""姓名""性别""出生年月""专业"和"联系方式"等属性组成，而"14180070，李天，男，1990-08，计算机科学与技术，2014"具体描述了一个名叫李天的学生对应的实例。E-R 图中的实体的属性对应数据库表的字段，例如图 1-2 中，"课程"实体具有"课程名""人数上限"等属性，对应"课程"数据库表的"课程名"字段及"人数上限"字段。在 E-R 图中，通常来说属性是不可再分的最小单元；如果属性能够再分，建议对其进行细分，或者将其"升格"为另一实体。例如，图 1-3 所示的"学生"实体的"联系方式"属性可以细分为 E-mail、QQ、固定电话和手机等属性。

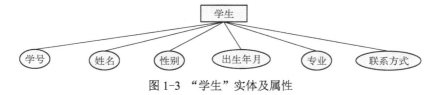

图 1-3 "学生"实体及属性

1.3.2 实体与属性之间的关系

在现实世界中，任何事物都不是孤立存在的，事物之间或事物内部是有联系的。这些联系在信息世界反映为实体间的关系和实体内部的关系。实体内部的关系是指组成实体的各属性之间存在的联系；实体之间的关系是指不同实体之间的联系。

E-R 图中的关系主要用来讨论实体间存在的联系，在 E-R 图中，联系用菱形表示，菱形框内写明联系的名称，用连线将菱形框与它所关联的实体连接起来，并且在连线旁边标明关系的类型，如图 1-4 所示。E-R 图中实体间的关系类型一般有 3 种：一对一关系（1∶1）、一对多关系（1∶n）和多对多关系（m∶n）。下面以两个实体间的关系为例来进一步说明这 3 种类型的关系。

1. 一对一关系（1∶1）

对于实体集 A 中的每一个实体，实体集 B 中至多有一个（可以没有）实体与之联系，反之亦然，则称实体集 A 与实体集 B 具有一对一关系（1∶1）。如图 1-4a 所示，对于初高中学校而言，每个班级只有一名班主任，而一名班主任只负责一个班级，则班级和班主任实体之间具有一对一关系。

2. 一对多关系（1∶n）

对于实体集 A 中的每一个实体，实体集 B 中有 n 个实体（$n \geq 0$）与之联系，而对于实体集 B 中的每个实体，实体集 A 中至多只有一个实体与之联系，则称实体集 A 与实体集 B 具有一对多关系。如图 1-4b 所示，一般情况下，在高校里，每个专业有若干名学生，而每个学生只能选择一个专业学习，则专业和学生实体间存在着一对多关系。

3. 多对多关系（m∶n）

对于实体集 A 中的每个实体，实体集 B 中有 n 个实体（$n \geq 0$）与之联系，反之，对于实体集 B 中的每个实体，实体集 A 中有 m 个实体（$m \geq 0$）与之联系，则称实体集 A 与实体集 B 具有多对多关系。如图 1-4c 所示，在学校里，每个学生可以选修多门课程，而一门课程也可以由不同的学生选修，则学生和课程实体间具有多对多关系。

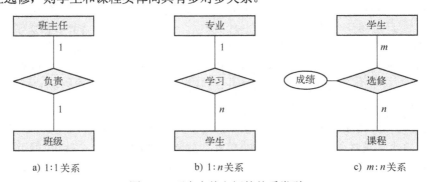

a) 1∶1 关系　　　　b) 1∶n 关系　　　　c) m∶n 关系

图 1-4　两个实体之间的关系类型

关系也可以具有属性，如图 1-4c 中，由于每个学生选修每一门课程将获得唯一的一个成绩，因此"成绩"只能作为选修关系的属性，而不能单独作为"学生"实体或"课程"实体的属性，以避免无法确定某个成绩属于哪个学生或哪门课程。

E-R 图不仅能够描述两个实体之间的关系，还能描述两个以上实体之间或者一个实体内的关系。如图 1-5 所示为 3 个实体之间的关系，对于供应商、项目和零件 3 个实体，一个供应商可以供给多个项目、多种零件；一个项目可以使用不同供应商的多种零件；一个零件可以由多个供应商供给多个项目。

如图 1-6 所示为单个实体内的关系。在高等学校，教师通常是按照学院或者系进行管理的，每位教师由一个院长或者系主任直接领导，而院长或系主任领导本院或者本系的多名教师，由于院长或者系主任都是教师中的一员，因此教师实体内部存在着领导与被领导的一对多的关系。

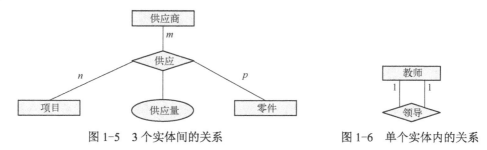

图 1-5　3 个实体间的关系　　　　　图 1-6　单个实体内的关系

1.3.3　E-R 图的设计原则

数据库设计通常采用"一事一地"原则，这主要从实体与属性方面体现。

（1）属性应该存在且仅存在于某一个地方（实体或者关联）

该原则确保了数据库中的某个数据仅存储于某个数据库表中，避免了同一数据存储于多个数据库表中，从而减少了数据冗余。

（2）实体是一个独立的个体，不能存在于另一个实体中成为其属性

该原则确保了一个数据库表中不会包含另一个数据库表，即避免了"表中套表"的现象。

例如，在"选课系统"中，学生选课时需要提供学号、姓名、班级名、院系名及联系方式等信息。学号、姓名及联系方式需要作为学生实体的属性出现，而班级名和院系名则无法作为学生实体的属性出现。如果将班级名和院系名也作为学生实体的属性，那么学生实体存在（学号、姓名、联系方式、班级名、院系名）5 个属性，学生实体中出现了"表中套表"的现现象，违背了"一事一地"原则。由于班级名和院系名联系紧密，班级属于院系，院系通常包含多个班级，应该将"班级名"属性与"院系名"属性抽取出来，放入"班级"实体中，将一个"大"的"实体"分解成两个"小"的实体，并且建立班级实体与学生实体之间的一对多关系，从而得到"选课系统"中的部分 E-R 图，如图 1-7 所示。

（3）在同一个 E-R 图中，同一个实体仅出现一次

当同一个 E-R 图中两个实体间存在多种关系时，为了表示实体间的这些关系，应避免让同一个实体出现多次。例如，在中国移动提供的 10086 人工服务中，客服人员为手机用户提供服务后，手机用户可以对该客服人员进行评价。客服人员与手机用户之间存在服务与被服务、评价与被评价等多种关系。本着"一事一地"原则，客服人员与手机用户之间的关系可以用如图 1-8 所示的 E-R 图表示，其中客服人员实体与手机用户实体在 E-R 图中仅出现一次。

本着"一事一地"原则对"选课系统"进行设计，得到所有的"部分"E-R 图，并将其合并成为"选课系统"E-R 图，其中共有 4 个实体，分别为教师、课程、学生和班级，每个实体包含的属性间的关系如图 1-9 所示。

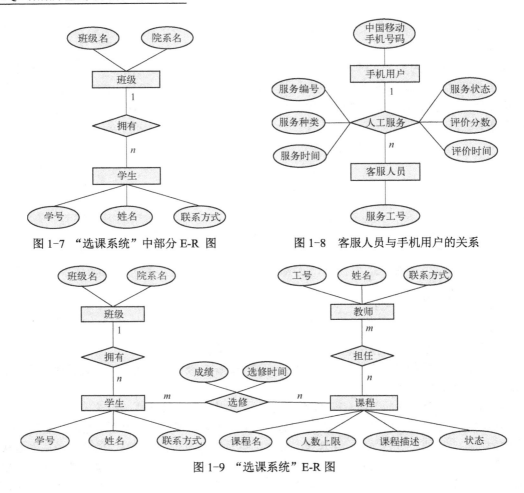

图 1-7 "选课系统"中部分 E-R 图   图 1-8 客服人员与手机用户的关系

图 1-9 "选课系统" E-R 图

本章小结

本章首先介绍了数据库设计的基本概念,简述了关系数据库、结构化查询语言(SQL)的组成与特点,并进一步阐述了数据库设计的基本步骤及注意事项。接着对关系模型进行了介绍,描述了数据库和表、列和行,以及主要约束的概念。在关于 E-R 图的阐述中,介绍了实体、属性和关系,并给出了 E-R 图的设计原则与方法。

实践与练习

一、选择题

1. 数据库系统的核心是( )。
   A.数据模型   B.数据库管理系统   C.数据库   D.数据库管理员
2. E-R 图中提供了表示信息世界中实体、属性和( )的方法。
   A.数据   B.关系   C.表   D.模式
3. E-R 图是数据库设计的工具之一,它一般适用于建立数据库的( )。
   A.概念模型   B.结构模型   C.物理模型   D.逻辑模型

4. SQL 语言又称（　　）。
   A．结构化定义语言　　　　　　B．结构化控制语言
   C．结构化查询语言　　　　　　D．结构化操纵语言
5. 可用于从表中检索数据的 SQL 语句是（　　）。
   A．SELECT 语句　　　　　　　B．INSERT 语句
   C．UPDATE 语句　　　　　　　D．DELETE 语句
6. DBS 的中文含义是（　　）。
   A．数据库系统　　　　　　　　B．数据库管理员
   C．数据库管理系统　　　　　　D．数据定义语言
7. DBMS 的中文含义是（　　）。
   A．数据库系统　　　　　　　　B．数据库管理员
   C．数据库管理系统　　　　　　D．数据库
8. MySQL 是一个（　　）的数据库系统。
   A．网状型　　　B．层次型　　　C．关系型　　　D．以上都不是
9. 数据库、数据库管理系统和数据库系统之间的关系是（　　）。
   A．数据库包括数据库管理系统和数据库系统
   B．数据库系统包括数据库和数据库管理系统
   C．数据库管理系统包括数据库和数据库系统
   D．不能互相包括
10. 设有部门和职员两个实体，每个职员只能属于一个部门，一个部门可以有多名职员，则部门与职员实体之间的关系类型是（　　）。
   A．1∶1　　　B．1∶n　　　C．m∶n　　　D．m∶1

二、概念题

1. 简述什么是数据库、数据库系统、数据库管理系统。
2. 简述什么是关系型数据库。
3. 简述 SQL 功能及包含的主要动词。
4. 数据库设计包含哪几个阶段？请分别简要阐述。
5. 什么是 E-R 图中的实体和属性，它们的表示方法是什么？

三、操作题

现有班级信息管理系统需要设计，希望数据库能够管理班级与学生信息，其中学生信息包括学号、姓名、年龄、性别、班级名，班级信息包括班级名、班主任、班级人数。

1. 确定班级实体和学生实体的属性。
2. 确定班级和学生之间的关系，给关系命名并指出关系的类型。
3. 确定关系本身的属性。
4. 画出班级与学生关系的 E-R 图。

实验指导：E-R 图的设计与画法

实验目的和要求

- 了解 E-R 图的构成要素。

- 掌握 E-R 图的设计原则。
- 掌握 E-R 图的绘制方法。
- 掌握概念模型向逻辑模型的转换原则和步骤。

题目1　为电冰箱经销商设计数据库

1．任务描述

请为电冰箱经销商设计一套存储生产厂商和产品信息的数据库。数据包括：厂商名称、地址和电话，产品的品牌、型号和价格，生产厂商生产某种产品的数量和日期。

2．任务要求

（1）确定产品实体与生产厂商实体的属性。
（2）确定产品和生产厂商之间的关系，为关系命名并指出关系的类型。
（3）确定关系本身的属性。
（4）画出产品与生产厂商关系的 E-R 图。
（5）将 E-R 图转换为关系模式，写出表的关系模式并标明各自的主键。

3．知识点提示

本任务主要用到以下知识点。
（1）E-R 图中的实体概念及表示方法。
（2）E-R 图中的属性概念及表示方法。
（3）实体之间关系的种类。
（4）E-R 图到关系模式转换的方法及主键确定。

题目2　为学生选课系统设计数据库

1．任务描述

现有学生选课系统需要设计，希望能够管理学生选课与课程，其中学生信息包括学号、姓名、性别、所在院系和联系方式，课程信息包括课程编号、课程名、人数上限、课程描述、学分、学期及状态。

2．任务要求

（1）确定学生实体与课程实体的属性。
（2）确定学生和课程之间的关系，为关系命名并指出关系的类型。
（3）确定关系本身的属性。
（4）画出学生与课程的 E-R 图。
（5）将 E-R 图转换为关系模式，写出表的关系模式并标明各自的主键。

3．知识点提示

本任务主要用到以下知识点。
（1）E-R 图中的实体概念及表示方法。
（2）E-R 图中的属性概念及表示方法。
（3）实体之间关系的种类。
（4）E-R 图到关系模式转换的方法以及主键确定。

题目 3 完善学生选课系统数据库

1．任务描述

在题目 2 的基础上，完善选课系统，要求所设计的系统中共有 4 个实体，分别为教师、课程、学生和班级。本着"一事一地"原则对选课系统进行设计。

2．任务要求

（1）确定选课系统中出现的实体的属性。
（2）确定各实体之间的关系，为关系命名并指出关系的类型。
（3）确定关系本身的属性。
（4）画出选课系统的 E-R 图。

3．知识点提示

本任务主要用到以下知识点。
（1）E-R 图中的实体概念及表示方法。
（2）E-R 图中的属性概念及表示方法。
（3）实体之间关系的种类。
（4）E-R 图设计方法。

第 2 章 MySQL 数据库基础

学习目标

- 掌握 MySQL 的安装方法。
- 掌握 MySQL 的配置方法。
- 掌握启动、停止 MySQL 服务的方法。
- 掌握连接 MySQL 服务器的方法。
- 掌握使用 Navicat 工具连接并操作数据库的方法。
- 熟练掌握对数据库及数据表操作的 SQL 命令。

素养目标

- 授课知识点：参照完整性。
- 素养提升：个体、群体与社会的辩证关系，集体荣誉感和社会责任感。
- 预期成效：通过球类比赛的案例使学生认识集体主义和拼搏精神的重要性。

MySQL 是一个开源的关系型数据库管理系统，由瑞典 MySQL AB 公司开发。MySQL 在 2008 年 1 月被 Sun 公司收购，而 2009 年 4 月，Sun 公司又被 Oracle 公司收购。MySQL 作为开源免费的数据库系统，以其高性能、稳定、易用、可扩展及安全等特点，被广泛地应用于 Web 开发、企业应用和数据分析等领域。本章介绍 MySQL 相关的基础知识，主要包括 MySQL 的新特性、安装与配置过程、MySQL 数据库及数据表的基本操作命令。

2.1 MySQL 数据库概述

MySQL 是采用客户端/服务器的关系型数据库管理系统，具有跨平台性和可移植性，体积小、运行速度快、成本低，可运行在多种操作系统上。

2.1.1 MySQL 概述

与 MySQL 5.7 版本相比，MySQL 8.x 版本有很多新功能和新特性，简要介绍如下。

1．字符集支持

MySQL 8.x 将默认字符集从 latin1 更改为 utf8mb4，并将 utf8mb4_0900_ai_ci 作为默认排序规则。utf8mb4 编码是 utf8 编码的超集，utf8 最多只能存 3 字节长度的字符，utf8mb4 每个字符占 4 字节。

2．InnoDB 存储引擎性能增强

InnoDB 是 MySQL 默认的存储引擎，支持数据库的事务处理、数据表的外键等功能。MySQL8.x 对 InnoDB 的性能进行了大幅优化，在事务支持、读写工作负载等方面有着明显的提升。

3．索引优化

MySQL 8.x 版本中新增了隐藏索引和降序索引。隐藏索引的特性对性能调试非常有用。当隐藏一个索引时，观察其对数据库的影响。如果数据库性能有所下降，就说明这个索引是有用的；如果数据库性能没有变化，则说明这个索引是无用的。支持降序索引，提高了特定场景的查询性能。降序索引只支持 InnoDB 存储引擎。

4．自增变量的持久化

在 MySQL 8.x 版本之前，自增主键 AUTO_INCREMENT 的值如果大于 max(primary key)+1，在 MySQL 重启后，会重置 AUTO_INCREMENT=max(primary key)+1，这种现象在某些情况下会导致业务主键冲突或者其他难以发现的问题。自 MySQL 8.x 版本开始，已经将自增变量持久化了，并不会由于数据库的重启而重置该值。

5．窗口函数

MySQL 8.x 版本新增了窗口函数，可以实现若干新的查询方式。窗口可以理解为记录的集合，窗口函数也就是在满足某种条件的记录集合上执行的特殊函数。窗口函数可以用来处理复杂的报表统计分析场景，例如计算移动平均值、累计和、排名等。

2.1.2 MySQL 体系结构

MySQL 插件式的存储引擎架构将查询处理、其他的系统任务，以及数据的存储、提取相分离，这种架构可以根据业务的需求和实际需要选择合适的存储引擎。MySQL 的组成部分包括：连接池组件、系统管理和控制工具组件、SQL 接口组件、解析器组件、优化器组件、缓存组件、插件式存储引擎及文件系统。MySQL 体系结构如图 2-1 所示。

图 2-1 MySQL 体系结构

各部分说明如下。

（1）连接器：负责与客户端建立连接、获取权限、维持和管理连接。MySQL 为 JDBC、ODBC 和.NET 提供基于标准的驱动程序，使开发人员能够使用其选择的语言构建数据库应用程序。

（2）系统管理和控制工具：包括备份恢复、MySQL 复制、集群等功能。

（3）连接池：管理缓冲用户连接、线程处理等需要缓存的需求。

（4）SQL 接口：接受用户的 SQL 命令，并且返回用户需要查询的结果，比如 SELECT 语句就是通过 SQL 接口调用的。

（5）解析器：SQL 命令传递到解析器的时候会被解析器验证和解析。

（6）查询优化器：在执行查询之前，查询优化器对 SQL 语句进行优化，通常采用"选取-投影-联接"策略。

（7）查询缓存：如果查询缓存有匹配的查询结果，查询语句就可以直接从查询缓存中获取数据。

（8）存储引擎：负责 MySQL 中数据的存储和提取，不同的存储引擎具有不同的功能，应根据实际需要选取合适的存储引擎。

（9）文件系统：将数据存储在运行于该设备的文件系统中，并与存储引擎进行交互。

2.2 MySQL 数据库安装和配置

MySQL 针对不同用户群体采用不同的授权策略，分为社区版（Community Server）和企业版（Enterprise Server）。社区版可供个人用户免费下载；企业版可提供更多功能和技术支持，适用于企业用户。本节将介绍 Windows 10 环境下 MySQL 社区版的安装和配置过程。

2.2.1 MySQL 的安装

从官网 https://dev.mysql.com/downloads/上下载免费的 MySQL 社区版（MySQL Community Server）。笔者选择的版本是 MySQL 8.2.0，下载后的文件名称为 mysql-8.2.0-winx64.msi。具体安装步骤如下。

（1）双击 mysql-8.2.0-winx64.msi 文件，在弹出的安装向导对话框中，单击"Next"按钮以继续，如图 2-2 所示。

图 2-2　安装向导对话框

此时会弹出 MySQL 许可协议界面，如图 2-3 所示。单击选中复选框"I accept the terms in the License Agreement"后，单击"Next"按钮以继续。

图 2-3　许可协议界面

（2）进入选择"Choose Setup Type"（安装类型）的对话框，如图 2-4 所示。安装类型分为 Typical（典型）、Custom（自定义）及 Complete（完全）。默认为 Typical，即只安装常用的 MySQL 组件并且不能修改安装目录。

图 2-4　选择安装类型对话框

单击"Custom"选项，打开自定义安装对话框，如图 2-5 所示。在自定义安装对话框中选择合适的安装组件，单击"Browse"按钮，将安装路径更改为 D:\Program Files\MySQL\MySQL Server 8.2\，单击"Next"按钮以继续。

（3）进入准备安装程序对话框，如图 2-6 所示，单击"Install"按钮，开始安装。

（4）安装完成后，出现如图 2-7 所示的安装完成对话框，选中复选框"Run MySQL Configurator"以配置 MySQL 服务器，单击"Finish"按钮以继续。

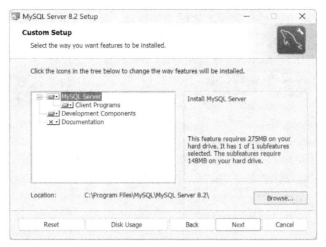

图 2-5　自定义安装对话框

图 2-6　准备安装程序对话框

图 2-7　安装完成对话框

（5）进入 MySQL 服务器配置向导对话框，如图 2-8 所示。

图 2-8　MySQL 服务器配置向导对话框

（6）单击"Next"按钮，打开类型与网络对话框，如图 2-9 所示。在"Config Type"下拉菜单中选择服务器配置类型。MySQL 提供了三种服务器配置类型。

- Development Computer：作为开发服务器使用，适用于数据库开发阶段。MySQL 服务器运行期间占用较少的内存资源。
- Server Computer：作为普通的服务器使用，和其他服务共享一个服务器。MySQL 服务器运行期间占用中等的内存资源。
- Dedicated Computer：作为专门的数据库服务器使用。MySQL 服务器运行期间占用尽可能多的内存资源。

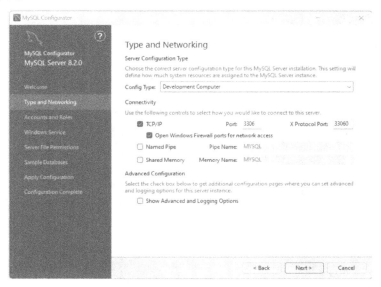

图 2-9　类型与网络对话框

选择默认的"Development Computer"即可,其他配置保持默认,注意默认端口号为3306,单击"Next"按钮以继续。

(7)打开账号与角色对话框,如图2-10所示。设置MySQL的超级用户root的密码,分别在MySQL Root Password和Repeat Password两个文本框中输入密码和确认密码(记住此密码),单击"Next"按钮以继续。

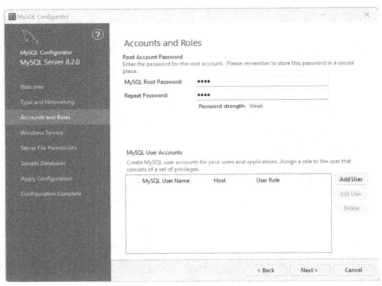

图2-10 账号与角色对话框

(8)打开Windows服务对话框,如图2-11所示。将MySQL服务器实例配置为一个Windows服务,同时设置是否开机自动启动。保持默认值即可,单击"Next"按钮以继续。

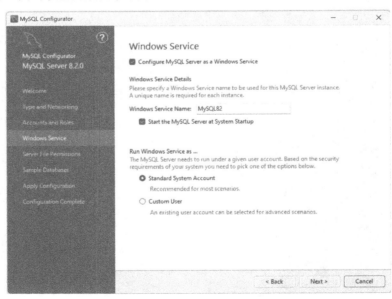

图2-11 Windows服务对话框

第 2 章　MySQL 数据库基础

（9）打开服务器文件权限对话框，如图 2-12 所示。保持默认值即可，单击"Next"按钮以继续。

图 2-12　服务器文件权限对话框

（10）打开示例数据库对话框，如图 2-13 所示。若不安装示例数据库，保持默认设置即可，单击"Next"按钮以继续。

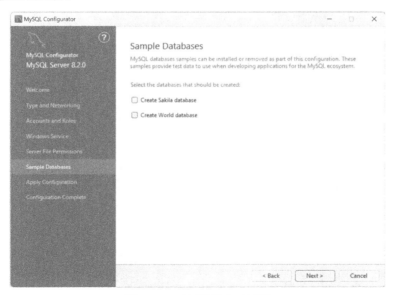

图 2-13　示例数据库对话框

（11）打开应用配置对话框，如图 2-14 所示。单击"Execute"按钮，开始执行配置过程。配置完成后，界面如图 2-15 所示。单击"Next"按钮以继续。

（12）打开安装完成对话框，如图 2-16 所示。单击"Finish"按钮，完成全部安装与配置工作。

图 2-14　应用配置对话框

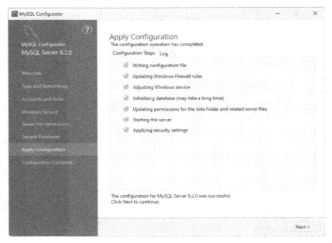

图 2-15　配置完成对话框

图 2-16　安装完成对话框

2.2.2 启动和停止服务

MySQL 安装配置完成后，需要启动 MySQL 服务进程，客户端才能连接数据库服务器。在配置 MySQL 服务时，已经将 MySQL 服务注册为 Windows 的一个系统服务，可以通过以下两种方法来启动和停止 MySQL 服务。

1. 通过图形化界面启动和停止 MySQL 服务

按〈Win+R〉组合键打开"运行"对话框，在"打开"文本框中输入"services.msc"命令，单击"确定"按钮，即可打开"服务"窗口，如图 2-17 所示。在右侧列表中找到"MySQL82"服务，MySQL82 就是配置 MySQL 服务器时指定的 Windows 服务名。单击左侧"启动"即可启动 MySQL 服务。

图 2-17 "服务"窗口

右击 MySQL82 服务，选择"属性"命令，弹出如图 2-18 所示的对话框。在"启动类型"下拉菜单中可以更改 MySQL 服务的启动类型，也可以单击下方的按钮来启动或停止服务。

图 2-18 MySQL 属性对话框

2. 通过 DOS 命令启动和停止 MySQL 服务

打开"开始"菜单，在"搜索"框中输入"cmd"命令，选择以管理员身份运行"命令提示符"应用，进入 DOS 命令窗口。在命令提示符后输入"net start MySQL82"命令或"net stop MySQL82"命令，按下〈Enter〉键，即可实现 MySQL 服务的启动与停止，如图 2-19 所示。

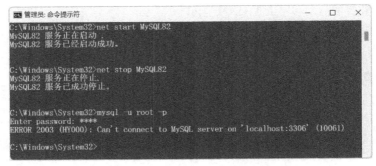

图 2-19　启动与停止服务

2.2.3　将 MySQL 加入环境变量

在配置 MySQL 服务时，默认情况下是不会将 MySQL 服务的 bin 目录添加到环境变量 PATH 中的。在这种情况下，进入 DOS 命令窗口，在命令提示符后输入"mysql -u root -p"命令，按下〈Enter〉键，系统将会输出"'mysql'不是内部或外部命令，也不是可运行的程序或批处理文件"类似的出错信息，如图 2-20 所示，表明系统找不到相应的 MySQL 程序。

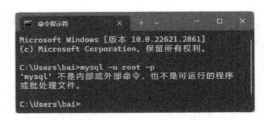

图 2-20　出错信息

此时，可以通过设置环境变量 PATH 来解决这个问题。以 Windows 10 系统为例，具体步骤如下：

（1）右击桌面上"此电脑"图标，选择"属性"菜单项。在弹出的"系统"对话框中，单击"高级系统设置"选项。在弹出的"系统属性"对话框中，单击"高级"选项卡，然后单击"环境变量"按钮，将弹出"环境变量"对话框。

（2）在系统变量列表中查看是否存在 PATH 变量（不区分大小写）。如果不存在，则新建系统变量 PATH。若已存在，则选中该变量，单击"编辑"按钮，打开"编辑系统变量"对话框。在"变量值"文本框中原有变量值的后面增加 MySQL 安装目录下 bin 目录的路径，本书中对应的路径是"D:\Program Files\MySQL\MySQL Server 8.2\bin;"，如图 2-21 所示。之后单击"确定"按钮，即可完成对系统变量 PATH 的编辑。

图 2-21　编辑 PATH 环境变量

完成以上步骤后，重新打开一个新的 DOS 命令窗口，在命令提示符后再次输入"mysql -u root -p"命令并按下〈Enter〉键，并输入先前设置的密码，如果系统运行结果如图 2-22 所示，则表明环境变量 PATH 配置成功。

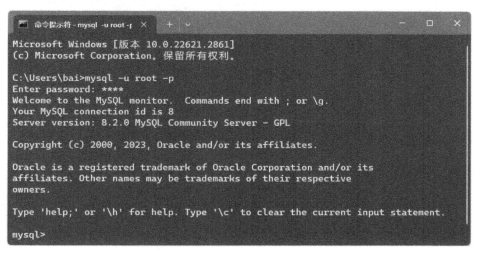

图 2-22　系统运行正确信息

2.2.4　连接 MySQL 服务器

MySQL 服务启动以后，如果要访问 MySQL 服务器上的数据，必须先连接 MySQL 服务器。连接 MySQL 服务器的命令格式如下。

```
mysql -h 服务器主机名 -u 用户名 -p
```

各选项的含义如下。

- -h：指定所要连接的 MySQL 服务器主机，可以是 IP 地址，也可以是服务器域名。如果 MySQL 服务器与执行 MySQL 命令的机器是同一台主机时，主机名可以使用 localhost 或使用 IP 地址 127.0.0.0，也可以省略此选项。
- -u：指定连接 MySQL 服务器使用的用户名，如 root 为管理员用户，具有所有权限。
- -p：指定连接 MySQL 服务器使用的密码，在该参数后直接按回车键，然后输入密码，密码显示为星号。

假设连接 MySQL 服务器的用户名和密码分别是 root 和 root，如果本机既是客户机又是服务器，则可以使用下面命令来连接 MySQL 服务器。

```
mysql -u root -p
```

输入上述命令之后，按回车键，会显示要求输入密码的提示"Enter password："，输入"root"后按回车键。如果成功连接 MySQL 服务器，则会显示欢迎信息及"mysql>"提示符，等待用户输入 MySQL 命令或者 SQL 语句。

注意：MySQL 命令或者 SQL 语句使用"；"或者"\g"作为结束符号。

在连接到 MySQL 服务器后，可以随时输入 quit、exit 或\q 命令来终止会话。连接及断开 MySQL 服务器的命令效果如图 2-23 所示。

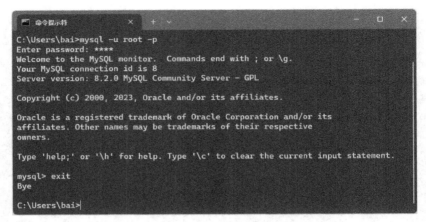

图 2-23　连接及断开 MySQL 服务器的命令效果

另外一种进入 MySQL 控制台的方法是：单击 Windows "开始" 菜单，选择 "MySQL→MySQL 8.2 Command Line Client"，会出现控制台窗口，直接输入密码后按回车键，即可连接 MySQL 服务器。

2.2.5　MySQL 可视化操作工具

在管理 MySQL 数据库的可视化操作工具中，比较常用的有 Navicat、MySQL Workbench 及 SQLyog 等。本节介绍 Navicat 的使用方法。

Navicat 的安装过程比较简单，下载相应版本直接进行安装即可，本节使用的是 11.0 版本。安装成功后，直接双击 navicat.exe 文件，进入操作界面。单击工具栏上的 "连接" 按钮，将会打开设置新建连接属性的对话框，定义一个连接名称并输入正确的连接信息，如图 2-24 所示，单击 "连接测试" 按钮测试连接是否成功，然后单击 "确定" 按钮。

图 2-24　设置新建连接属性对话框

连接成功后,在左侧的导航窗口中会看到所连接服务器上的所有的 MySQL 数据库。在本例中连接的本机服务器,图标为灰色表示没有打开数据库,图标为绿色就是已经被打开的数据库。

以创建一个学生管理系统的数据库为例,创建数据库及表的过程如下:

(1) 创建数据库

右击 "MySQL" 并连接,然后选择 "新建数据库" 选项,在打开的新建数据库对话框中输入数据库名称 school,设置字符集为 utf8mb4,如图 2-25 所示。然后单击 "确定" 按钮,完成数据库 school 的创建。

(2) 创建数据表

图 2-25 新建数据库对话框

若想设置 school 数据库为当前数据库,可以双击 school 数据库图标或者右击 school 图标并选择 "打开数据库" 选项。接下来,要创建一个名为 students 的表,可以右击 "表" 选项,选择 "新建表" 菜单项,在右侧窗口中设计表的结构,如图 2-26 所示。设计完成后单击工具栏上的 "保存" 按钮,将表名保存为 students。

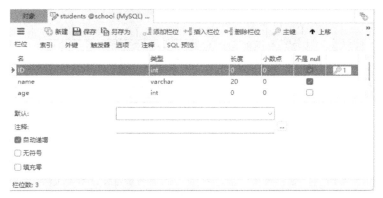

图 2-26 创建数据表结构

在左侧导航窗口中,双击 students 数据表图标或者右击 students 图标并选择 "打开表" 选项,都可以打开数据表,然后向表中添加记录。由于 ID 字段设置了自动增量属性,ID 字段的值可由系统自动填充,用户无须手动输入。添加完记录的 students 表如图 2-27 所示。

若要以 SQL 语句的形式对数据库及表进行操作,可单击工具栏上的 "查询" 按钮,再单击 "新建查询" 按钮,即可在查询编辑器栏中输入 SQL 语句,如输入 select * from students,然后单击工具栏上的 "运行" 按钮,即可执行 SQL 语句,结果如图 2-28 所示。

图 2-27 添加完记录的 students 表

图 2-28 查询表记录

2.3 MySQL 数据库的基本操作

在连接到 MySQL 服务器后，就可以使用数据定义语言（DDL）来定义和管理数据库对象，包括数据库、表、索引及视图等。本章以一个简单的网上书店的数据库管理为例，介绍数据库和表的创建以及对数据库和表的各种操作。

2.3.1 创建数据库

创建一个新的数据库之前，要先连接到 MySQL 服务器，然后执行 CREATE DATABASE 或 CREATE SCHEMA 命令。语法格式如下：

```
CREATE DATABASE [IF NOT EXISTS] <数据库名>
[[DEFAULT] CHARACTER SET <字符集名>]
[[DEFAULT] COLLATE <校对规则名>];
```

[ ]中的内容是可选的。语法说明如下：

- <数据库名>：创建数据库的名称。MySQL 的数据存储区将以目录方式表示 MySQL 数据库，因此数据库名称必须符合操作系统的文件夹命名规则，不能以数字开头，尽量要有实际意义。注意，在 MySQL 中不区分大小写。
- IF NOT EXISTS：如果使用该选项，则会在创建数据库之前判断该数据库是否存在，若存在，则不再创建，也不会报错；如果不存在，则会创建该数据库。如果没有使用该选项，则创建数据库时若数据库已经存在，系统就会报错。
- [DEFAULT] CHARACTER SET：指定数据库的字符集。指定字符集的目的是为了避免在数据库中存储的数据出现乱码的情况。如果在创建数据库时不指定字符集，那么就使用系统的默认字符集。省略则表示采用默认字符集 utf8mb4。
- [DEFAULT] COLLATE：指定字符集的默认校验规则。校验规则是指在特定字符集中用于比较字符大小的一套规则，是字符串的排序规则。省略则表示采用默认值 utf8mb4_0900_ai_ci。

例如，创建网上书店的数据库 bookstore，可在控制台中输入如下语句：

```
create database bookstore;
```

如果数据库创建成功，将会出现"Query OK，1 row affected"的提示信息。

注意：新数据库不能和已有数据库重名。

数据库 bookstore 创建成功后，MySQL 服务器会在其数据目录下创建一个新目录，其名与指定的数据库名相同，这个新目录被称为数据库目录。在本例中对应的数据库目录为"C:\ProgramData\MySQL\MySQL Server 8.2\Data\bookstore\"。

若想修改某个数据库的字符集，可以使用 ALTER 命令。用户必须有对数据库进行修改的权限，才可以使用此命令。语法格式如下：

```
ALTER {DATABASE | SCHEMA} <数据库名>
  [[DEFAULT] CHARACTER SET <字符集名>
  | [DEFAULT] COLLATE <校验规则名>]
```

例如，修改数据库 bookstore 的默认字符集为"utf8mb4"，以管理员身份运行"命令提示符"应用，在控制台中输入如下语句：

```
alter database bookstore character set utf8mb4;
```

如果修改成功，将会出现"Query OK，1 row affected"的提示信息。

2.3.2 查看数据库

使用如下 MySQL 命令可查看当前 MySQL 服务器上的数据库列表，命令执行结果如图 2-29 所示。

```
show databases;
```

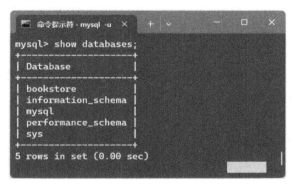

图 2-29　查看数据库的命令执行结果

在图 2-29 所示的数据库列表中，bookstore 为刚刚创建的用户数据库，其余均为 MySQL 自带的系统数据库。information_schema 是信息数据库，其中保存着 MySQL 服务器所维护的所有其他数据库的信息。MySQL 数据库存储了 MySQL 的账户信息以及 MySQL 账户的访问权限，进而实现 MySQL 的账户的身份认证以及权限验证，确保数据安全。performance_schema 主要存储数据库服务器性能参数信息。sys 的数据来源于 performance_schema，帮助系统管理员和开发人员监控 MySQL 的技术性能。

2.3.3 显示数据库

数据库创建好之后，可以使用 SHOW 命令来查看数据库的相关信息，如默认字符集等。

```
show create database bookstore;
```

命令执行结果如图 2-30 所示。

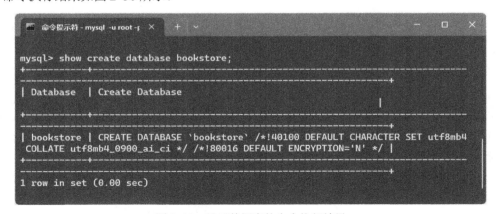

图 2-30　显示数据库的命令执行结果

2.3.4 选择当前数据库

在进行数据库操作之前，必须指定操作的数据库，即需要设置一个当前数据库。在使用 CREATE DATABASE 命令创建新的数据库后，新数据库不会自动成为当前数据库。使用 USE 命令即可指定当前数据库，如要选择 bookstore 为当前数据库，可使用如下命令：

```
use bookstore;
```

如果数据库切换成功，控制台将会出现"Database changed"的提示信息。之后，在控制台中输入的 MySQL 命令及 SQL 语句都将默认操作 bookstore 数据库中的数据库对象。

2.3.5 删除数据库

如果要删除一个指定的数据库，如 bookstore 数据库，可在控制台中使用下面的 SQL 语句：

```
drop database bookstore;
```

如果数据库删除成功，控制台将会出现"Query OK，0 rows affected"的提示信息。

注意：不要随意使用 DROP DATABASE 语句。这个操作将会删除指定数据库中的所有内容，包括该数据库中的表、视图、存储过程等各种信息，并且这是一个不可恢复的操作。

2.4 MySQL 表结构的操作

数据库中典型的数据库对象包括表、视图、索引、存储过程、函数、触发器等。其中，表是数据库中最重要的数据库对象，它的主要功能是用来存放数据库中的各种数据。本节将介绍如何创建、查看、修改和删除 MySQL 数据库表。

2.4.1 创建数据表

在数据库创建之后，就可以创建其所包含的数据表。在关系数据库中，数据是以二维表的形式存储的，每一行代表一条记录，每一列代表一个字段。创建数据表主要是定义数据表的结构，包括数据表的名称、字段名、字段类型、属性、约束及索引等。

使用 CREATE TABLE 语句创建表的基本语法格式如下：

```
CREATE TABLE [IF NOT EXISTS] 表名
( 字段名1 数据类型 [约束]
[ ,字段名2 数据类型 [约束]]
......
[ ,字段名n 数据类型 [约束]]
[其他约束条件]
)[其他选项];
```

其中，[]中为可选的内容。一个表可以由一个或多个字段组成，在字段名后面要定义该字段的数据类型。可以使用 AUTO_INCREMENT、NOT NULL、DEFAULT、PRIMARY KEY、UNIQUE、FOREIGN KEY 等属性来对字段进行约束限制。其他选项包括设置存储引擎、字符集等。设置存储引擎可以使用"ENGINE=存储引擎"语句来定义，存储引擎的名字不区分大小写。如果没有设置 ENGINE 选项，那么服务器将使用默认的存储引擎（InnoDB）来创建表。

例如，在 bookstore 数据库中创建一个名为 users 的用户表，代码如下：

```
use bookstore;
create table users
(
        uid int not null primary key auto_increment,
        name varchar(20) not null unique,
        pwd varchar(20) not null,
        sex char(2)
);
```

其中，use 语句表示选择 bookstore 数据库为当前数据库。primary key 属性定义 uid 字段为主键，auto_increment 属性定义 uid 字段的第一行记录值为 1，以后每一行的 uid 字段值在此基础上依次递增，增量为 1，unique 属性定义 name 字段的值不允许重复，not null 表示该字段的值不允许为空。

注意：新数据表不能和已有数据表重名。

如果数据表创建成功，控制台中将会出现"Query OK, 0 rows affected"的提示信息。

提示：如果一条语句太长，可以根据需要，将这条语句分成多行进行输入，这时的提示符从"mysql>"变成了"–>"，MySQL 等待继续输入语句内容，直到遇到分号，MySQL 认为语句到此结束。

如果只想在一个表不存在时才创建新表，则应该在表名前面加上 IF NOT EXISTS 子句。这时系统不会检查已有表的结构是否与打算新创建的表的结构一致，系统只是查看表名是否存在，并且仅在表名不存在的情况下才创建新表。

可以使用 SHOW TABLES 命令来查看当前数据库中可用的表。

```
show tables;
```

下面介绍几种定义字段时常用的关键字。

1. AUTO_INCREMENT

该属性用于设置整数类型字段的自动增量属性。当数值类型的字段设置为自动增量时，每增加一条新记录，该字段的值就会自动加 1，而且此字段的值不允许重复。AUTO_INCREMENT 字段必须被索引，而且必须为 NOT NULL。每个表最多只能有一个字段具有 AUTO_INCREMENT 属性。

2. DEFAULT

使用 DEFAULT 属性可以在为表中添加新行时给表中某一字段指定默认值。使用 DEFAULT 定义的优点，一是可以避免 NOT NULL 值的数据错误；二是可以加快用户的输入速度。

3. NOT NULL

对于指定为 NOT NULL 属性的字段，不能有 NULL 值。当添加或修改数据时，设置了 NOT NULL 属性的字段值不允许为空，必须存在具体的值。

4. UNSIGNED

UNSIGNED 属性表示字段的值不能为负数。

5. PRIMARY KEY

用于唯一标识表中每一行的字段（可以是多个字段），可以定义为表的主键（PRIMARY KEY）。定义 PRIMARY KEY 时，该字段的空值属性必须定义为 NOT NULL。一个表中只能有一个 PRIMARY KEY。

有两种创建主键的方法（同样适用于 UNIQUE），下面两条 CREATE TABLE 语句是等价的：

```
create table test(
  uid int not null primary key
    );

create table test(
  uid int not null,
  primary key (uid)
);
```

6. UNIQUE

UNIQUE（唯一索引）通过在列中不输入重复值来保证一个字段或多个字段的数据完整性。与 PRIMARY KEY 不同的是，每个表可以创建多个 UNIQUE 列。

7. FOREIGN KEY

FOREIGN KEY 定义了表之间的关系，主要用来维护两个表之间的数据一致性关系，是关系数据库中增强表与表之间参照完整性的主要机制。定义 FOREIGN KEY 约束时，要求在主键表中定义了 PRIMARY KEY 约束或 UNIQUE 约束。只有 InnoDB 存储引擎提供外键支持机制。

在子表里定义外键的语法格式如下：

```
[CONSTRAINT 约束名] FOREIGN KEY (字段名)
REFERENCES 父表名 (字段名)
[ON DELETE 级联选项][ON UPDATE 级联选项]
```

例如，为订单表 orders 中的 uid 列创建外键约束，主键表（父表）为用户表 users，创建订单表的代码如下：

```
create table orders(
  oid int not null primary key,
  uid int not null,
  status int not null,
  totalprice float not null,
  constraint fk_orders_users foreign key (uid) references users (uid)
  on delete cascade
  on update cascade
);
```

其中，on delete cascade 子句表示从 users 表里删除某条记录时，MySQL 应该自动从 orders 表里删除与 uid 值相匹配的行。on update cascade 子句表示，如果更改了 users 表里某条记录的 uid 值，那么 MySQL 将自动把 orders 表里所有匹配的 uid 值也更改为这个新值。

2.4.2 查看表结构

可以使用 DESCRIBE 语句来查看数据表结构，代码如下：

```
describe users;
```

在控制台中输入上述语句后的执行结果如图 2-31 所示。

第 2 章　MySQL 数据库基础

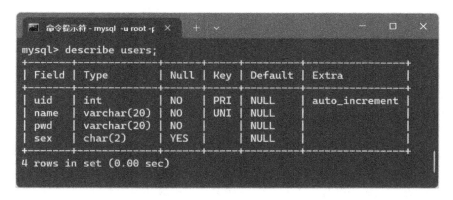

图 2-31　查看数据表结构

除此之外，使用 SHOW 命令也能得到同样的结果。

```
show columns from users;
```

2.4.3　修改表结构

在实际应用中，当发现某个表的结构不满足要求时，可以使用 ALTER TABLE 语句来修改表的结构，包括修改表的名称，添加新的字段，删除原有的字段，修改字段类型、索引及约束，还可以修改存储引擎及字符集等。

修改表的语法格式如下。

```
ALTER TABLE 表名 ACTION [,ACTION]…;
```

其中，每个动作（ACTION）指的是对表所做的修改，MySQL 支持一条 ALTER TABLE 语句带多个动作，以逗号分隔。

下面将分别介绍几种常用的方式。

1．修改字段

（1）添加新字段

向表里添加新字段可以通过在 ACTION 从句中使用 ADD 关键字实现，语法格式如下。

```
ALTER TABLE 表名 ADD 新字段名 数据类型 [约束条件][FIRST|AFTER 字段名];
```

向表中添加新字段时通常需要指定新字段在表中的位置，如果没有指定 FIRST 或 AFTER 关键字，则默认在表的末尾添加新字段，否则在指定位置添加新字段。

例如，为用户表 users 添加一个 address 字段，数据类型为 varchar(50)，非空约束，可以使用下面的 SQL 语句。

```
alter table users add address varchar(50) not null;
```

若要在 users 表中 sex 字段后增加一个 phone 字段，数据类型为 varchar(20)，非空约束，则对应的 SQL 语句如下。

```
alter table users add phone varchar(20) not null after sex;
```

添加字段后的 users 表的结构如图 2-32 所示。

35

```
mysql> describe users;
+---------+-------------+------+-----+---------+----------------+
| Field   | Type        | Null | Key | Default | Extra          |
+---------+-------------+------+-----+---------+----------------+
| uid     | int         | NO   | PRI | NULL    | auto_increment |
| name    | varchar(20) | NO   | UNI | NULL    |                |
| pwd     | varchar(20) | NO   |     | NULL    |                |
| sex     | char(2)     | YES  |     | NULL    |                |
| phone   | varchar(20) | NO   |     | NULL    |                |
| address | varchar(50) | NO   |     | NULL    |                |
+---------+-------------+------+-----+---------+----------------+
6 rows in set (0.00 sec)
```

图 2-32 添加字段后 users 表的结构

（2）修改字段

如果只需要修改字段的数据类型，则使用 CHANGE 或 MODIFY 子句都可以，其语法格式如下。

```
ALTER TABLE 表名 CHANGE 原字段名 新字段名 数据类型;
ALTER TABLE 表名 MODIFY 字段名 数据类型;
```

例如，要修改 users 表中的 phone 字段，将数据类型由 varchar(20)改为 int，并设置其默认值为 0，下面两条语句是等效的。

```
alter table users change phone phone int unsigned default 0;
alter table users modify phone int unsigned default 0;
```

如果需要修改字段的字段名（及数据类型），这时就只能使用 CHANGE 子句了。

如将 users 表中的 phone 字段修改为 telephone 字段，且数据类型修改为 varchar(20)，则可以使用下面的 SQL 语句：

```
alter table users change phone telephone varchar(20);
```

如果要修改 users 表中 sex 字段的默认值为"M"，则可以使用如下语句：

```
alter table users modify sex enum('M','F') default 'M';
```

（3）删除字段

删除表字段的语法格式如下：

```
ALTER TABLE 表名 DROP 字段名;
```

例如，将 users 表的 address 字段删除，则可以使用如下 SQL 语句：

```
alter table users drop address;
```

2. 修改约束条件

（1）添加约束条件

向表的某个字段添加约束条件的语法格式如下。

```
ALTER TABLE 表名 ADD CONSTRAINT 约束名 约束类型 （字段名）;
```

例如，向用户表 users 的 telephone 字段添加唯一性约束，且约束名为 phone_unique，可以使用下面的 SQL 语句。

```
alter table users add constraint phone_unique unique (telephone);
```

添加约束条件后的 users 表的结构如图 2-33 所示。

```
mysql> describe users;
+-----------+--------------+------+-----+---------+----------------+
| Field     | Type         | Null | Key | Default | Extra          |
+-----------+--------------+------+-----+---------+----------------+
| uid       | int          | NO   | PRI | NULL    | auto_increment |
| name      | varchar(20)  | NO   | UNI | NULL    |                |
| pwd       | varchar(20)  | NO   |     | NULL    |                |
| sex       | enum('M','F')| YES  |     | M       |                |
| telephone | varchar(20)  | YES  | UNI | NULL    |                |
| address   | varchar(50)  | NO   |     | NULL    |                |
+-----------+--------------+------+-----+---------+----------------+
6 rows in set (0.00 sec)
```

图 2-33　添加约束后 users 表的结构

如果要向订单表 orders 的 uid 字段添加外键约束，且约束名为 fk_orders_users，可以使用下面的 SQL 语句。

```
alter table users add constraint fk_orders_users foreign key (uid) references users (uid);
```

注意：向表中添加约束条件时，要保证表中已有记录满足新的约束条件，否则会出现类似 "Duplicate entry *** for key ***" 的错误信息。

（2）删除约束条件

若要删除表的主键约束，其语法格式如下。

ALTER TABLE 表名 **DROP PRIMARY KEY;**

例如，要删除订单表 orders 的主键约束，可以使用如下代码：

```
alter table orders drop primary key;
```

若要删除表的外键约束，其语法格式如下。

ALTER TABLE 表名 **DROP FOREIGN KEY** 外键约束名;

例如，要删除订单表 orders 的外键约束，可以使用如下代码：

```
alter table orders drop foreign key fk_orders_users;
```

若要删除字段的唯一性约束，则只需删除该字段的唯一性索引即可，其语法格式如下。

ALTER TABLE 表名 **DROP INDEX** 唯一索引名;

例如，要删除用户表 users 的 telephone 字段的唯一性索引，可以使用如下代码：

```
alter table users drop index phone_unique;
```

3．修改表的其他选项

修改表的其他选项，常用的操作如：修改存储引擎、修改默认字符集等，其语法格式如下。

ALTER TABLE 表名 **ENGINE=**新的存储引擎类型;
ALTER TABLE 表名 **DEFAULT CHARSET=**新的字符集;

例如，将 users 表的存储引擎修改为 MyISAM，默认字符集设置为 utf8，可以使用如下代码：

```
alter table users engine=MyISAM;
alter table users default charset= utf8;
```

4．修改表名

修改表名的语法格式如下。

```
ALTER TABLE 原表名 RENAME TO 新表名;
```

还可以使用 RENAME TABLE 语句，其语法格式如下。

```
RENAME TABLE 原表名 TO 新表名;
```

例如，将 users 表的表名修改为 tbl_users，可以使用如下代码：

```
alter table users rename to tbl_users;
```

或

```
rename table users to tbl_users;
```

2.4.4 删除数据库表

删除数据库表操作由 DROP TABLE 语句实现，其语法格式如下。

```
DROP TABLE [IF EXISTS] 表名1 [,表名2,…];
```

例如，删除 users 表可使用如下语句：

```
drop table users;
```

在默认情况下，当试图删除一个不存在的表时，系统将会报错。如试图删除订单表 orders（此时数据库中并不存在此表），执行下面语句：

```
drop table orders;
```

在控制台中将会出现"Unknown table 'orders'"的报错信息。若不想让系统报错，可在语句里加上 if exists 子句，执行下面语句：

```
drop table if exists orders;
```

此时，控制台中将会出现"Query OK, 0 rows affected, 1 warning"的提示信息，表示当表不存在时，只是生成一条警告信息，可以使用 SHOW WARNINGS 语句来查看相关的警告信息。

2.5 MySQL 存储引擎

MySQL 数据库中典型的数据库对象包括表、视图、索引、存储过程、函数、触发器等，表是其中最为重要的数据库对象。使用 SQL 语句"create table 表名"即可创建一个数据库表。在创建数据库表之前，需要首先明确该表的存储引擎。

存储引擎决定如何存储数据、如何为存储的数据建立索引和如何更新、查询数据。在关系数据库中，数据以表的形式存储，所以存储引擎也可以称为表类型。

MySQL 配置了许多不同的存储引擎，可以将其预先设置或者在 MySQL 服务器中启用。开发人员可以根据需要选择适用于服务器、数据库和表格的存储引擎，以便在选择如何存储信息、如何检索这些信息以及需要数据结合什么性能和功能的时候为设计提供最大的灵活性。

在 Oracle 和 SQL Server 等数据库中只有一种存储引擎，因此所有的数据存储管理机制都基本一样，但是 MySQL 采用了插件式（pluggable）的存储引擎架构，即存储引擎是基于表的。这意味着同一个数据库中不同的表可以使用不同的存储引擎，或者同一个数据库表在不同的场合可以应用不同的存储引擎。

使用 MySQL 命令"show engines;"即可查看 MySQL 服务实例支持的存储引擎。每一种存储引擎都有各自的特点，对于不同业务类型的表，为了提升性能，数据库开发人员应该选用更合适的存储引擎。MySQL 常用的存储引擎有 InnoDB 存储引擎和 MyISAM 存储引擎。

2.5.1 InnoDB 存储引擎

与其他存储引擎相比，InnoDB 存储引擎提供了事务（Transaction）安全特性，并且支持外键。如果某张表主要提供联机事务处理（OLTP）支持，并需要执行大量的增、删、改操作（即 insert、delete、update 语句），出于事务安全方面考虑，InnoDB 存储引擎是较好的选择。对于支持事务的 InnoDB 表，影响速度的主要原因是打开了自动提交（autocommit）选项，或者程序没有显示调用"begin transaction;"（开始事务）和"commit;"（提交事务），导致每条 insert、delete 或者 update 语句都自动开始事务和提交事务，从而严重影响了更新语句（insert、delete、update 语句）的执行效率。通过将多条更新语句形成一个事务，可以显著提高更新操作的性能。从 MySQL5.6 版本开始，InnoDB 存储引擎的表已经支持全文索引，这大幅提升了 InnoDB 存储引擎的检索能力。

对于 InnoDB 存储引擎的数据库表而言，存在表空间的概念，InnoDB 表空间分为共享表空间与独享表空间。

1．共享表空间

MySQL 服务实例承载的所有数据库的所有 InnoDB 表的数据信息、索引信息、各种元数据信息，以及事务的回滚（UNDO）信息，全部存放在共享表空间文件中。默认情况下，该文件位于数据库的根目录下，文件名为 ibdata1，且文件的初始大小为 10MB。可以使用 MySQL 命令 "show variables like 'innodb_data_file_path'" 查看该文件的属性，包括文件名、文件初始大小和自动增长等属性信息。

2．独享表空间

如果将全局系统变量 innodb_file_per_table 的值设为 ON（innodb_file_per_table 的默认值为 OFF），则之后再创建 InnoDB 存储引擎的新表时，这些表的数据信息和索引信息将保存到独享表空间文件中。

2.5.2 MyISAM 存储引擎

MyISAM 存储引擎是基于传统的 ISAM（Indexed Sequential Access Method，有索引的顺序访问方法）类型，它是存储记录和文件的标注方法。与其他存储引擎相比，MyISAM 具有检查和修复表格的大多数工具。MyISAM 表格可以被压缩，且支持全文搜索。但它们不是事务安全的，且不支持外键。如果事物回滚将造成不完全回滚，不具有原子性。当执行大量的查询操作时，MyISAM 是较好的选择。

2.5.3 存储引擎的选择

应根据应用特点选择合适的存储引擎。对于复杂的应用系统，还可以根据实际情况选择多种存储引擎进行结合。

不需要事务支持、并发相对较低、数据修改相对较少、以读为主以及数据一致性要求不高的场合，适合选用 MyISAM 存储引擎。

需要事务支持、行级锁定对高并发有很好的适应能力，但需要确保查询是通过索引完成，数据更新较为频繁的场合，适合选用 InnoDB 存储引擎。

在采用 InnoDB 存储引擎时需要注意：主键应尽量小，避免给 Secondary index 带来过大的空间负担；避免全表扫描，因为会使用表锁，尽可能缓存所有的索引和数据，提高响应速度；在大批量小插入时合理设置 innodb_flush_log_at_trx_commit 参数值，尽量自己控制事务而不使用 autocommit 自动提交；不过度追求安全性，避免主键更新，因为这会带来大量数据移动。MySQL 在 5.5 版本之后默认的存储引擎是 InnoDB 存储引擎。

2.6 案例：网上书店系统

网上书店系统是一种具有交互功能的商业信息系统，它可以在网络上建立一个虚拟的网上书店，使购书过程变得轻松、便捷。本节将继续介绍网上书店系统数据库 bookstore 的设计和实现过程。

本系统定义的数据库中主要包含以下几张表：用户表 Users、图书类别表 BookType、图书信息表 BookInfo、订单信息表 Orders、订单详情表 OrderDetails。下面分别介绍这些表的结构。

1. 用户表 Users

Users 表结构见表 2-1。

表 2-1 Users 表结构

字段名	数据类型	长度	允许空	约束	描述
U_ID	int	0	Not Null	主键，自动增量	会员编号
U_Name	varchar	20	Not Null	唯一	会员名称
U_Pwd	varchar	20	Not Null		密码
U_Sex	char	2	Null		性别，男或女
U_Phone	varchar	20	Null		电话号码

参考代码如下：

```
CREATE TABLE users (
  U_ID int NOT NULL auto_increment PRIMARY KEY,
  U_Name varchar(20) NOT NULL UNIQUE KEY,
  U_Pwd varchar(20) NOT NULL,
  U_Sex char(2) default NULL,
  U_Phone varchar(20) default NULL
);
```

2. 图书类别表 BookType

BookType 表结构见表 2-2。

表 2-2 BookType 表结构

字段名	数据类型	长度	允许空	约束	描述
BT_ID	int	0	Not Null	主键，自动增量	图书类别编号
BT_Name	varchar	20	Not Null		图书类别名称
BT_FatherID	int	0	Null		父类图书类别编号
BT_HaveChild	char	2	Null		是否有子类型

参考代码如下：

```
CREATE TABLE booktype (
  BT_ID int NOT NULL auto_increment PRIMARY KEY,
  BT_Name varchar(20) NOT NULL,
  BT_FatherID int default NULL,
  BT_HaveChild char(2) default NULL
);
```

3．图书信息表 BookInfo

BookInfo 表结构见表 2-3。

表 2-3　BookInfo 表结构

字段名	数据类型	长度	允许空	约束	描述
B_ID	int	0	Not Null	主键，自动增量	图书编号
B_Name	varchar	50	Not Null		图书名称
BT_ID	int	0	Not Null	外键	图书类别编号
B_Author	varchar	20	Not Null		作者
B_ISBN	varchar	30	Not Null		ISBN
B_Publisher	varchar	30	Not Null		出版社
B_Date	date	0	Not Null		出版日期
B_MarketPrice	float	0	Not Null		市场价格
B_SalePrice	float	0	Not Null		会员价格
B_Quality	smallint	0	Not Null		库存数量
B_Sales	smallint	0	Not Null		销售数量

参考代码如下：

```
CREATE TABLE bookinfo (
  B_ID int NOT NULL auto_increment PRIMARY KEY,
  B_Name varchar(50) NOT NULL,
  BT_ID int NOT NULL,
  B_Author varchar(20) NOT NULL,
  B_ISBN varchar(30) NOT NULL,
  B_Publisher varchar(30) NOT NULL,
  B_Date date NOT NULL,
  B_MarketPrice float NOT NULL,
  B_SalePrice float NOT NULL,
  B_Quality smallint NOT NULL,
  B_Sales smallint NOT NULL,
  CONSTRAINT bookinfo_ibfk_1 FOREIGN KEY (BT_ID) REFERENCES booktype (BT_ID)
);
```

4．订单信息表 Orders

Orders 表结构见表 2-4。

表 2-4 Orders 表结构

字段名	数据类型	长度	允许空	约束	描述
O_ID	int	0	Not Null	主键，自动增量	订单编号
U_ID	int	0	Not Null	外键	会员编号
O_Time	date	0	Not Null		订单产生时间
O_Status	int	0	Not Null		订单状态
O_UserName	varchar	20	Not Null		收货人姓名
O_Phone	varchar	20	Not Null		收货人电话
O_Address	varchar	50	Not Null		收货人地址
O_PostCode	char	6	Not Null		收货人邮编
O_Email	varchar	50	Not Null		收货人邮箱
O_TotalPrice	float	0	Not Null		订单总价

O_Status（订单状态）可以分为 3 个阶段：0 表示图书还没有发送，1 表示图书已发送但客户还没有收到，2 表示图书已经交到客户手中，表示完成这份订单。

参考代码如下：

```
CREATE TABLE orders (
  O_ID int NOT NULL auto_increment PRIMARY KEY,
  U_ID int NOT NULL,
  O_Time date NOT NULL,
  O_Status int NOT NULL,
  O_UserName varchar(20) NOT NULL,
  O_Phone varchar(20) NOT NULL,
  O_Address varchar(50) NOT NULL,
  O_PostCode char(6) NOT NULL,
  O_Email varchar(50) NOT NULL,
  O_TotalPrice float NOT NULL,
  CONSTRAINT orders_ibfk_1 FOREIGN KEY (U_ID) REFERENCES users (U_ID)
);
```

5. 订单详情表 OrderDetails

OrderDetails 表结构见表 2-5。

表 2-5 OrderDetails 表结构

字段名	数据类型	长度	允许空	约束	描述
OD_ID	int	0	Not Null	主键，自动增量	订单详情编号
O_ID	int	0	Not Null	外键	订单编号
B_ID	int	0	Not Null	外键	图书编号
OD_Number	smallint	0	Not Null		购买数量
OD_Price	float	0	Not Null		图书总价

参考代码如下：

```
CREATE TABLE orderdetails (
  OD_ID int NOT NULL auto_increment PRIMARY KEY,
  O_ID int NOT NULL,
```

```
    B_ID int NOT NULL,
    OD_Number smallint NOT NULL,
    OD_Price float NOT NULL,
    CONSTRAINT orderdetails_ibfk_1 FOREIGN KEY (O_ID) REFERENCES orders (O_ID),
    CONSTRAINT orderdetails_ibfk_2 FOREIGN KEY (B_ID) REFERENCES bookinfo (B_ID)
);
```

本章小结

本章首先简单地介绍了 MySQL 数据库及 MySQL 的体系结构，然后介绍了如何安装和配置 MySQL 服务。重点介绍了如何使用 MySQL 命令及 SQL 语句对 MySQL 数据库及数据表进行操作。最后，通过实现一个简单的案例，使读者能快速地掌握如何使用 MySQL 数据库。

实践与练习

一、选择题

1. 在 MySQL 中，通常使用（　　）语句来指定一个已有数据库作为当前工作数据库。
   A．USING　　　B．USED　　　　C．USES　　　　D．USE
2. SQL 语句中修改表结构的命令是（　　）。
   A．MODIFY TABLE　　　　　　B．MODIFY STRUCTURE
   C．ALTER TABLE　　　　　　　D．ALTER STRUCTURE
3. 用 SQL 的 ALTER TABLE 语句修改基本表时，删除其中某个列的约束条件应使用的子句是（　　）。
   A．ADD　　　　B．DELETE　　　C．MODIFY　　　D．DROP
4. 用 SQL 语句建立表时将某字段定义为主关键字，应使用关键字（　　）。
   A．CHECK　　　B．PRIMARY KEY　C．FREE　　　　D．UNIQUE
5. 启动 MySQL 服务所使用的命令是（　　）。
   A．START　　　　　　　　　　　B．NET START MYSQL
   C．START MYSQL　　　　　　　D．START NET MYSQL
6. 在创建表时，不允许某列为空可以使用（　　）。
   A．NOT NULL　　　　　　　　　B．NO NULL
   C．NOT BLANK　　　　　　　　D．NO BLANK
7. 支持外键的存储引擎是（　　）。
   A．MyISAM　　B．InnoDB　　　C．MEMORY　　　D．CHARACTER
8. 创建数据库 Demo 的语句正确的是（　　）。
   A．CREATE DATABASE Demo;　　B．SHOW DATABASES;
   C．USE Demo;　　　　　　　　　D．DROP DATABASE Demo;
9. MySQL 命令"DROP DATABASE Demo;"的功能是（　　）。
   A．修改数据库名为 Demo　　　　B．删除数据库 Demo
   C．使用数据库 Demo　　　　　　D．创建数据库 Demo
10. 修改表 students 的 phone 字段，将 VARCHAR (20)修改为 VARCHAR (11)，下列命令语

句错误的是（　　）。

　　A．ALTER TABLE students MODIFY phone VARCHAR (11);
　　B．ALTER TABLE students CHANGE phone phone VARCHAR (11);
　　C．ALTER TABLE students CHANGE phone VARCHAR (11);
　　D．ALTER TABLE … MODIFY 和 ALTER TABLE … CHANGE 命令都可以完成修改

二、填空题

1．创建唯一性索引时，通常使用的关键字是_____。
2．在 CREATE TABLE 语句中，通常使用_____关键字来指定主键。
3．MySQL 默认使用的端口号是_____。
4．MySQL 安装成功后，在系统中会默认建立一个_____用户。
5．MySQL 中，查看当前服务器上数据库列表所使用的命令为_____。

三、操作题

在数据库 school 中有学生信息表 students，学生信息表结构见表 2-6。

表 2-6　students 表结构

字段名	数据类型	长度	允许空	约束	描述
s_id	char	8	Not Null	主键	学号
s_name	varchar	10	Not Null		姓名
s_sex	char	2	Null		性别，男或女
s_birth	datetime	-	Null		出生日期

使用 SQL 语句完成以下操作。

（1）创建数据库 school。
（2）创建数据表 students。
（3）修改表结构，添加"联系电话"字段 s_phone，类型为 varchar(20)，允许为空。
（4）修改表结构，删除出生日期字段。
（5）删除数据表 students。
（6）删除数据库 school。

实验指导：学生选课系统数据库设计

题目 1　MySQL 数据库的安装和配置

1．任务描述

掌握 MySQL 数据库的安装和配置。

2．任务要求

（1）下载相应版本软件并进行安装，完成 MySQL 服务实例的配置。
（2）配置 PATH 环境变量。
（3）完成指定操作：启动服务、连接 MySQL 服务器、停止服务。

3．操作步骤提示

（1）安装完 MySQL 后，进行 MySQL 服务实例的配置。
（2）在环境变量 PATH 中，添加 MySQL 安装目录下的 bin 目录。
（3）输入相应 MySQL 命令完成指定操作。

题目 2　数据库及数据表的基本操作

1．任务描述

完成学生选课系统数据库的设计。

2．任务要求

（1）设计学生选课系统的数据库。
（2）完成学生选课系统数据库的创建。
（3）完成学生选课系统数据表的创建。

3．操作步骤提示

（1）根据自己的理解设计学生选课系统的数据库。各表参考结构如下：
Students(Sno,Sname,Sex,Department)，其中 Sno 为主键。
Courses(Cno,Cname,Credit,Semester,Period)，其中 Cno 为主键。
SC(Sno,Cno,Grade)，其中 Sno,Cno 为主键。
（2）在控制台中使用 SQL 语句创建数据库，参考代码如下：
create database StudentManage;
（3）在控制台中使用 SQL 语句创建数据表，参考代码如下：

```
use StudentManage;
Create table Students(                              //学生表
     Sno varchar(8) primary key,                    //学号
     Sname varchar(10) not null,                    //姓名
     Sex enum('男','女') default '男',              //性别
     Department varchar(20) default '计算机系')     //所在系
);
Create table Courses(                               //课程表
     Cno varchar(10) primary key,                   //课程号
     Cname varchar(20) not null,                    //课程名称
     Credit int not null,                           //学分
     Semester int not null,                         //学期
     Period int not null                            //学时
);
Create table SC(                                    //成绩表
     Sno varchar(8) not null,                       //学号
     Cno varchar(10) not null ,                     //课程号
     Grade int not null,                            //成绩
     Primary key (Sno,Cno),
     Foreign key (Sno) references Students (Sno),
     Foreign key (Cno) references Courses (Cno)
);
```

题目 3　使用 Navicat 完成数据库及数据表的操作

1．任务描述

使用 Navicat 完成学生选课系统数据库的设计。

2．任务要求

（1）连接 MySQL 服务器。

（2）创建 StudentManage1 数据库。

（3）创建学生表、课程表及成绩表。

（4）完成数据的输入。

3．操作步骤提示

（1）连接 MySQL 服务器。

（2）创建数据库。右击"mysql"并连接，选择"新建数据库"选项，创建数据库 StudentManage1，完成数据库的创建。

（3）创建数据表。双击 StudentManage1 数据库图标，然后右击"表"菜单项，选择"表"选项，在右侧窗口中设计 students 表的结构。

（4）添加记录。在左侧导航窗口中，双击 students 数据表图标，打开数据表，然后向表中添加记录。

第3章 MySQL 管理表记录

学习目标

- 了解 MySQL 管理表概念。
- 掌握 MySQL 基本数据类型。
- 掌握 MySQL 运算符。
- 掌握 MySQL 增添表记录操作。
- 掌握 MySQL 修改表记录操作。
- 掌握 MySQL 删除表记录操作。

素养目标

- 授课知识点：MySQL 数据库基本操作。
- 素养提升：通过不同的方式可以实现类似的功能，采用多种思维解决问题。
- 预期成效：通过对同一个问题的不同解决方式的介绍，引导学生在遇到问题时多观察问题的差异，尝试用不同方式解决问题，培养学生观察与解决问题的能力。

表是数据库中存储数据的基本单位，它由一个或多个字段组成，每个字段有对应的数据类型。例如，年龄对应整数类型，姓名对应字符串类型，生日对应日期类型等。因此，在创建表时必须为表中每个字段指定正确的数据类型及可能的数据长度。数据表创建成功后，就可以使用 SQL 语句完成记录的增添、修改和删除。本章将详细介绍 MySQL 中提供的各种数据类型、运算符和字符集及数据表中记录的插入、修改和删除。

3.1 MySQL 基本数据类型

在创建表时，表中的每个字段都有数据类型，它用来指定数据的存储格式、约束和有效范围。选择合适的数据类型可以有效地节省存储空间，同时可以提升数据的计算性能。MySQL 提供了多种数据类型，主要包括数值类型（包括整数类型和小数类型）、字符串类型、日期时间类型、复合类型以及二进制类型。

3.1.1 整数类型

MySQL 中整数类型有：TINYINT、SMALLINT、MEDIUMINT、INT（INTEGER）和 BIGINT。每种整数类型所占用字节数及表示整数范围见表 3-1。

表 3-1 整数类型的字节数及取值范围

类型	字节数	有符号数范围	无符号数范围
TINYINT	1 字节	−128～+127	0～255
SMALLINT	2 字节	−32768～+32767	0～65535
MEDIUMINT	3 字节	−8388608～+8388607	0～16777215
INT（INTEGER）	4 字节	−2147483648～+2147483647	0～4294967295
BIGINT	8 字节	−9223372036854775808～+9223372036854775807	0～18446744073709551615

默认情况下，整数类型既可以表示正整数，也可以表示负整数。如果只希望表示正整数则可以使用关键字"unsigned"来进行修饰。例如，将学生表中学生年龄字段定义为无符号整数，可以使用下面 SQL 语句"age tinyint unsigned"。

对于整数类型还可以指定其显示宽度，例如 int(8)表示当数值宽度小于 8 位时在数字前面填满宽度。如果在数字位数不够、需要用"0"填充时，则可以使用关键字"zerofill"。但是在插入的整数位数大于指定的显示宽度时，将按照整数的实际值进行存储。

【例 3-1】 整数类型的定义及使用。

（1）在数据库 type_test 中创建表 int_test，表中包括 2 个 int 类型字段 int_field1 和 int_field2，字段的显示宽度分别为 6 和 4，然后输出表结构。SQL 语句为：

```
create database type_test;
use type_test;
create table int_test(int_field1 int(6),int_field2 int(4));
desc int_test;
```

SQL 语句运行结果如图 3-1 所示。

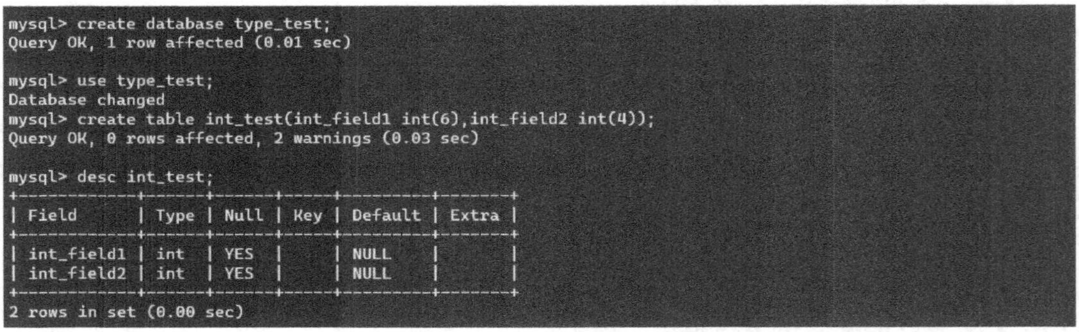

图 3-1 整数类型定义

（2）在上面的 int_test 表中插入一条记录使得 2 个整数字段的值都为 5，SQL 语句为：

```
insert into int_test values(5,5);
```

SQL 语句运行结果如图 3-2 所示。

```
mysql> insert into int_test values(5,5);
Query OK, 1 row affected (0.01 sec)

mysql> select * from int_test;
+-----------+-----------+
| int_field1 | int_field2 |
+-----------+-----------+
|         5 |         5 |
+-----------+-----------+
1 row in set (0.00 sec)
```

图 3-2　插入整数值并输出

（3）将 int_test 表中 2 个字段的定义都加上关键字 "zerofill"，然后再输出表中记录并查看结果。SQL 语句为：

```
alter table int_test modify int_field1 int(6) zerofill;
alter table int_test modify int_field2 int(4) zerofill;
```

由于整数 5 的宽度小于字段的显示宽度 6 和 4，所以在 5 的前面用 "0" 来填充。SQL 语句运行结果如图 3-3 所示。

```
mysql> alter table int_test modify int_field1 int(6) zerofill;
Query OK, 1 row affected, 2 warnings (0.04 sec)
Records: 1  Duplicates: 0  Warnings: 2

mysql> alter table int_test modify int_field2 int(4) zerofill;
Query OK, 1 row affected, 2 warnings (0.03 sec)
Records: 1  Duplicates: 0  Warnings: 2

mysql> select * from int_test;
+-----------+-----------+
| int_field1 | int_field2 |
+-----------+-----------+
|    000005 |       0005 |
+-----------+-----------+
1 row in set (0.00 sec)
```

图 3-3　整数位达不到显示宽度时用 "0" 填充

（4）在上面的 int_test 表中插入 1 条记录使得两个整数字段的值都为 123456789，SQL 语句为：

```
insert into int_test values(123456789,123456789);
```

由于整数值 123456789 大于指定的显示宽度，所以按照整数的实际值进行存储。SQL 语句运行结果如图 3-4 所示。

```
mysql> insert into int_test values(123456789,123456789);
Query OK, 1 row affected (0.01 sec)

mysql> select * from int_test;
+-----------+-----------+
| int_field1 | int_field2 |
+-----------+-----------+
|    000005 |       0005 |
| 123456789 |  123456789 |
+-----------+-----------+
2 rows in set (0.00 sec)
```

图 3-4　整数位数大于显示宽度时按照实际值存储

整数类型还有一个属性：AUTO_INCREMENT。在需要产生唯一标识符或顺序值时，可以利用此属性，该属性只适用于整数类型。一个表中最多只能有一个 AUTO_INCREMENT 字段，该字段应该为 NOT NULL，并且定义为 PRIMARY KEY 或 UNIQUE。AUTO_INCREMENT 字段值从 1 开始，每行记录的值增加 1。当插入 NULL 值到一个 AUTO_INCREMENT 字段时，插入的值为该字段中当前最大值加 1。

3.1.2 小数类型

MySQL 中小数类型有两种：浮点数和定点数。浮点数包括单精度浮点数 FLOAT 类型和双精度浮点数 DOUBLE 类型，定点数为 DECIMAL 类型。定点数在 MySQL 内部以字符串形式存放，比浮点数更精确，适合用来表示货币等精度高的数据。

浮点数和定点数都可以在类型后面加上（M，D）来表示精度和标度，M 表示该数值一共可显示 M 位数字，D 表示该数值小数点后的位数。当在类型后面指定（M，D）时，小数点后面的数值需要按照 D 来进行四舍五入。当不指定（M，D）时，浮点数将按照实际值来存储，而 DECIMAL 默认的整数位精度为 10，小数位标度为 0。

由于浮点数存在误差问题，所以对于货币等对精度敏感的数据应该使用定点数来表示和存储。

【例 3-2】 小数类型的定义及使用。

（1）在数据库 type_test 中创建表 number_test，表中包括 3 个字段：float_field、double_field、decimal_field，字段的类型分别为 float、double 和 decimal，然后输出表结构。SQL 语句为：

```
create table number_test(float_field float,double_field double,decimal_field decimal);
desc number_test;
```

SQL 语句运行结果如图 3-5 所示，从运行结果中可以看出 DECIMAL 默认的整数位精度为 10，小数位标度为 0。

图 3-5 小数类型定义

（2）在上面 number_test 表中插入 2 条记录使得 3 个小数字段的值都为 1234.56789 和 1.234，SQL 语句为：

```
insert into number_test values(1234.56789, 1234.56789, 1234.56789);
insert into number_test values(1.234, 1.234, 1.234);
```

由于 DECIMAL 类型默认为 DECIMAL(10,0)，所以插入 decimal_field 字段的值四舍五入到整数值后插入表中。SQL 语句运行结果如图 3-6 所示。

图 3-6 向三个不同类型字段中插入同一个值

(3) 将 number_test 表中的 3 个字段类型分别修改为 float(5,1)、double(5,1)和 decimal(5,1)，并将记录输出。SQL 语句为：

```
alter table number_test modify float_field float(5,1);
alter table number_test modify double_field double(5,1);
alter table number_test modify decimal_field decimal(5,1);
```

将表中的 3 个字段类型分别修改为 float(5,1)、double(5,1)和 decimal(5,1)后，数据在存储时将小数部分四舍五入并保留 1 位小数。SQL 语句运行结果如图 3-7 所示。

```
mysql> alter table number_test modify float_field float(5,1);
Query OK, 0 rows affected, 1 warning (0.02 sec)
Records: 0  Duplicates: 0  Warnings: 1

mysql> alter table number_test modify double_field double(5,1);
Query OK, 0 rows affected, 1 warning (0.02 sec)
Records: 0  Duplicates: 0  Warnings: 1

mysql> alter table number_test modify decimal_field decimal(5,1);
Query OK, 2 rows affected (0.04 sec)
Records: 2  Duplicates: 0  Warnings: 0

mysql> select * from number_test;
+-------------+--------------+---------------+
| float_field | double_field | decimal_field |
+-------------+--------------+---------------+
|      1234.6 |       1234.6 |        1235.0 |
|         1.2 |          1.2 |           1.0 |
+-------------+--------------+---------------+
2 rows in set (0.00 sec)
```

图 3-7　修改字段类型后的输出记录

3.1.3　字符串类型

MySQL 支持的字符串类型主要有：CHAR、VARCHAR、TINYTEXT、TEXT、MEDIUMTEXT 和 LONGTEXT。

CHAR 与 VARCHAR 都是用来保存 MySQL 中较短的字符串的，二者的主要区别在于存储方式不同。CHAR(n)为定长字符串类型，n 的取值为 0~255；VARCHAR(n)为变长字符串类型，n 的取值为 0~255（MySQL5.0.3 版本以前）或 0~65535（MySQL5.0.3 版本以后）。CHAR(n)类型的数据在存储时会删除尾部空格，而 VARCHAR(n)类型在存储数据时则会保留尾部空格。

除了 VARCHAR(n) 是变长类型字符串外，TINYTEXT、TEXT、MEDIUMTEXT 和 LONGTEXT 类型也都是变长字符串类型。各种字符串类型及其存储长度范围见表 3-2。

表 3-2　字符串类型及其存储长度范围

类型	存储长度范围
CHAR(n)	0~255
VARCHAR(n)	0~255（MySQL5.0.3 版本以前）或 0~65535（MySQL5.0.3 版本以后）
TINYTEXT	0~255
TEXT	0~65535
MEDIUMTEXT	0~16777215
LONGTEXT	0~4294967295

【例 3-3】 CHAR(n)与 VARCHAR(n)类型的定义及使用。

在数据库 type_test 中创建表 string_test，表中包括 2 个字段：char_field 和 varchar_field，字

段的类型分别为 char(8)和 varchar(8)，然后在 2 个字段中都插入字符串“test”，并给 2 个字段值再追加字符串“+”，显示追加后 2 个字段的值。SQL 语句为：

```
    create table string_test(char_field char(8),varchar_field varchar(8));
    insert into string_test values('test  ','test  ');
    select * from string_test;
    update  string_test  set  char_field=concat(char_field,'+'),varchar_field=  concat
(varchar_field,'+');
    select * from string_test;
```

SQL 语句运行结果如图 3-8 所示。

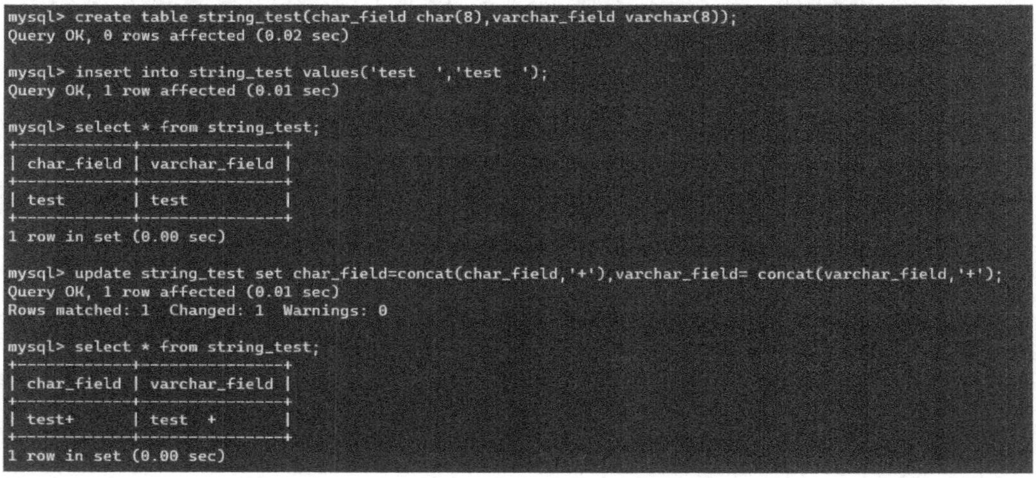

```
mysql> create table string_test(char_field char(8),varchar_field varchar(8));
Query OK, 0 rows affected (0.02 sec)

mysql> insert into string_test values('test  ','test  ');
Query OK, 1 row affected (0.01 sec)

mysql> select * from string_test;
+------------+---------------+
| char_field | varchar_field |
+------------+---------------+
| test       | test          |
+------------+---------------+
1 row in set (0.00 sec)

mysql> update string_test set char_field=concat(char_field,'+'),varchar_field= concat(varchar_field,'+');
Query OK, 1 row affected (0.01 sec)
Rows matched: 1  Changed: 1  Warnings: 0

mysql> select * from string_test;
+------------+---------------+
| char_field | varchar_field |
+------------+---------------+
| test+      | test  +       |
+------------+---------------+
1 row in set (0.00 sec)
```

图 3-8　CHAR(n)与 VARCHAR(n)类型的定义及使用

从运行结果中可以看出 CHAR(n)类型的数据在存储时会删除尾部空格，追加字符串“+”后新的字符串为“test+”；而 VARCHAR(n)在存储数据时会保留尾部空格后再追加字符串“+”，所以新的字符串为“test　+”。

3.1.4　日期时间类型

日期时间类型包括：DATE、TIME、DATETIME、TIMESTAMP 和 YEAR。DATE 表示日期，默认格式为 YYYY-MM-DD；TIME 表示时间，默认格式为 HH:MM:SS；DATETIME 和 TIMESTAMP 表示日期和时间，默认格式为 YYYY-MM-DD HH:MM:SS；YEAR 表示年份。日期时间类型及其取值范围见表 3-3。

表 3-3　日期时间类型及其取值范围

类型	最小值	最大值
DATE	1000-01-01	9999-12-31
TIME	-838:59:59	838:59:59
DATETIME	1000-01-01 00:00:00	9999-12-31 23:59:59
TIMESTAMP	1970-01-01 08:00:01	2037 年的某个时刻
YEAR	1901	2155

在 YEAR 类型中，年份值可以为 2 位或 4 位，默认为 4 位。在 4 位格式中，允许值的范围

为 1901~2155。在 2 位格式中，取值为 70~99 时，表示从 1970 年~1999 年；取值为 01~69 时，表示从 2001 年~2069 年。

DATETIME 与 TIMESTAMP 都包括日期和时间两部分，但 TIMESTAMP 类型与时区相关，而 DATETIME 则与时区无关。如果在一个表中定义了两个类型为 TIMESTAMP 的字段，则表中第一个类型为 TIMESTAMP 的字段默认值为 CURRENT_TIMESTAMP，第二个 TIMESTAMP 字段的默认值为 0000-00-00 00:00:00 或 NULL，这取决于数据库系统的设置以及是否启用了严格模式。

【例 3-4】 日期时间类型的定义及使用。

（1）在数据库 type_test 中创建表 year_test，在表中定义 year_field 字段为 YEAR 类型，在表中插入年份值 2155 和 69 并查看记录输出结果。SQL 语句为：

```
create table year_test(year_field year);
insert into year_test values(2155);
insert into year_test values(69);
select * from year_test;
```

SQL 语句运行结果如图 3-9 所示。

图 3-9　YEAR 类型的定义及使用

（2）在数据库 type_test 中创建表 date_test，在表中定义 date_field 字段为 DATE 类型，在表中插入日期值 9999-12-31 和 1000-01-01 并查看记录输出结果。SQL 语句为：

```
create table date_test(date_field date);
insert into date_test values("9999-12-31");
insert into date_test values('1000/01/01');
select * from date_test;
```

SQL 语句运行结果如图 3-10 所示。

图 3-10　DATE 类型的定义及使用

（3）在数据库 type_test 中创建表 datetime_test，在表中定义 datetime_field 字段为 DATETIME 类型，timestamp_field1 和 timestamp_field2 字段为 TIMESTAMP 类型，并查看表结构。在表中插入 2 条记录，第 1 条所有字段值都为当前日期值，第 2 条记录只有第一个字段为当前日期值，其他两个字段为空，然后查看记录输出结果。SQL 语句为：

```
create table datetime_test(
    datetime_field datetime,timestamp_field1 timestamp,timestamp_field2 timestamp);
desc datetime_test;
insert into datetime_test values(now(),now(),now());
insert into datetime_test (datetime_field) values(now());
select * from datetime_test;
```

SQL 语句运行结果如图 3-11 所示。

```
mysql> create table datetime_test(
    ->     datetime_field datetime,timestamp_field1 timestamp,timestamp_field2 timestamp);
Query OK, 0 rows affected (0.03 sec)

mysql> desc datetime_test;
+------------------+-----------+------+-----+---------+-------+
| Field            | Type      | Null | Key | Default | Extra |
+------------------+-----------+------+-----+---------+-------+
| datetime_field   | datetime  | YES  |     | NULL    |       |
| timestamp_field1 | timestamp | YES  |     | NULL    |       |
| timestamp_field2 | timestamp | YES  |     | NULL    |       |
+------------------+-----------+------+-----+---------+-------+
3 rows in set (0.00 sec)

mysql> insert into datetime_test values(now(),now(),now());
Query OK, 1 row affected (0.01 sec)

mysql> insert into datetime_test (datetime_field) values(now());
Query OK, 1 row affected (0.01 sec)

mysql> select * from datetime_test;
+---------------------+---------------------+---------------------+
| datetime_field      | timestamp_field1    | timestamp_field2    |
+---------------------+---------------------+---------------------+
| 2024-02-02 12:35:48 | 2024-02-02 12:35:48 | 2024-02-02 12:35:48 |
| 2024-02-02 12:35:55 | NULL                | NULL                |
+---------------------+---------------------+---------------------+
2 rows in set (0.00 sec)
```

图 3-11 DATETIME 及 TIMESTAMP 类型的定义及使用

从上面的运行结果可以看出，表中第一个类型为 TIMESTAMP 的字段的默认值为 CURRENT_TIMESTAMP，第二个 TIMESTAMP 字段的默认值为 0000-00-00 00:00:00。

（4）查看数据库服务器当前时区，并将当前时区修改为东十时区，然后查看上面表中的记录输出结果与时区的关系。SQL 语句为：

```
show variables like 'time_zone';
set time_zone='+10:00';
select * from datetime_test;
```

SQL 语句运行结果如图 3-12 所示。

从上面的运行结果可以看出，当前的时区值为"SYSTEM"，这个"SYSTEM"值表示时区与主机的时区相同，实际值为东八区（+8:00）。将时区设置为东十区后，对照图 3-11 可以发现，TIMESTAMP 类型值与时区相关，而 DATETIME 类型值则与时区无关。

```
mysql> show variables like 'time_zone';
+---------------+--------+
| Variable_name | Value  |
+---------------+--------+
| time_zone     | SYSTEM |
+---------------+--------+
1 row in set, 1 warning (0.00 sec)

mysql> set time_zone='+10:00';
Query OK, 0 rows affected (0.00 sec)

mysql> select * from datetime_test;
+---------------------+---------------------+---------------------+
| datetime_field      | timestamp_field1    | timestamp_field2    |
+---------------------+---------------------+---------------------+
| 2024-02-02 12:35:48 | 2024-02-02 14:35:48 | 2024-02-02 14:35:48 |
| 2024-02-02 12:35:55 | NULL                | NULL                |
+---------------------+---------------------+---------------------+
2 rows in set (0.00 sec)
```

图 3-12　DATETIME 及 TIMESTAMP 类型与时区的关系

3.1.5　复合类型

MySQL 中的复合数据类型包括：ENUM 枚举类型和 SET 集合类型。ENUM 类型只允许从集合中取得某一个值，SET 类型允许从集合中取得多个值。ENUM 类型的数据最多可以包含 65535 个元素，SET 类型的数据最多可以包含 64 个元素。

【例 3-5】 复合类型的定义及使用。

（1）在数据库 type_test 中创建表 enum_test，在表中定义 sex 字段为 ENUM('男','女')类型，在表中插入 3 条记录，其值分别为"男""女"和 NULL，然后查看记录输出结果。SQL 语句为：

```
create table enum_test(sex enum('男','女'));
insert into enum_test values('女');
insert into enum_test values('男');
insert into enum_test values(NULL);
select * from enum_test;
```

SQL 语句运行结果如图 3-13 所示。

```
mysql> create table enum_test(sex enum('男','女'));
Query OK, 0 rows affected (0.02 sec)

mysql> insert into enum_test values('女');
Query OK, 1 row affected (0.00 sec)

mysql> insert into enum_test values('男');
Query OK, 1 row affected (0.00 sec)

mysql> insert into enum_test values(NULL);
Query OK, 1 row affected (0.00 sec)

mysql> select * from enum_test;
+------+
| sex  |
+------+
| 女   |
| 男   |
| NULL |
+------+
3 rows in set (0.00 sec)
```

图 3-13　ENUM 类型的定义及使用

（2）在数据库 type_test 中创建表 set_test，在表中定义 hobby 字段为 SET('旅游','听音乐','看电影','上网','购物')类型，在表中插入 3 条记录，其值分别为"听音乐,看电影""上网"和 NULL，然后查看记录输出结果。SQL 语句为：

```
create table set_test(hobby set('旅游','听音乐','看电影','上网','购物'));
insert into set_test values('听音乐,看电影');
insert into set_test values('上网');
insert into set_test values(NULL);
select * from set_test;
```

SQL 语句运行结果如图 3-14 所示。

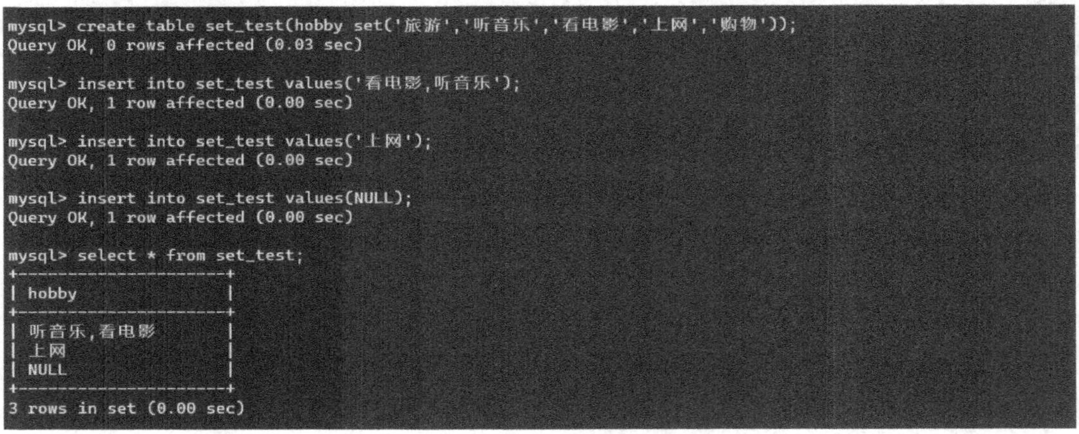

图 3-14 SET 类型的定义及使用

复合数据类型 ENUM 和 SET 存储的仍然是字符串类型数据，只是数据的取值范围受到某种约束。

3.1.6 二进制类型

MySQL 中的二进制类型包括 7 种：BINARY(n)、VARBINARY(n)、BIT(n)、TINYBLOB、BLOB、MEDIUMBLOB 和 LONGBLOB。BIT 数据类型按位为单位进行存储，而其他二进制类型的数据以字节为单位进行存储。各种二进制类型及其存储长度范围见表 3-4。

表 3-4 二进制类型及其存储长度范围

类型	存储长度范围
BINARY(n)	0～255
VARBINARY(n)	0～65535
BIT(n)	0～64
TINYBLOB	0～255
BLOB	0～65535
MEDIUMBLOB	0～16777215
LONGBLOB	0～4294967295

3.2 MySQL 运算符

MySQL 支持多种类型的运算符，主要包括：算术运算符、比较运算符、逻辑运算符和位运算符。

3.2.1 算术运算符

MySQL 中的算术运算符包括：加、减、乘、除和取余运算，这些算术运算符及其说明见表 3-5。

表 3-5 MySQL 中算术运算符及其说明

运算符	说明
+	加法运算
-	减法运算
*	乘法运算
/	除法运算
%	取余运算

【例 3-6】 算术运算符的使用。

在数据库 type_test 中创建表 arithmetic_test，表中字段 int_field 为 int 类型，向表中分别插入数值 34，123，1，0，NULL，对这些数值完成算术运算。SQL 语句为：

```
create table arithmetic_test(int_field int);
insert into arithmetic_test values(34);
insert into arithmetic_test values(123);
insert into arithmetic_test values(1);
insert into arithmetic_test values(0);
insert into arithmetic_test values(NULL);
select int_field,int_field+10,int_field-15,int_field*3,int_field/2,int_field%3 from arithmetic_test;
```

SQL 语句运行结果如图 3-15 所示。

```
mysql> create table arithmetic_test(int_field int);
Query OK, 0 rows affected (0.02 sec)

mysql> insert into arithmetic_test values(34);
Query OK, 1 row affected (0.00 sec)

mysql> insert into arithmetic_test values(123);
Query OK, 1 row affected (0.00 sec)

mysql> insert into arithmetic_test values(1);
Query OK, 1 row affected (0.00 sec)

mysql> insert into arithmetic_test values(0);
Query OK, 1 row affected (0.00 sec)

mysql> insert into arithmetic_test values(NULL);
Query OK, 1 row affected (0.00 sec)

mysql> select int_field,int_field+10,int_field-15,int_field*3,int_field/2,int_field%3 from arithmetic_test;
+-----------+--------------+--------------+-------------+-------------+-------------+
| int_field | int_field+10 | int_field-15 | int_field*3 | int_field/2 | int_field%3 |
+-----------+--------------+--------------+-------------+-------------+-------------+
|        34 |           44 |           19 |         102 |     17.0000 |           1 |
|       123 |          133 |          108 |         369 |     61.5000 |           0 |
|         1 |           11 |          -14 |           3 |      0.5000 |           1 |
|         0 |           10 |          -15 |           0 |      0.0000 |           0 |
|      NULL |         NULL |         NULL |        NULL |        NULL |        NULL |
+-----------+--------------+--------------+-------------+-------------+-------------+
5 rows in set (0.00 sec)
```

图 3-15 算术运算符的使用

3.2.2 比较运算符

比较运算是对表达式左右两边的操作数进行比较,如果比较结果为真则返回值为 1,为假则返回 0,当比较结果不确定时则返回 NULL。MySQL 中各种比较运算符及其说明见表 3-6。

表 3-6 MySQL 中比较运算符及其说明

运算符	说明
=	等于
!=或<>	不等于
<=>	NULL 安全的等于
<	小于
<=	小于或等于
>	大于
>=	大于或等于
IS NULL	为 NULL
IS NOT NULL	不为 NULL
BETWEEN…AND	在指定范围内
IN	在指定集合内
LIKE	通配符匹配
REGEXP	正则表达式匹配

【例 3-7】 比较运算符的使用。

在数据库 type_test 中创建表 comparison_test,表中字段 int_field 为 int 类型,字段 varchar_field 为 varchar 类型。向表中插入的记录分别为:(17,'Mr Li')和(NULL,'Mrs Li'),对这些数值完成比较运算。SQL 语句为:

```
    create table comparison_test(int_field int,varchar_field varchar(10));
    insert into comparison_test values(17,'Mr Li');
    insert into comparison_test values(NULL,'Mrs Li');
    select int_field, varchar_field, int_field=10,int_field<>17,int_field=NULL,int_field<>NULL
        from comparison_test;
    select int_field, varchar_field, int_field=10,int_field<=>NULL,int_field<=17,int_field>=18
        from comparison_test;
    select int_field, varchar_field, int_field between 10 and 20,int_field in(10,17,20),
        int_field is null from comparison_test;
    select int_field, varchar_field, varchar_field like '%Li',varchar_field regexp '^Mr',
        varchar_field regexp 'Li$' from comparison_test;
```

在上面的 SQL 语句中,varchar_field like '%Li'表示当 varchar_field 中的字符串以"Li"结尾时,返回值为 1,否则返回值为 0。varchar_field regexp '^Mr'表示当 varchar_field 中的字符串以"Mr"开头时,返回值为 1,否则返回值为 0。varchar_field regexp 'Li$'表示当 varchar_field 中的字符串以"Li"结尾时,返回值为 1,否则返回值为 0。

SQL 语句运行结果如图 3-16 所示。

```
mysql> select int_field, varchar_field, int_field=10,int_field<>17,int_field=NULL,int_field<>NULL
    -> from comparison_test;
+-----------+---------------+--------------+---------------+-----------------+------------------+
| int_field | varchar_field | int_field=10 | int_field<>17 | int_field=NULL  | int_field<>NULL  |
+-----------+---------------+--------------+---------------+-----------------+------------------+
|        17 | Mr Li         |            0 |             0 |            NULL |             NULL |
|      NULL | Mrs Li        |         NULL |          NULL |            NULL |             NULL |
+-----------+---------------+--------------+---------------+-----------------+------------------+
2 rows in set (0.00 sec)

mysql> select int_field, varchar_field, int_field=10,int_field<=>NULL,int_field<=17, int_field>=18
    -> from comparison_test;
+-----------+---------------+--------------+------------------+---------------+----------------+
| int_field | varchar_field | int_field=10 | int_field<=>NULL | int_field<=17 | int_field>=18  |
+-----------+---------------+--------------+------------------+---------------+----------------+
|        17 | Mr Li         |            0 |                0 |             1 |              0 |
|      NULL | Mrs Li        |         NULL |                1 |          NULL |           NULL |
+-----------+---------------+--------------+------------------+---------------+----------------+
2 rows in set (0.00 sec)

mysql> select int_field, varchar_field, int_field between 10 and 20,int_field in(10,17,20),
    -> int_field is null from comparison_test;
+-----------+---------------+-----------------------------+------------------------+-------------------+
| int_field | varchar_field | int_field between 10 and 20 | int_field in(10,17,20) | int_field is null |
+-----------+---------------+-----------------------------+------------------------+-------------------+
|        17 | Mr Li         |                           1 |                      1 |                 0 |
|      NULL | Mrs Li        |                        NULL |                   NULL |                 1 |
+-----------+---------------+-----------------------------+------------------------+-------------------+
2 rows in set (0.00 sec)

mysql> select int_field, varchar_field, varchar_field like '%Li',varchar_field regexp '^Mr',
    -> varchar_field regexp 'Li$' from comparison_test;
+-----------+---------------+--------------------------+----------------------------+----------------------------+
| int_field | varchar_field | varchar_field like '%Li' | varchar_field regexp '^Mr' | varchar_field regexp 'Li$' |
+-----------+---------------+--------------------------+----------------------------+----------------------------+
|        17 | Mr Li         |                        1 |                          1 |                          1 |
|      NULL | Mrs Li        |                        1 |                          1 |                          1 |
+-----------+---------------+--------------------------+----------------------------+----------------------------+
2 rows in set (0.00 sec)
```

图 3-16　比较运算符的使用

3.2.3　逻辑运算符

逻辑运算符又称为布尔运算符，在 MySQL 中支持 4 种逻辑运算符：逻辑非（NOT 或!）、逻辑与（AND 或&&）、逻辑或（OR 或||）和逻辑异或（XOR）。

- 逻辑非（NOT 或!）：当操作数为假时，则取非的结果为 1；否则结果为 0。NOT NULL 的返回值为 NULL。
- 逻辑与（AND 或&&）：当操作数中有任意一个值为 NULL 时，则逻辑与操作结果为 NULL。当操作数不为 NULL，并且值为非零值时逻辑与操作结果为 1；否则有任意一个操作数为 0 时逻辑与结果为 0。
- 逻辑或（OR 或||）：当两个操作数均为非 NULL 值时，如果一个操作数为非 0 值，则逻辑或结果为 1；否则逻辑或结果为 0。当有一个操作数为 NULL，如果另一个操作数为真（非 0 或非空值），则逻辑或结果为 1；否则逻辑或结果为 0。如果两个操作都为 NULL，则逻辑或结果为 NULL。
- 逻辑异或（XOR）：当任意一个操作数为 NULL 时，逻辑异或的返回值为 NULL。对于非 NULL 操作数，如果两个操作数的逻辑真假值相异，则返回结果为 1；否则返回值为 0。

【例 3-8】 逻辑运算符的使用。

```
select (not 0),(not -5),(!null);
select (null and null),(null && 1),(-2 && -5),(1 and 0);
select (null or null),(null or 1),(null || 0),(-8 or 0);
select (null xor null),(null xor 1),(0 xor 0),(-8 xor 0),(1 xor 1);
```

上面 SQL 语句的运行结果如图 3-17 所示。

```
mysql> select (not 0),(not -5),(!null);
+---------+----------+---------+
| (not 0) | (not -5) | (!null) |
+---------+----------+---------+
|       1 |        0 |    NULL |
+---------+----------+---------+
1 row in set, 1 warning (0.00 sec)

mysql> select (null and null),(null && 1),(-2 && -5),(1 and 0);
+-----------------+-------------+------------+-----------+
| (null and null) | (null && 1) | (-2 && -5) | (1 and 0) |
+-----------------+-------------+------------+-----------+
|            NULL |        NULL |          1 |         0 |
+-----------------+-------------+------------+-----------+
1 row in set, 2 warnings (0.00 sec)

mysql> select (null or null),(null or 1),(null || 0),(-8 or 0);
+----------------+-------------+-------------+-----------+
| (null or null) | (null or 1) | (null || 0) | (-8 or 0) |
+----------------+-------------+-------------+-----------+
|           NULL |           1 |        NULL |         1 |
+----------------+-------------+-------------+-----------+
1 row in set, 1 warning (0.00 sec)

mysql> select (null xor null),(null xor 1),(0 xor 0),(-8 xor 0),(1 xor 1);
+-----------------+--------------+-----------+------------+-----------+
| (null xor null) | (null xor 1) | (0 xor 0) | (-8 xor 0) | (1 xor 1) |
+-----------------+--------------+-----------+------------+-----------+
|            NULL |         NULL |         0 |          1 |         0 |
+-----------------+--------------+-----------+------------+-----------+
1 row in set (0.00 sec)
```

图 3-17　比较运算符的使用

3.2.4　位运算符

位运算是指对每一个二进制位进行的操作，它包括位逻辑运算和移位运算。在 MySQL 中位逻辑运算包括：按位与（&）、按位或（|）、按位取反（~）、按位异或（^）。操作数在进行位运算时，是将操作数在内存中的二进制补码按位进行操作的。

- 按位与（&）——如果两个操作数的二进制位同时为 1，则按位与（&）的结果为 1；否则按位与（&）的结果为 0。
- 按位或（|）——如果两个操作数的二进制位同时为 0，则按位或（|）的结果为 0；否则按位或（|）的结果为 1。
- 按位取反（~）——如果操作数的二进制位为 1，则按位取反（~）的结果为 0；否则按位取反（~）的结果为 1。
- 按位异或（^）——如果两个操作数的二进制位相同，则按位异或（^）的结果为 0；否则按位异或（^）的结果为 1。

移位运算是指将整型数据移动指定的位数，包括左移（<<）和右移（>>）。

- 左移（<<）——将整型数据在内存中的二进制补码向左移出指定的位数，向左移出的位数丢弃，右侧填 0 补位。
- 右移（>>）——将整型数据在内存中的二进制补码向右移出指定的位数，向右移出的位数丢弃，左侧填 0 补位。

【例 3-9】　位运算符的使用。

```
select 5&2,5|2,~(-5),2^3,5<<3,(-5)>>63;
```

上面 SQL 语句的运行结果如图 3-18 所示。

图 3-18 位运算符的使用

在 MySQL 中整数常量用 8 个字节来表示,所以-5 在向右移动 63 位后就剩最高位 1,然后左端空出的 63 位都填 0 补位,所以(-5)>>63 的结果为 1。

3.2.5 运算符优先级

在一个表达式中往往有多种运算符,要先进行哪一种运算呢?这就涉及运算符优先级的问题。优先级高的运算符执行,优先级低的运算后执行,同一优先级别的运算则按照其结合性依次计算。MySQL 中各运算符的优先级见表 3-7。

表 3-7 MySQL 中运算符的优先级(从高到低)

优先级	运算符
1	!
2	~, -
3	^
4	*, /, DIV, %, MOD
5	+, -
6	>>, <<
7	&
8	|
9	=, <=>, <, <=, >, >=, != , <> , IS, IN, LIKE, REGEXP
10	BETWEEN AND, CASE, WHEN, THEN, ELSE
11	NOT
12	&&, AND
13	||, OR, XOR
14	:=

3.3 字符集设置

默认情况下,MySQL 使用的字符集为 latin1(西欧 ISO_8859_1 字符集的别名)。由于 latin1 字符集是单字节编码,而汉字是双字节编码,由此可能导致 MySQL 数据库不支持中文字符查询或中文字符乱码等问题。为了避免此类问题,需要对字符集及字符排序规则进行设置。

3.3.1 MySQL 字符集与字符排序规则

给定一系列字符并赋予对应的编码后,所有这些字符和编码对组成的集合就是字符集(character set)。MySQL 中提供了 latin1、gbk、big5、utf16、utf8mb3 和 utf8mb4 等多种字符集,MySQL 8 的默认字符集从 MySQL 5 版本的 latin1 更新为 utf8mb3。字符排序规则(collation)是指在同一字符集内字符之间的比较规则,一个字符集可以包含多种字符排序规则,每个字符集会有一个默认的字符排序规则。MySQL 中字符排序规则命名方法为：以字符排序规则对应的字符集开头，中间是国家名（或 general），以 ci、cs 或 bin 结尾。以 ci 结尾的字符排序规则表示不区分大小写，以 cs 结尾的字符排序规则表示区分大小写，以 bin 结尾的字符排序规则表示按二进制编码值进行比较。

使用 MySQL 命令"show character set;"即可以查看当前 MySQL 服务实例支持的字符集、字符集的默认排序规则、字符集占用的最大字节长度等信息。MySQL 中支持的字符集信息如图 3-19 所示。

```
mysql> show character set;
+----------+-----------------------------+---------------------+--------+
| Charset  | Description                 | Default collation   | Maxlen |
+----------+-----------------------------+---------------------+--------+
| armscii8 | ARMSCII-8 Armenian          | armscii8_general_ci |      1 |
| ascii    | US ASCII                    | ascii_general_ci    |      1 |
| big5     | Big5 Traditional Chinese    | big5_chinese_ci     |      2 |
| binary   | Binary pseudo charset       | binary              |      1 |
| cp1250   | Windows Central European    | cp1250_general_ci   |      1 |
| cp1251   | Windows Cyrillic            | cp1251_general_ci   |      1 |
| cp1256   | Windows Arabic              | cp1256_general_ci   |      1 |
| cp1257   | Windows Baltic              | cp1257_general_ci   |      1 |
| cp850    | DOS West European           | cp850_general_ci    |      1 |
| cp852    | DOS Central European        | cp852_general_ci    |      1 |
| cp866    | DOS Russian                 | cp866_general_ci    |      1 |
| cp932    | SJIS for Windows Japanese   | cp932_japanese_ci   |      2 |
| dec8     | DEC West European           | dec8_swedish_ci     |      1 |
| eucjpms  | UJIS for Windows Japanese   | eucjpms_japanese_ci |      3 |
| euckr    | EUC-KR Korean               | euckr_korean_ci     |      2 |
| gb18030  | China National Standard GB18030 | gb18030_chinese_ci |   4 |
| gb2312   | GB2312 Simplified Chinese   | gb2312_chinese_ci   |      2 |
| gbk      | GBK Simplified Chinese      | gbk_chinese_ci      |      2 |
| geostd8  | GEOSTD8 Georgian            | geostd8_general_ci  |      1 |
| greek    | ISO 8859-7 Greek            | greek_general_ci    |      1 |
| hebrew   | ISO 8859-8 Hebrew           | hebrew_general_ci   |      1 |
| hp8      | HP West European            | hp8_english_ci      |      1 |
| keybcs2  | DOS Kamenicky Czech-Slovak  | keybcs2_general_ci  |      1 |
| koi8r    | KOI8-R Relcom Russian       | koi8r_general_ci    |      1 |
| koi8u    | KOI8-U Ukrainian            | koi8u_general_ci    |      1 |
| latin1   | cp1252 West European        | latin1_swedish_ci   |      1 |
| latin2   | ISO 8859-2 Central European | latin2_general_ci   |      1 |
| latin5   | ISO 8859-9 Turkish          | latin5_turkish_ci   |      1 |
| latin7   | ISO 8859-13 Baltic          | latin7_general_ci   |      1 |
| macce    | Mac Central European        | macce_general_ci    |      1 |
| macroman | Mac West European           | macroman_general_ci |      1 |
| sjis     | Shift-JIS Japanese          | sjis_japanese_ci    |      2 |
| swe7     | 7bit Swedish                | swe7_swedish_ci     |      1 |
| tis620   | TIS620 Thai                 | tis620_thai_ci      |      1 |
| ucs2     | UCS-2 Unicode               | ucs2_general_ci     |      2 |
| ujis     | EUC-JP Japanese             | ujis_japanese_ci    |      3 |
| utf16    | UTF-16 Unicode              | utf16_general_ci    |      4 |
| utf16le  | UTF-16LE Unicode            | utf16le_general_ci  |      4 |
| utf32    | UTF-32 Unicode              | utf32_general_ci    |      4 |
| utf8mb3  | UTF-8 Unicode               | utf8mb3_general_ci  |      3 |
| utf8mb4  | UTF-8 Unicode               | utf8mb4_0900_ai_ci  |      4 |
+----------+-----------------------------+---------------------+--------+
41 rows in set (0.00 sec)
```

图 3-19　MySQL 中支持的字符集信息

使用 MySQL 命令"show variables like 'character%';"可以查看当前服务实例使用的字符集信息，如图 3-20 所示。

```
mysql> show variables like 'character%';
+--------------------------+-----------------------------------------------------+
| Variable_name            | Value                                               |
+--------------------------+-----------------------------------------------------+
| character_set_client     | utf8mb3                                             |
| character_set_connection | utf8mb3                                             |
| character_set_database   | utf8mb4                                             |
| character_set_filesystem | binary                                              |
| character_set_results    | utf8mb3                                             |
| character_set_server     | utf8mb4                                             |
| character_set_system     | utf8mb3                                             |
| character_sets_dir       | C:\Program Files\MySQL\MySQL Server 8.2\share\charsets\ |
+--------------------------+-----------------------------------------------------+
8 rows in set, 1 warning (0.00 sec)
```

图 3-20　查看当前 MySQL 服务实例使用的字符集信息

上图中各参数信息说明如下：
- character_set_client：MySQL 客户机的字符集，默认安装 MySQL 时，该值为 utf8mb3。
- character_set_connection：数据通信链路的字符集，当 MySQL 客户机向服务器发送请求时，请求数据以该字符集进行编码。默认安装 MySQL 时，该值为 utf8mb3。
- character_set_database：数据库字符集，默认安装 MySQL 时，该值为 utf8mb4。
- character_set_filesystem：MySQL 服务器文件系统的字符集，该值固定为 binary。
- character_set_results：结果集的字符集，MySQL 服务器向 MySQL 客户机返回执行结果时，执行结果以该字符集进行编码。默认安装 MySQL 时，该值为 utf8mb3。
- character_set_server：MySQL 服务实例字符集，默认安装 MySQL 时，该值为 utf8mb4。
- character_set_system：元数据（字段名、表名、数据库名等）的字符集，该版本（MySQL 8）的默认值为 utf8mb3。

使用 MySQL 命令 "show variables like 'collation%';" 可以查看当前服务实例使用的字符集排序规则，如图 3-21 所示。

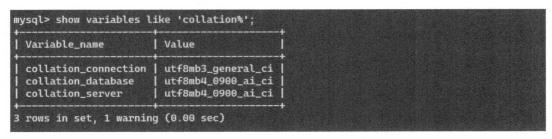

图 3-21　查看当前 MySQL 服务实例使用的字符集排序规则

3.3.2　MySQL 字符集的设置

当启动 MySQL 服务并生成服务实例后，MySQL 服务实例的字符集 character_set_server 将使用 my.ini 配置文件中[mysqld]选项组中 character_set_server 参数的值。character_set_client、character_set_connection 以及 character_set_results 的字符值将使用 my.ini 配置文件中[mysqld]选项组中 default_character_set 参数的值。可以使用下面 4 种方法来修改 MySQL 的默认字符集。

1．修改 my.ini 配置文件

将 my.ini 配置文件中[mysqld]选项组中 default_character_set 参数的值修改为 utf8 后，

character_set_client、character_set_connection 以及 character_set_results 的参数值都会被修改为 utf8。将 my.ini 配置文件中[mysqld]选项组中 character_set_server 参数的值修改为 utf8 后，character_set_server 和 character_set_database 的参数值都会被修改为 utf8。保存修改后的 my.ini 配置文件，重新启动 MySQL 服务器，这些字符集将在新的 MySQL 实例中生效。

修改字符集只会影响数据库中的新数据，并不会影响数据库原有数据。

2. 使用 set 命令设置字符集

可以使用命令 set character_set_database=utf8 将数据库的字符集设置为 utf8，但这种设置只在当前的 MySQL 服务器连接内有效。当打开新的 MySQL 客户机时，字符集将恢复为 my.ini 配置文件中的默认值。

3. 使用 set names 命令设置字符集

使用 set names utf8 可以一次性将 character_set_client、character_set_connection 以及 character_set_results 的参数值都设置为 utf8，但这种设置也只在当前的 MySQL 服务器连接内有效。

4. 连接 MySQL 服务器时指定字符集

当使用命令 mysql --default-character-set=utf8 -h 127.0.0.1 -u root -p 连接 MySQL 服务器时，相当于连接服务器后执行命令 set names=utf8。

3.4 增添表记录

一旦创建了数据库和表，就可以向表里增添记录，使用 INSERT 语句和 REPLACE 语句可以向表里增添一条或多条记录。

3.4.1 INSERT 语句

使用 INSERT 语句可以将一条或多条记录插入表中，也可以将另一个表中的结果集插入当前表中。

INSERT 语句的语法格式为：

```
INSERT [INTO] table_name [(column_name,…)]
    VALUES ({expr|DEFAULT}, ...), (...), …
    |SET column_name={expr|DEFAULT},…
```

对 INSERT 语句的说明如下：

- table_name：表示进行插入操作的表名。
- column_name：表示需要插入数据的字段名。当省略字段名时，表示给全部字段插入数据。如果只给表中部分字段插入数据，则需要指出字段名。对于没有指定的字段，其值根据字段的默认值或相关属性来确定。相关规则如下：具有默认值的字段，其值为默认值；没有默认值的字段，若允许为空值，则其值为空值，否则出错；向自增型 auto_increment 字段插入数据时，系统自动生成下一个编号并插入；类型为 timestamp 的字段，系统自动填充其值为当前系统日期和时间。
- VALUES 子句：包含各字段需要插入的数据清单，数据的顺序要与字段的顺序对应。如果省略字段名，则要给出每一个字段值。字段值可以为常量、变量或者表达式，也可以为 NULL，并且数据类型要与字段的数据类型一致。

- SET 子句：用于给指定字段赋值。

使用 INSERT 语句可以向表中插入一行记录或多行记录，插入的记录可以给出每个字段的值或给出部分字段值，还可以插入其他表中的数据。

使用 INSERT INTO…SELECT…可以从一个表或多个表中向目标表中插入记录。SELECT 语句中返回的是一个查询到的结果集，INSERT 语句将这个结果集插入到目标表中，结果集中记录的字段数、字段的数据类型要与目标表完全一致。INSERT INTO…SELECT…的语法格式为：

```
INSERT [INTO] table_name[(column_name,…)]
    SELECT (column_name,…) from source_table_name where conditions;
```

【例 3-10】 INSERT 语句的使用。

（1）使用 INSERT 语句向表中的所有字段插入数据。在数据库 teacher_course 中创建教师表 teacher，教师表中包括教师编号、教师姓名和联系电话 3 个字段，然后向教师表中增添 3 个教师信息。具体 SQL 语句如下：

```
create database teacher_course;
use teacher_course;
create table teacher(
    teacher_id char(10) primary key,
    teacher_name varchar(20) not null,
    teacher_phone char(20) not null
);
insert into teacher values('0412893401','张明','13901234567');
insert into teacher values('0412893402','王小刚','13801823412');
insert into teacher values('0412893403','李晓梅','13701234567');
select * from teacher;
```

SQL 语句运行结果如图 3-22 所示。

```
mysql> create database teacher_course;
Query OK, 1 row affected (0.02 sec)

mysql> use teacher_course;
Database changed
mysql> create table teacher(
    ->     teacher_id char(10) primary key,
    ->     teacher_name varchar(20) not null,
    ->     teacher_phone char(20) not null
    -> );
Query OK, 0 rows affected (0.04 sec)

mysql> insert into teacher values('0412893401','张明','13901234567');
Query OK, 1 row affected (0.01 sec)

mysql> insert into teacher values('0412893402','王小刚','13801823412');
Query OK, 1 row affected (0.01 sec)

mysql> insert into teacher values('0412893403','李晓梅','13701234567');
Query OK, 1 row affected (0.01 sec)

mysql> select * from teacher;
+------------+--------------+---------------+
| teacher_id | teacher_name | teacher_phone |
+------------+--------------+---------------+
| 0412893401 | 张明         | 13901234567   |
| 0412893402 | 王小刚       | 13801823412   |
| 0412893403 | 李晓梅       | 13701234567   |
+------------+--------------+---------------+
3 rows in set (0.00 sec)
```

图 3-22 使用 INSERT 语句向表中的所有字段插入数据

插入的数据为字符串和日期类型时，字段值要用单引号括起来。

（2）使用 INSERT 语句向表中的部分字段插入数据。在数据库 teacher_course 中创建课程表 course，课程表中包括课程编号、课程名称、课程学时数和任课教师编号 4 个字段。其中课程编号为整数，从 1 开始依次递增；课程学时数默认值为 72；teacher 表与 course 表之间存在外键约束，向课程表中增添课程信息。具体 SQL 语句如下：

```
create table course(
  course_id int auto_increment primary key,
  course_name varchar(20),
  course_hours int default 72,
  teacher_id char(10) not null,
  constraint course_teacher_fk foreign key(teacher_id) references teacher(teacher_id)
);
insert into course values(NULL,'C 程序设计',default,'0412893402');
insert into course(course_name,teacher_id) values('Java 程序设计','0412893401');
insert into course values(NULL,'MySQL 数据库',60,'0412893403');
```

SQL 语句运行结果如图 3-23 所示。

```
mysql> create table course(
    -> course_id int auto_increment primary key,
    -> course_name varchar(20),
    -> course_hours int default 72,
    -> teacher_id char(10) not null,
    -> constraint course_teacher_fk foreign key(teacher_id) references teacher(teacher_id)
    -> );
Query OK, 0 rows affected (0.07 sec)

mysql> insert into course values(NULL,'C程序设计',default,'0412893402');
Query OK, 1 row affected (0.01 sec)

mysql> insert into course(course_name,teacher_id) values('Java程序设计','0412893401');
Query OK, 1 row affected (0.01 sec)

mysql> insert into course values(NULL,'MySQL数据库',60,'0412893403');
Query OK, 1 row affected (0.02 sec)

mysql> select * from course;
+-----------+--------------+--------------+------------+
| course_id | course_name  | course_hours | teacher_id |
+-----------+--------------+--------------+------------+
|         1 | C程序设计    |           72 | 0412893402 |
|         2 | Java程序设计 |           72 | 0412893401 |
|         3 | MySQL数据库  |           60 | 0412893403 |
+-----------+--------------+--------------+------------+
3 rows in set (0.00 sec)
```

图 3-23　使用 INSERT 语句向表中的部分字段插入数据

在上面的 INSERT 语句中，当向自增型 auto_increment 字段插入数据时，可以插入 NULL 值或省略该字段，此时插入的值为该字段下一个自增值。当向默认值约束字段插入数据时，字段值可以使用 default 关键字或省略该字段，此时插入的值为该字段的默认值。

由于 course 表与 teacher 表之间存在着外键约束关系，所以 course 表中的 teacher_id 字段值要来自表 teacher 中 teacher_id 字段，否则会产生错误。例如下面的 SQL 语句：

```
insert into course values(NULL,'组成原理',75,'0412893408');
```

其运行结果如图 3-24 所示。

```
mysql> insert into course values(NULL,'组成原理',75,'0412893408');
ERROR 1452 (23000): Cannot add or update a child row: a foreign key constraint fails
(`teacher_course`.`course`, CONSTRAINT `course_teacher_fk` FOREIGN KEY (`teacher_id`)
 REFERENCES `teacher` (`teacher_id`))
mysql>
```

图 3-24 插入值不符合外键约束关系时出错信息

（3）使用 INSERT 语句一次向表中插入多条记录。在上面 course 表中将原有的课程信息删除，使用一条 INSERT 语句重新将 3 门课程信息插入。具体 SQL 语句如下：

```
truncate course;
insert into course(course_name,course_hours,teacher_id) values
('C 程序设计',default,'0412893402'),
('Java 程序设计',default,'0412893401'),
('MySQL 数据库',60,'0412893403');
```

SQL 语句运行结果如图 3-25 所示。

```
mysql> truncate course;
Query OK, 0 rows affected (0.07 sec)

mysql> insert into course(course_name,course_hours,teacher_id) values
    -> ('C程序设计',default,'0412893402'),
    -> ('Java程序设计',default,'0412893401'),
    -> ('MySQL数据库',60,'0412893403');
Query OK, 3 rows affected (0.02 sec)
Records: 3  Duplicates: 0  Warnings: 0

mysql> select * from course;
+-----------+--------------+--------------+-------------+
| course_id | course_name  | course_hours | teacher_id  |
+-----------+--------------+--------------+-------------+
|         1 | C程序设计    |           72 | 0412893402  |
|         2 | Java程序设计 |           72 | 0412893401  |
|         3 | MySQL数据库  |           60 | 0412893403  |
+-----------+--------------+--------------+-------------+
3 rows in set (0.00 sec)
```

图 3-25 使用 INSERT 语句一次向表中插入多条记录

（4）使用 INSERT 语句将一个表中的查询结果集添加到目标表中。将上面 course 表中学时数为 72 学时的课程信息添加到表 course_hours_72。具体 SQL 语句如下：

```
create table course_hours_72 like course;
insert into course_hours_72 select * from course where course_hours=72;
select * from course_hours_72;
```

SQL 语句运行结果如图 3-26 所示。

```
mysql> create table course_hours_72 like course;
Query OK, 0 rows affected (0.05 sec)

mysql> insert into course_hours_72 select * from course where course_hours=72;
Query OK, 2 rows affected (0.01 sec)
Records: 2  Duplicates: 0  Warnings: 0

mysql> select * from course_hours_72;
+-----------+--------------+--------------+-------------+
| course_id | course_name  | course_hours | teacher_id  |
+-----------+--------------+--------------+-------------+
|         1 | C程序设计    |           72 | 0412893402  |
|         2 | Java程序设计 |           72 | 0412893401  |
+-----------+--------------+--------------+-------------+
2 rows in set (0.00 sec)
```

图 3-26 使用 INSERT 语句将一个表中的查询结果集添加到目标表中

3.4.2 REPLACE 语句

使用 REPLACE 语句也可以将一条或多条记录插入表中，或者将一个表中的结果集插入目标表中。

REPLACE 语句的语法格式 1 为：

```
REPLACE [INTO] table_name [(column_name,…)]
    VALUES ({expr|DEFAULT}, ...), (...), …
    |SET column_name={expr|DEFAULT},…
```

REPLACE 语句的语法格式 2 为：

```
REPLACE [INTO] table_name[(column_name,…)]
    SELECT (column_name,…) from source_table_name where conditions;
```

从上面语法格式中可以看出，INSERT 语句与 REPLACE 语句的功能基本相同。不同之处在于：使用 REPLACE 语句添加记录时，如果新记录的主键值或者唯一性约束的字段值与已有记录相同，则已有记录会被删除，之后再添加新记录。

【例 3-11】 REPLACE 语句与 INSERT 语句的区别。

在教师表 teacher 中，使用 REPLACE 语句插入教师记录："0412893404"，"唐明明"，"13401234567"。然后再分别使用 INSERT 和 REPLACE 语句插入教师记录："0412893404"，"张明明"，"18701234567"，并查看记录插入情况，具体 SQL 语句如下：

```
replace into teacher values('0412893404','唐明明','13401234567');
insert into teacher values('0412893404','张明明','18701234567');
replace into teacher values('0412893404','张明明','18701234567');
```

SQL 语句运行结果如图 3-27 所示。

```
mysql> replace into teacher values('0412893404','唐明明','13401234567');
Query OK, 1 row affected (0.02 sec)

mysql> select * from teacher;
+------------+--------------+---------------+
| teacher_id | teacher_name | teacher_phone |
+------------+--------------+---------------+
| 0412893401 | 张明         | 13901234567   |
| 0412893402 | 王小刚       | 13801823412   |
| 0412893403 | 李晓梅       | 13701234567   |
| 0412893404 | 唐明明       | 13401234567   |
+------------+--------------+---------------+
4 rows in set (0.00 sec)

mysql> insert into teacher values('0412893404','张明明','18701234567');
ERROR 1062 (23000): Duplicate entry '0412893404' for key 'teacher.PRIMARY'
mysql> replace into teacher values('0412893404','张明明','18701234567');
Query OK, 2 rows affected (0.01 sec)

mysql> select * from teacher;
+------------+--------------+---------------+
| teacher_id | teacher_name | teacher_phone |
+------------+--------------+---------------+
| 0412893401 | 张明         | 13901234567   |
| 0412893402 | 王小刚       | 13801823412   |
| 0412893403 | 李晓梅       | 13701234567   |
| 0412893404 | 张明明       | 18701234567   |
+------------+--------------+---------------+
4 rows in set (0.00 sec)
```

图 3-27 REPLACE 语句与 INSERT 语句的区别

当使用 INSERT 语句插入教师记录："0412893404"，"张明明"，"18701234567"，由于表中已经存在主键为"0412893404"的教师记录，所以插入失败。当使用 REPLACE 语句插入时，会先将主键为"0412893404"的教师记录删除后，再插入新的教师记录。

3.5 修改表记录

当记录插入后，可以使用 UPDATE 语句对表中的记录进行修改。UPDATE 语句的语法格式为：

```
UPDATE table_name
    SET column_name={expr|DEFAULT},…
    [where condition]
```

在上面 UPDATE 语句中，where 子句用于指出表中哪些记录需要修改。如果省略了 where 子句，则表示表中所有记录都需要修改。SET 子句用于指出记录中需要修改的字段及其取值。

【例 3-12】 UPDATE 语句的使用。

在课程表 course 中，将课程名为"C 程序设计"这门课程的学时数改为 90 学时，具体 SQL 语句如下：

```
update course set course_hours=90 where course_name='C 程序设计';
select * from course;
```

SQL 语句运行结果如图 3-28 所示。

```
mysql> update course set course_hours=90 where course_name='C程序设计';
Query OK, 1 row affected (0.02 sec)
Rows matched: 1  Changed: 1  Warnings: 0

mysql> select * from course;
+-----------+-------------+--------------+------------+
| course_id | course_name | course_hours | teacher_id |
+-----------+-------------+--------------+------------+
|         1 | C程序设计   |           90 | 0412893402 |
|         2 | Java程序设计|           72 | 0412893401 |
|         3 | MySQL数据库 |           60 | 0412893403 |
+-----------+-------------+--------------+------------+
3 rows in set (0.00 sec)
```

图 3-28 UPDATE 语句的使用

3.6 删除表记录

如果表中的记录不再使用，可以使用 DELETE 或 TRUNCATE 语句删除。

3.6.1 DELETE——删除表记录

DELETE 语句的语法格式为：

```
DELETE from table_name
    [WHERE condition]
```

在上面的 DELETE 语句中，如果没有指定 WHERE 子句，则表中所有记录都将被删除，但表结构仍然存在。

【例 3-13】 DELETE 语句的使用。

（1）使用 DELETE 语句删除课程表 course 中课程名称为"C 程序设计"的课程信息。具体 SQL 语句如下：

```
delete from course where course_name='C 程序设计';
select * from course;
```

SQL 语句运行结果如图 3-29 所示。

```
mysql> delete from course where course_name='C程序设计';
Query OK, 1 row affected (0.02 sec)

mysql> select * from course;
+-----------+--------------+--------------+-------------+
| course_id | course_name  | course_hours | teacher_id  |
+-----------+--------------+--------------+-------------+
|         2 | Java程序设计 |           72 | 0412893401  |
|         3 | MySQL数据库  |           60 | 0412893403  |
+-----------+--------------+--------------+-------------+
2 rows in set (0.00 sec)
```

图 3-29 DELETE 语句的使用

（2）使用 DELETE 语句删除教师表 teacher 中教师编号为"0412893401"的教师信息。

```
delete from teacher where teacher_id='0412893401';
```

由于教师表 teacher 与课程表 course 之间的外键约束关系，所以要先删除课程表 course 中教师编号为"0412893401"的课程信息，再删除教师表 teacher 中教师编号为"0412893401"的教师信息。具体 SQL 语句如下：

```
delete from course where teacher_id='0412893401';
delete from teacher where teacher_id='0412893401';
select * from teacher where teacher_id='0412893401';
```

SQL 语句运行结果如图 3-30 所示。

```
mysql> delete from teacher where teacher_id='0412893401';
ERROR 1451 (23000): Cannot delete or update a parent row: a foreign key constraint fails (
`teacher_course`.`course`, CONSTRAINT `course_teacher_fk` FOREIGN KEY (`teacher_id`) REFER
ENCES `teacher` (`teacher_id`))
mysql> delete from course where teacher_id='0412893401';
Query OK, 1 row affected (0.01 sec)

mysql> delete from teacher where teacher_id='0412893401';
Query OK, 1 row affected (0.01 sec)

mysql> select * from teacher where teacher_id='0412893401';
Empty set (0.00 sec)
```

图 3-30 使用 DELETE 语句删除具有外键约束关系的记录

3.6.2 TRUNCATE——清空表记录

除了使用 DELETE 语句删除表中记录外，还可以使用 TRUNCATE 语句清空表记录。TRUNCATE 语句的语法格式为：

```
TRUNCATE [table] table_name
```

从上面的语法格式中可以看出，TRUNCATE 语句的功能与"DELETE from table_name"语句的功能相同。但使用 TRUNCATE table 语句清空表记录后会重新设置自增型字段的计数起始值,而 DELETE 语句不会。

【例 3-14】 TRUNCATE 语句与 DELETE 语句的区别。

(1) 将课程表 course 中的所有记录复制到新表 course_copy 中,然后使用 TRUNCATE 语句清空 course_copy 中的所有记录。插入课程记录:"C 程序设计",72,"0412893402",并注意课程编号值。具体 SQL 语句如下:

```
create table course_copy like course;
insert into course_copy select * from course;
select * from course_copy;
truncate course_copy;
select auto_increment from information_schema.tables where table_name='course_copy';
insert into course_copy values(NULL,'C 程序设计',default,'0412893402');
select * from course_copy;
```

SQL 语句运行结果如图 3-31 所示。

```
mysql> create table course_copy like course;
Query OK, 0 rows affected (0.07 sec)

mysql> insert into course_copy select * from course;
Query OK, 1 row affected (0.01 sec)
Records: 1  Duplicates: 0  Warnings: 0

mysql> select * from course_copy;
+-----------+-------------+--------------+------------+
| course_id | course_name | course_hours | teacher_id |
+-----------+-------------+--------------+------------+
|         3 | MySQL数据库  |           60 | 0412893403 |
+-----------+-------------+--------------+------------+
1 row in set (0.00 sec)

mysql> truncate course_copy;
Query OK, 0 rows affected (0.08 sec)

mysql> select auto_increment from information_schema.tables where table_name='course_copy';
+----------------+
| AUTO_INCREMENT |
+----------------+
|           NULL |
+----------------+
1 row in set (0.01 sec)

mysql> insert into course_copy values(NULL,'C程序设计',default,'0412893402');
Query OK, 1 row affected (0.01 sec)

mysql> select * from course_copy;
+-----------+-------------+--------------+------------+
| course_id | course_name | course_hours | teacher_id |
+-----------+-------------+--------------+------------+
|         1 | C程序设计    |           72 | 0412893402 |
+-----------+-------------+--------------+------------+
1 row in set (0.00 sec)
```

图 3-31 使用 TRUNCATE 语句清空表记录

(2) 使用 DELETE 语句清空 course_copy 中的所有记录,然后插入课程记录:"C 程序设计",72,"0412893402",并注意课程编号值。具体 SQL 语句如下:

```
delete from course_copy;
select * from course_copy;
select auto_increment from information_schema.tables where table_name='course_copy';
insert into course_copy values(NULL,'C 程序设计',default,'0412893402');
```

```sql
select * from course_copy;
```

SQL 语句运行结果如图 3-32 所示。

```
mysql> delete from course_copy;
Query OK, 1 row affected (0.02 sec)

mysql> select * from course_copy;
Empty set (0.00 sec)

mysql> select auto_increment from information_schema.tables where table_name='course_copy';
+----------------+
| AUTO_INCREMENT |
+----------------+
|           NULL |
+----------------+
1 row in set (0.00 sec)

mysql> insert into course_copy values(NULL,'C程序设计',default,'0412893402');
Query OK, 1 row affected (0.01 sec)

mysql> select * from course_copy;
+-----------+-------------+--------------+------------+
| course_id | course_name | course_hours | teacher_id |
+-----------+-------------+--------------+------------+
|         2 | C程序设计    |           72 | 0412893402 |
+-----------+-------------+--------------+------------+
1 row in set (0.00 sec)
```

图 3-32　使用 DELETE 语句清空表记录

select auto_increment from information_schema.tables where table_name='course_copy'; 语句的作用是查询 course_copy 表中自增字段的起始值。从上面结果中可以看出：使用 TRUNCATE 语句清空表记录后，会重新设置自增型字段的计数起始值为 1；而使用 DELETE 语句删除记录后，自增字段的值并没有被设置为起始值，而是依次递增。

3.7　案例：图书管理系统中表记录的操作

1. 图书管理系统中数据库及表的创建

在图书管理系统中首先创建数据库 library，在 library 数据库中主要创建 4 个表：图书信息表 book、读者信息表 reader、图书借阅信息表 borrow、图书归还信息表 giveback。在图书信息表中主要字段包括：图书 ID、书名、作者、出版社、价格、录入时间、是否删除。创建数据库及图书信息表 book 的 SQL 语句如下：

```sql
create database library;
use library;
create table book(
  bookid int auto_increment primary key,
  bookname varchar(60) not null,
  author varchar(40) not null,
  publisher varchar(60) not null,
  price float(8,2) not null,
  intime timestamp,
  isdelete tinyint default 0
);
```

读者信息表中主要字段包括：读者 ID、姓名、性别、证件号码、电话、登记日期。创建读者信息表 reader 的 SQL 语句如下：

```
create table reader(
  readerid int auto_increment primary key,
  readername varchar(40) not null,
  readersex varchar(4) not null,
  paperid varchar(20) not null,
  telephone varchar(20),
  createdate timestamp
);
```

图书借阅信息表中主要字段包括：图书借阅 ID、读者 ID、图书 ID、借书日期、应还日期、是否归还。创建图书借阅信息表 borrow 的 SQL 语句如下：

```
create table borrow(
  borrowid int auto_increment primary key,
  readerid int,
  bookid int,
  borrowdate date not null,
  givebackdate date not null,
  isback tinyint default 0,
  constraint borrow_reader_fk foreign key(readerid)
     references reader(readerid) on delete cascade,
  constraint borrow_book_fk foreign key(bookid) references book(bookid)
);
```

图书归还信息表中主要字段包括：图书归还 ID、读者 ID、图书 ID、归还日期。创建图书归还信息表 giveback 的 SQL 语句如下：

```
create table giveback(
  givebackid int auto_increment primary key,
  readerid int not null,
  bookid int not null,
  givebackdate date not null,
  constraint giveback_reader_fk foreign key(readerid) references reader(readerid)
    on delete cascade,
  On delete cascade constraint giveback_book_fk foreign key(bookid) references book(bookid)
);
```

2. 在图书表和读者表中插入表记录

在图书信息表 book 中插入 4 本图书信息。具体 SQL 语句如下：

```
insert into book values(
  null,'Java Web 开发与实践','高翔','人民邮电出版社',59.80,default,default
);
insert into book values(
  null,'Oracle 数据库','杨少敏','清华大学出版社',39.00,default,default
);
insert into book values(
  null,'计算机应用基础','焦家林','清华大学出版社',32.50,default,default
);
insert into book values(
  null,'Servlet/JSP 深入详解','孙鑫','电子工业出版社',75.00,default,default
```

);

SQL 语句运行结果如图 3-33 所示。

```
mysql> select * from book;
+--------+--------------------+--------+--------------------+-------+-------+----------+
| bookid | bookname           | author | publisher          | price | intime| isdelete |
+--------+--------------------+--------+--------------------+-------+-------+----------+
|      1 | Java Web开发与实践 | 高翔   | 人民邮电出版社     | 59.80 | NULL  |        0 |
|      2 | Oracle数据库       | 杨少敏 | 清华大学出版社     | 39.00 | NULL  |        0 |
|      3 | 计算机应用基础     | 焦家林 | 清华大学出版社     | 32.50 | NULL  |        0 |
|      4 | Servlet/JSP深入详解| 孙鑫   | 电子工业出版社     | 75.00 | NULL  |        0 |
+--------+--------------------+--------+--------------------+-------+-------+----------+
4 rows in set (0.00 sec)
```

图 3-33　使用 INSERT 语句在 book 表中插入图书信息

在读者信息表 reader 中插入 2 个读者信息。具体 SQL 语句如下：

```
insert into reader values(
    null,'谢丹丹','女','2101021975070412ll',default,default);
insert into reader values(
    null,'李冰','男','210104198510202124','13523457891',default);
```

SQL 语句运行结果如图 3-34 所示。

```
mysql> select * from reader;
+----------+------------+-----------+--------------------+-------------+------------+
| readerid | readername | readersex | paperid            | telephone   | createdate |
+----------+------------+-----------+--------------------+-------------+------------+
|        1 | 谢丹丹     | 女        | 2101021975070412ll | NULL        | NULL       |
|        2 | 李冰       | 男        | 210104198510202124 | 13523457891 | NULL       |
+----------+------------+-----------+--------------------+-------------+------------+
2 rows in set (0.00 sec)
```

图 3-34　使用 INSERT 语句在 reader 表中插入读者信息

3．读者借书

如果第一个读者要借第三、四本书，则在图书借阅信息表 borrow 中插入借书记录，默认借书时间为 60 天。具体 SQL 语句如下：

```
insert into borrow values(
    null,1,3,curdate(),date_add(curdate(),interval 60 day),default);
insert into borrow values(
    null,1,4,curdate(),date_add(curdate(),interval 60 day),default);
```

SQL 语句运行结果如图 3-35 所示。

```
mysql> select * from borrow;
+----------+----------+--------+------------+--------------+--------+
| borrowid | readerid | bookid | borrowdate | givebackdate | isback |
+----------+----------+--------+------------+--------------+--------+
|        1 |        1 |      3 | 2024-02-02 | 2024-04-02   |      0 |
|        2 |        1 |      4 | 2024-02-02 | 2024-04-02   |      0 |
+----------+----------+--------+------------+--------------+--------+
2 rows in set (0.00 sec)
```

图 3-35　使用 INSERT 语句在 borrow 表中插入读者借阅信息

4. 读者还书

如果第一个读者 10 天后将第三、四本书归还,则将读者归还图书信息添加到表 giveback 中,并将借阅信息表 borrow 中相应字段"是否归还"修改为 1,表示图书已经归还。具体 SQL 语句如下:

```
insert into giveback values( null,1,3,'2016-07-12');
insert into giveback values( null,1,4,'2016-07-12');
update borrow set isback=1 where readerid='1' and bookid='3';
update borrow set isback=1 where readerid='1' and bookid='4';
```

SQL 语句运行结果如图 3-36 所示。

图 3-36　读者还书信息设置

5. 删除读者

第一个读者已将所借书归还并且退还借书卡后,可以将第一个读者信息删除。具体 SQL 语句如下:

```
delete from reader where readerid=1;
```

SQL 语句运行结果如图 3-37 所示。

图 3-37　删除读者信息

图书借阅表和图书归还表中的外键约束定义了在删除时都为级联删除,所以在删除读者信息时会同时删除上面两个表中相应的记录。图书借阅信息表中的外键约束定义为:constraint borrow_reader_fk foreign key(readerid) references reader(readerid) on delete cascade。图书归还信息表中的外键约束定义为:constraint giveback_reader_fk foreign key(readerid) references reader(readerid) on delete cascade。

本章小结

在创建表时,表中的每个字段都有数据类型,它用来指定一定的存储格式、约束和有效范围。MySQL 提供了多种数据类型,主要包括数值类型(包括整数类型和小数类型)、字符串类型、日期时间类型、复合类型以及二进制类型。MySQL 中整数类型有:TINYINT、SMALLINT、MEDIUMINT、INT(INTEGER)和 BIGINT。MySQL 中小数类型有两种:浮点数和定点数。浮点数包括单精度浮点数 FLOAT 类型和双精度浮点数 DOUBLE 类型,定点数为 DECIMAL 类型。定点数在 MySQL 内部以字符串形式存放,比浮点数更精确,适合用来表示货币等精度高的数据。MySQL 支持的字符串类型主要有:CHAR、VARCHAR、TINYTEXT、TEXT、MEDIUMTEXT 和 LONGTEXT。CHAR 与 VARCHAR 都是用来保存 MySQL 中较短的字符串,二者的主要区别在于存储方式不同。日期时间类型包括:DATE、TIME、DATETIME、TIMESTAMP 和 YEAR。DATE 表示日期,默认格式为 YYYY-MM-DD;TIME 表示时间,默认格式为 HH:MM:SS;DATETIME 和 TIMESTAMP 表示日期和时间,默认格式为 YYYY-MM-DD HH:MM:SS;YEAR 表示年份。MySQL 中的复合数据类型包括:ENUM 枚举类型和 SET 集合类型。ENUM 类型只允许从集合中取得某一个值,SET 类型允许从集合中取得多个值。ENUM 类型的数据最多可以包含 65535 个元素,SET 类型的数据最多可以包含 64 个元素。MySQL 中的二进制类型包括 7 种:BINARY、VARBINARY、BIT、TINYBLOB、BLOB、MEDIUMBLOB 和 LONGBLOB。BIT 数据类型以位为单位进行存储,而其他二进制类型的数据以字节为单位进行存储。

一旦创建了数据库和表,就可以向表里增添记录,使用 INSERT 语句和 REPLACE 语句可以向表里增添一条或多条记录。当记录插入后,可以使用 UPDATE 语句对表中的记录进行修改。如果表中的记录不再使用,可以用 DELETE 或 TRUNCATE 语句删除。

实践与练习

一、单选题

1. 要快速完全清空一个表,可以使用语句(   )。
   A. truncate table_name;　　　　　　B. delete table_name;
   C. drop table_name;　　　　　　　　D. clear table_name;
2. 使用 DELETE 删除数据时,会有一个返回值,其含义是(   )。
   A. 被删除的记录数目　　　　　　　　B. 删除操作所针对的表名
   C. 删除是否成功执行　　　　　　　　D. 以上均不正确
3. 在 MySQL 中,与表达式"仓库号 NOT IN('wh1','wh2')"功能相同的表达式是(   )。
   A. 仓库号='wh1' AND 仓库号='wh2'
   B. 仓库号!='wh1' OR 仓库号!='wh2'
   C. 仓库号='wh1' OR 仓库号='wh2'
   D. 仓库号!='wh1' AND 仓库号!='wh2'

4. 显示数字时，要想使用"0"作为填充符，可以使用关键字（   ）。
   A．ZEROFILL;   B．ZEROFULL;
   C．FILLZERO;   D．FULLZERO;
5. DATETIME 类型支持的最大年份为（   ）年。
   A．2070   B．9999   C．3000   D．2099
6. 下列（   ）类型不是 MySQL 中常用的数据类型。
   A．int   B．char   C．time   D．var
7. 若用如下的 SQL 语句创建一个 STUDENT 表

```
CREATE TABLE STUDENT
  ( NO char(4) NOT NULL,
    NAME char(8) NOT NULL,
  SEX char(2),
  AGE int);
```

则可以插入 STUDENT 表中的是（   ）。
   A．('1031','曾华',男,'23')   B．('1031','曾华',NULL,NULL)
   C．(NULL,'曾华','男','23')   D．('1031',NULL,'男',23)
8. 设关系数据库中有一个表 S 的关系模式为 S(SN,CN,GRADE)，其中 SN 为学生名，CN 为课程名，二者为字符型；GRADE 为成绩，数值型，取值范围为 0～100。若要将"王二"的化学成绩改为 85 分，则可用（   ）。
   A．UPDATE S SET GRADE=85 WHERE SN='王二' AND CN='化学'
   B．UPDATE S SET GRADE='85' WHERE SN='王二' AND CN='化学'
   C．UPDATE GRADE=85 WHERE SN='王二' AND CN='化学'
   D．UPDATE GRADE='85' WHERE SN='王二' AND CN='化学'
9. 可以限定成绩的取值范围是（   ）。
   A．PRIMARY KEY（主键）   B．UNIQUE（唯一约束）
   C．FOREIGN KEY（外键）   D．CHECK（检查约束）
10. 为 student 表增加一个年龄字段的正确语法为（   ）。
    A．add sAge to student
    B．change table student add sAge
    C．alter table student add sAge int
    D．alter table student add sAge

二、概念题

1. MySQL 中整数类型有几种？每种类型所占用的字节数为多少？
2. MySQL 中日期类型的种类及其取值范围是什么？
3. MySQL 中复合数据类型有几种？
4. 使用什么命令可以查看 MySQL 服务器实例支持的字符集信息？
5. 使用什么命令可以查看 MySQL 服务器实例使用的字符集信息？

三、操作题

在数据库 employees_test 中有雇员信息表 employees，雇员信息表中数据见表 3-8。

表 3-8　employees 表数据

employee_id	employee_name	employee_sex	department	salary
0001	刘卫平	男	开发部	5500.00
0002	马东	男	开发部	6200.00
0003	张明华	女	销售部	4500.00
0004	郭文斌	男	财务部	5000.00
0005	肖海燕	女	开发部	6000.00

使用 SQL 语句完成以下操作：

1）创建数据库及数据表，并在表中插入雇员信息。
2）修改"开发部"雇员的薪水，修改后其薪水增加 20%。
3）将雇员表中性别为"男"的所有雇员信息复制到 employee_copy 表中。
4）将 employee_copy 表中所有记录清空。

实验指导：MySQL 数据库基本操作

在创建表时，表中的每个字段都有数据类型，它用来指定数据的存储格式、约束和有效范围。因此，在创建表时必须为表中每个字段指定正确的数据类型及可能的数据长度。默认情况下，MySQL 8 默认编码为 utf8mb3，而 MySQL 5 使用的字符集为 latin1（西欧 ISO_8859_1 字符集的别名）。为了避免因 MySQL 版本不同而产生的编码问题，可以对字符集及字符排序规则进行设置。数据表创建成功后，就可以使用 SQL 语句完成记录的增添、修改和删除。

实验目的和要求

- 掌握 MySQL 基本数据类型。
- 掌握 MySQL 运算符。
- 掌握 MySQL 的字符集设置。
- 掌握 MySQL 中表记录的增添、修改和删除。

实验 1　MySQL 中字符集的设置

MySQL 中有 4 种方法可以修改服务实例的默认字符集：修改 my.ini 配置文件、使用 set 命令设置相应的字符集、使用 set names 命令设置字符集、连接 MySQL 服务器时指定字符集。

题目　MySQL 中设置字符集使其支持中文

1. 任务描述

在 MySQL 数据库表中插入记录时使其支持中文。

2. 任务要求

（1）设置服务实例的默认字符集为 latin1。
（2）在数据表中插入中文后查询结果是否出现乱码。
（3）设置服务实例的默认字符集为 gbk。
（4）在数据表中插入中文后查询结果是否出现乱码。

3. 知识点提示

本任务主要用到以下知识点。

（1）参数 character_set_client 表示 MySQL 客户机的字符集。

（2）参数 character_set_connection 表示数据通信链路的字符集，当 MySQL 客户机向服务器发送请求时，请求数据以该字符集进行编码。

（3）参数 character_set_database 表示数据库字符集。

（4）参数 character_set_results 表示结果集的字符集，MySQL 服务器向 MySQL 客户机返回执行结果时，执行结果以该字符集进行编码。

（5）参数 character_set_server 表示 MySQL 服务实例字符集。

4. 操作步骤提示

（1）使用 set character_set_client=latin1 将 character_set_client 字符集设置为 latin1。

（2）在 library 数据库图书信息表 book 中插入图书信息，SQL 语句为：insert into book values(null,'数据库基础与 SQL Server','徐孝凯','清华大学出版社',35.50,default,default)。

（3）使用 select * from book 语句查看刚插入的记录是否为乱码。

（4）使用 set character_set_client=gbk 将 character_set_client 字符集设置为 gbk。

（5）再使用 SQL 语句 insert into book values(null,'数据库基础与 SQL Server','徐孝凯','清华大学出版社',35.50,default,default)插入记录，然后查看记录是否为乱码。

实验 2　数据表中记录的插入、修改和删除

一旦创建了数据库和表，就可以向表里增添记录，使用 INSERT 语句和 REPLACE 语句可以向表里增添一条或多条记录。当记录插入后，可以使用 UPDATE 语句对表中的记录进行修改。当表中的记录不再使用时，可以使用 DELETE 或 TRUNCATE 语句删除。

题目　学生成绩管理系统中表记录的操作

1. 任务描述

创建学生成绩管理数据库 student_score，在学生成绩管理数据库中创建学生表 student、课程表 course 和学生成绩表 score，然后在表中完成记录的插入、修改和删除。

2. 任务要求

（1）创建数据库和表。

（2）使用 INSERT 语句或 REPLACE 语句向表里增添记录。

（3）使用 UPDATE 语句对表中的记录进行修改。

（4）使用 DELETE 或 TRUNCATE 语句删除表中记录。

3. 知识点提示

本任务主要用到以下知识点。

（1）INSERT 和 REPLACE 语句的使用。

（2）UPDATE 语句的使用。

（3）DELETE 和 TRUNCATE 语句的使用。

4. 操作步骤提示

（1）创建学生成绩管理数据库 student_score。

（2）在学生成绩管理数据库中创建学生表 student，学生表中的主要字段为：学号、姓名、性别，并在学生表 student 中插入以下学生信息：

student_id	student_name	student_sex
2014013601	陈明	男
2014013602	靳晓晨	女
2014013603	李宁	女
2014013604	杨浩宁	男

（3）在学生成绩管理数据库中创建课程表 course，课程表中的主要字段为：课程号、课程名称、学分，并在课程表 course 中插入以下课程信息：

course_id	course_name	course_credit
0001	离散数学	3
0002	数据结构	4
0003	计算机组成原理	4

（4）在学生成绩管理数据库中创建学生成绩表 score，学生成绩表中的主要字段为：学号、课程号、成绩。在学生成绩表中设置两个参照完整性约束，一个名为 score_student_fk，约束表 score 的学号参照引用表 student 中的学号，UPDATE 的处理方式为级联，DELETE 的处理方式为禁止；另一个约束名为 score_course_fk，约束表 score 中的课程号参照引用表 course 中的课程号，UPDATE 的处理方式为级联，DELETE 的处理方式为禁止。在学生成绩表 score 中插入以下学生成绩信息：

student_id	course_id	score
2014013601	0001	87
2014013601	0002	83
2014013602	0001	80
2014013602	0002	79
2014013602	0003	95
2014013603	0001	88
2014013604	0001	70

（5）将学生表中学生学号为"2014013601"改为学号为"2014013611"，然后查看 student 表与 score 表的相关信息。

（6）将学生成绩表中学号为"2014013602"的学生成绩信息删除。

第4章 检索表记录

学习目标

- 掌握 SELECT 语句的用法。
- 掌握条件查询的方法。
- 掌握分组查询、分组筛选的方法。
- 掌握使用 SELECT 语句实现多表查询和子查询的方法。

素养目标

- 授课知识点：条件查询。
- 素养提升：通过不同的查询条件得到不同的查询结果。
- 预期成效：引导学生进行有效、合法的查询；引导学生树立合法查询的意识，明确哪些数据的查询属于违法行为。

数据库查询是指数据库管理系统按照数据库用户指定的条件，从数据库的相关表中找到满足条件的记录。本章将结合网上书店系统数据库（相关表结构请参考第 2 章中相关内容）来学习使用 SELECT 语句对数据进行检索的相关知识。

4.1 SELECT 基本查询

查询数据是数据库的最基本也是最重要的功能。在 MySQL 中，可以使用 SELECT 语句执行数据查询的操作。该语句具有灵活的使用方式和丰富的功能，既可以完成简单的单表查询，也可以完成复杂的连接查询和子查询。

基本查询也称为简单查询，是指在查询的过程中只涉及一个表的查询。

4.1.1 SELECT…FROM 查询语句

SELECT 语句的一般格式为：

```
SELECT [ALL | DISTINCT] <目标列表达式> [,<目标列表达式>]
FROM <表名或视图名>[,<表名或视图名>]
```

```
[WHERE <条件表达式>]
[GROUP BY <列名 1> [HAVING <条件表达式>]]
[ORDER BY <列名 2> [ASC | DESC]]
[LIMIT [start,] count]
```

其中，各参数的说明如下。

- SELECT 子句用于指定要查询数据的列名称。
- FROM 子句用于指定要查询的表或视图。
- WHERE 子句用于指定查询的数据应满足的条件。
- GROUP BY 子句表示将查询结果按照<列名 1>的值进行分组，将该列值相等的记录作为一个组。如果 GROUP 子句带有 HAVING 子句，则只有满足指定条件的组才会输出，HAVING 子句通常和 GROUP 子句一起使用。
- ORDER BY 子句表示将查询结果按照<列名 2>的值进行升序或降序排列后输出，默认为升序（ASC）。
- LIMIT 子句用于限制结果的行数。

在 SELECT 语句的结构中，SELECT 子句必不可少，其他子句都是可选的。

例如下面这条查询语句只显示一些表达式的值，这些值的计算并未涉及任何表，因此这里就不需要 FROM 子句。

【例 4-1】 计算 25 的平方根并输出 MySQL 的版本号。

```
SELECT SQRT(25),VERSION();
```

上述 SELECT 语句的执行结果如图 4-1 所示。

4.1.2 查询指定字段信息

某些情况下，用户只对表或视图中的部分字段的信息感兴趣，那么可以在 SELECT 子句后面直接列出要显示的字段的列名，列名之间必须以逗号分隔。此时需要使用 FROM 子句来指定要查询的对象。

【例 4-2】 检索 Users 表，查询所有会员的名称、性别和电话号码。

```
SELECT U_Name,U_Sex,U_Phone FROM Users;
```

查询指定的数据列如图 4-2 所示。

图 4-1 使用 SELECT 语句输出表达式

图 4-2 查询指定的数据列

提示：若在控制台中出现中文显示乱码情况，可在控制台中执行 set names gbk;命令。

如果在查询的过程中要检索表或视图中的所有字段信息，那么可以在 SELECT 子句中实际列名的位置使用通配符 "*"。在实际应用时，除非确实需要表中的每个列，否则不建议使用通配符，检索不需要的列通常会降低查询的速度，影响应用程序的性能。

【例 4-3】 检索 Users 表，查询所有会员的基本资料。

SELECT * FROM Users;

在默认情况下，查询结果中显示出来的列标题就是在定义表结构时使用的列名称。为了将查询的结果更清楚地显示给用户，方便用户对结果集的理解，可以在 SELECT 子句中使用别名修饰。在定义查询语句时定义别名，在显示查询结果时，定义的别名会取代表结构中的列名称。

定义别名可用以下方法：
- 通过"列名 列标题"形式；
- 通过"列名 AS 列标题"形式。

使用定义别名的方法重新输出例 4-1 的结果，语句可修改如下：

SELECT SQRT(25) 平方根,VERSION() as 版本号;

此时查询结果如图 4-3 所示。

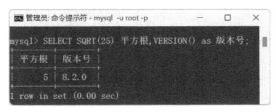

图 4-3　输出别名修饰

4.1.3　关键字 DISTINCT 的使用

在 SELECT 子句中，可以通过使用 ALL 或 DISTINCT 关键字来控制查询结果集的显示。ALL 关键字表示将会显示所有检索的数据行，包括重复的数据行；而 DISTINCT 关键字表示仅仅显示不重复的数据行，对于重复的数据行，则只显示一次。在默认的情况下使用的是 ALL 关键字。

【例 4-4】 检索 Orders 表，查询订购了书籍的会员号。

SELECT U_ID FROM Orders;

查询结果如图 4-4a 所示，从查询结果可以看出，结果集中包括了重复的数据行。如果希望在显示结果的时候去掉重复行，可以显式地使用 DISTINCT 关键字。即：

SELECT DISTINCT U_ID FROM Orders;

查询结果如图 4-4b 所示。

图 4-4　使用 DISTINCT 关键字

4.1.4　ORDER BY 子句的使用

ORDER BY 子句是根据查询结果中的一个字段或多个字段对查询结果进行排序。默认的情况下按升序排列。

【例 4-5】 检索 BookInfo 表，按图书出版的日期进行排序。

```
SELECT B_ID,BT_ID,B_Name, B_Date FROM BookInfo ORDER BY B_Date DESC;
```

这里使用了 DESC 关键字，查询结果按照图书出版日期的降序排列，如图 4-5 所示。

```
选择 管理员: 命令提示符 - mysql -u root -p

mysql> SELECT B_ID,BT_ID,B_Name, B_Date FROM BookInfo ORDER BY B_Date DESC;
+------+-------+------------------+------------+
| B_ID | BT_ID | B_Name           | B_Date     |
+------+-------+------------------+------------+
|    5 |     5 | C#案例开发       | 2023-01-01 |
|    6 |     5 | C#程序设计手册   | 2022-04-01 |
|    2 |     4 | MySQL实例教程    | 2022-02-01 |
|    1 |     4 | MySQL编程基础    | 2021-01-01 |
|    4 |     4 | MySQL自学手册    | 2021-01-01 |
|    7 |     7 | ASP.NET网站建设  | 2020-05-01 |
|    3 |     6 | Java就业培训教程 | 2020-02-01 |
+------+-------+------------------+------------+
7 rows in set (0.00 sec)
```

图 4-5　ORDER BY 排序

有时需要按照多个列进行数据排序，可以在 ORDER BY 后面指定多个列名，列名之间用逗号分隔，并使用 ASC 或 DESC 关键字指定每个列的排序方式。

【例 4-6】 检索 BookInfo 表，按图书类别的升序及图书出版日期的降序进行排序。

```
SELECT B_ID,BT_ID,B_Name, B_Date FROM BookInfo ORDER BY BT_ID,B_Date DESC;
```

检索结果如图 4-6 所示。

```
管理员: 命令提示符 - mysql -u root -p

mysql> SELECT B_ID,BT_ID,B_Name,B_Date FROM BookInfo ORDER BY BT_ID,B_Date DESC;
+------+-------+------------------+------------+
| B_ID | BT_ID | B_Name           | B_Date     |
+------+-------+------------------+------------+
|    2 |     4 | MySQL实例教程    | 2022-02-01 |
|    1 |     4 | MySQL编程基础    | 2021-01-01 |
|    4 |     4 | MySQL自学手册    | 2021-01-01 |
|    5 |     5 | C#案例开发       | 2023-01-01 |
|    6 |     5 | C#程序设计手册   | 2022-04-01 |
|    3 |     6 | Java就业培训教程 | 2020-02-01 |
|    7 |     7 | ASP.NET网站建设  | 2020-05-01 |
+------+-------+------------------+------------+
7 rows in set (0.00 sec)
```

图 4-6　多列排序

4.1.5　LIMIT 子句的使用

LIMIT 子句的用途是从结果集中进一步选取指定数量的数据行，其基本语法格式如下：

```
LIMIT [start,] count
```

这个子句可以带一个或两个参数，这些参数必须是整数。若指定一个参数，则表示返回结果集里从头开始的指定数量的行数。如果指定了两个参数，则 start 表示从第几行记录开始检索，count 表示检索的记录行数。

注意： *在结果集中，第一行记录的 start 值为 0，而不是 1。*

例如，LIMIT 5 表示返回结果集中的前 5 行记录，LIMIT 10,20 表示从结果集的第 11 行记录开始返回 20 行记录。

【例 4-7】 检索 BookInfo 表，按图书编号查询前 5 本图书的信息。

SELECT B_ID,B_Name FROM BookInfo ORDER BY B_ID LIMIT 5;

本次检索首先按照图书编号 B_ID 进行升序排序，然后取出前 5 个数据行，查询结果如图 4-7 所示。

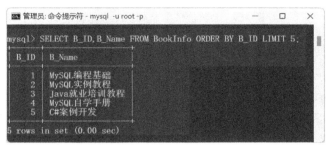

图 4-7　输出符合条件的前 5 条记录

【例 4-8】 检索 BookInfo 表，按图书编号检索从第 3 条记录开始的 2 条记录的信息。

SELECT B_ID,B_Name FROM BookInfo ORDER BY B_ID LIMIT 2,2;

查询结果如图 4-8 所示。

图 4-8　输出符合条件的 2 条记录

4.2　条件查询

查询数据库时，通常很少需要检索表中的所有行，只会根据特定条件提取表数据的子集。在 SELECT 语句中，可以使用 WHERE 子句指定搜索条件，只有满足条件的数据行才会显示在结果集中。在指定搜索条件时，只能在相同数据类型之间进行比较，例如字符串不能与数值进行比较。如果使用字符串作为检索条件，则该字符串必须用单引号引起来。

4.2.1　使用关系表达式查询

关系表达式主要是指在表达式中含有关系运算符。常见的关系运算符有：=（等于）、>（大于）、<（小于）、>=（大于或等于）、<=（小于或等于）、!=或<>（不等于）。如果在 WHERE 子句中含有关系表达式，则只有满足关系表达式的数据行才会显示到结果集中。

【例 4-9】 检索 BookInfo 表，查询会员价格大于 40 元的图书信息。

SELECT B_ID,B_Name,B_SalePrice FROM BookInfo WHERE B_SalePrice>40;

该查询将满足关系表达式（B_SalePrice>40）的数据行显示到结果集中，查询结果如图 4-9 所示。

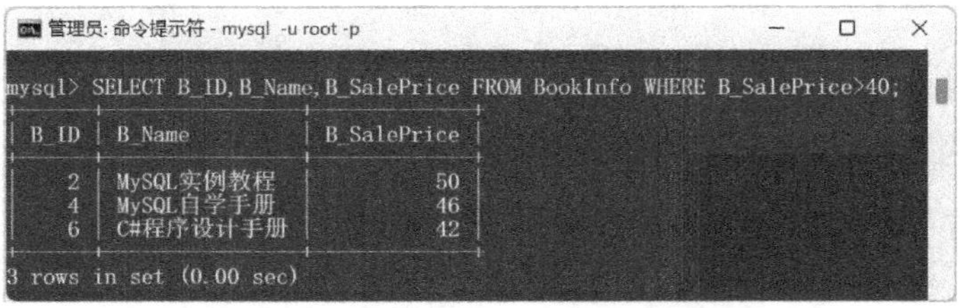

图 4-9　会员价格大于 40 元的图书信息

4.2.2　使用逻辑表达式查询

在 WHERE 子句中，可以使用逻辑运算符把多个关系表达式连接起来，形成一个更复杂的查询条件。常用的逻辑运算符有 AND、OR 和 NOT。当一个 WHERE 子句同时包括若干个逻辑运算符时，其优先级从高到低依次为 NOT、AND、OR。如果想改变优先级，可以使用括号。

【例 4-10】　检索 BookInfo 表，查询"机械工业出版社"出版的书名为"MySQL 自学手册"的图书的基本信息。

```
SELECT B_Name,B_Publisher,B_Date
FROM BookInfo
WHERE B_Name='MySQL 自学手册' AND B_Publisher='机械工业出版社';
```

查询结果如图 4-10 所示。

图 4-10　查询满足条件的图书信息

【例 4-11】　检索 BookInfo 表，查询图书的会员价格在 20 元到 40 元之间的图书信息。

```
SELECT B_ID,B_Name,B_SalePrice
FROM BookInfo
WHERE B_SalePrice>=20 AND B_SalePrice<=40;
```

查询结果如图 4-11 所示。

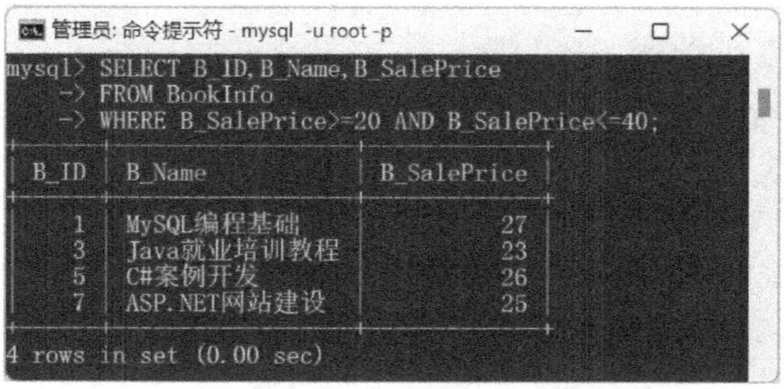

图 4-11　查询会员价格在 20 元到 40 元之间的图书信息

4.2.3 设置取值范围的查询

当需要返回某一个字段的值介于两个指定值之间的记录时，可以使用范围查询条件。谓词 BETWEEN…AND 和 NOT BETWEEN…AND 可以用来设置查询条件，其中，BETWEEN 后面是范围的下限，AND 后是范围的上限。

上面的例 4-11 可以使用 BETWEEN…AND 来完成，语句如下：

```
SELECT B_ID,B_Name, B_SalePrice
FROM BookInfo
WHERE B_SalePrice BETWEEN 20 AND 40;
```

需要注意的是，使用谓词 BETWEEN…AND 时，字段名要写到 BETWEEN 关键字之前。

4.2.4 空值查询

在设计表结构时，可以指定某列是否允许为空。空值（NULL）只能在允许为空的列中出现。NULL 是特殊的值，代表"无值"，与 0、空字符串或仅仅包含空格都不相同。在涉及空值的查询中，可以使用 IS NULL 或者 IS NOT NULL 来设置这种查询条件。

【例 4-12】 在 Users 表中新增一条记录，只输入会员名 zhangsan 和密码 654321，然后检索 Users 表，查询电话号码为空的会员编号和会员名称。

```
SELECT U_ID,U_Name FROM Users WHERE U_Phone IS NULL;
```

查询结果如图 4-12 所示。

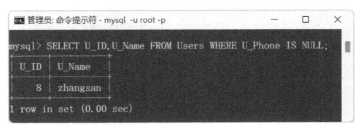

图 4-12　空值查询

4.2.5 模糊查询

在查询字符数据时，提供的查询条件往往不是十分精确。例如，查询书名中包含文本 "MySQL" 的所有图书信息，这里的查询条件仅仅是包含或类似某种样式的字符，这种查询称为模糊查询。要实现模糊查询，必须使用通配符，利用通配符可以创建与特定字符串进行比较的搜索模式。在查询条件中使用通配符时，必须配合操作符使用 LIKE 关键字。

LIKE 关键字用于搜索与特定字符串相匹配的字符数据，其基本的语法形式如下。

```
[NOT] LIKE <匹配字符串>
```

如果在 LIKE 关键字之前加上 NOT 关键字，表示该条件取反。匹配字符串可以是一个完整的字符串，也可以包含通配符。通配符本身是 SQL 的 WHERE 子句中具有特殊含义的字符，SQL 支持以下通配符。

- %：代表任意多个字符。
- _（下画线）：代表任意一个字符。

【例4-13】 检索 BookInfo 表，查询所有 MySQL 相关书籍的名称、出版社和会员价格。

```
SELECT B_Name,B_Publisher,B_SalePrice
FROM BookInfo
WHERE  B_Name LIKE '%MySQL%';
```

查询结果如图 4-13 所示。

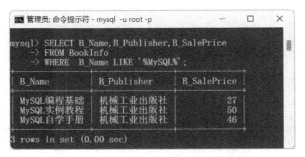

图 4-13　使用了 LIKE 关键字的查询

【例4-14】 检索 BookInfo 表，查询所有第 2 个字为"志"的作者所写图书的书名、作者和出版社信息。

```
SELECT B_Name,B_Author,B_Publisher
FROM BookInfo
WHERE B_Author LIKE '_志%';
```

查询结果如图 4-14 所示。

图 4-14　使用了通配符的查询

如果用户要查询的字符串本身就含有通配符，此时就需要用 ESCAPE 关键字对通配符进行转义。例如，在 Users 表中添加一条记录：会员名为 yiyi_66，密码为 123456。

现要查询会员名中含有"_"的会员信息，可以使用如下的语句：

```
SELECT * FROM Users WHERE U_Name LIKE '%/_%' ESCAPE '/';
```

ESCAPE '/'表示"/"为转义字符，这样匹配字符串中紧跟在"/"后面的字符"_"就不再具有通配符的含义，而是转义为普通的字符处理。

4.3　分组查询

如果要在数据检索时对表中数据按照一定条件进行分组汇总或求平均值，就要在 SELECT 语句中与 GROUP BY 子句一起使用聚合函数。使用 GROUP BY 子句进行数据检索可得到数据分类的汇总统计、平均值或其他统计信息。常用的聚合函数见表 4-1。

表 4-1 聚合函数

聚合函数	说明
SUM()	返回某列所有值的总和
AVG()	返回某列的平均值
MAX()	返回某列的最大值
MIN()	返回某列的最小值
COUNT()	返回某列的行数

例如，要统计 Users 表中会员的数量，可以使用 COUNT(*)，计算出来的结果就是查询所选取到的行数，相关语句如下：

```
SELECT COUNT(*) FROM Users;
```

使用 COUNT(*)对表中行的数目进行计数，将返回 Users 表中的所有行，本例返回值为 9。若使用的是 COUNT(列名)对特定列中具有值的行进行计数，将忽略 NULL 值。下面的例子只统计填写电话号码的会员个数：

```
SELECT COUNT(U_Phone) FROM Users;
```

本例返回值为 7，因为有 2 个会员的电话号码为 NULL。

注意：SUM( )、AVG( )、MAX( )和 MIN( )函数都忽略列值为 NULL 的行。

4.3.1 GROUP BY 子句

如果要返回"机械工业出版社"出版的图书数量，可以使用下面的语句。

```
SELECT COUNT(*) AS 总数 FROM BookInfo WHERE B_Publisher='机械工业出版社';
```

但如果要返回每个出版社出版的图书数量，就要使用分组了。分组允许把数据分为多个逻辑组，以便对每个组进行统计。

分组是通过 GROUP BY 子句来实现的，其基本语法格式如下。

```
GROUP BY <列名>
```

使用 GROUP BY 子句，将根据所指定的列对结果集中的行进行分组。

【例 4-15】 检索 BookInfo 表，查询每个出版社出版的图书的数量。

```
SELECT B_Publisher,COUNT(*) AS 总数 FROM BookInfo GROUP BY B_Publisher;
```

查询结果如图 4-15 所示。

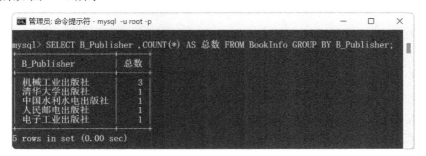

图 4-15 分组查询结果 1

【例 4-16】 检索 BookInfo 表，查询每个出版社图书的最高价格和最低价格。

```
SELECT  B_Publisher,MAX(B_MarketPrice) AS 最高价格,MIN(B_MarketPrice) AS 最低价格
FROM BookInfo
GROUP BY B_Publisher;
```

查询结果如图 4-16 所示。

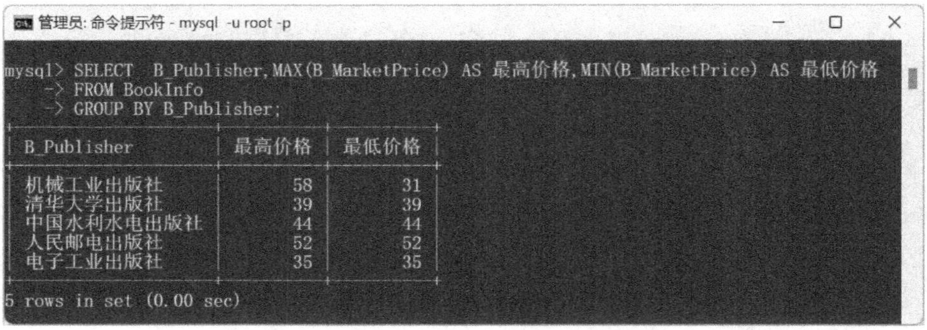

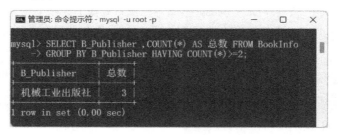

图 4-16　分组查询结果 2

4.3.2　HAVING 子句

如果分组以后要求按一定条件对这些组进行筛选，如要求输出图书数量在 2 本以上的出版社信息，则需要使用 HAVING 子句指定筛选条件。HAVING 子句必须和 GROUP BY 子句同时使用。

【例 4-17】 检索 BookInfo 表，查询出版图书在 2 本及 2 本以上的出版社信息。

```
SELECT B_Publisher ,COUNT(*) AS 总数 FROM BookInfo
GROUP BY B_Publisher HAVING COUNT(*)>=2;
```

查询结果如图 4-17 所示。

图 4-17　HAVING 子句查询结果 1

【例 4-18】 检索 BookInfo 表，查询出版了 2 本及 2 本以上并且图书价格大于或等于 32 元的出版社信息。

```
SELECT B_Publisher ,COUNT(*) AS 总数 FROM BookInfo WHERE B_MarketPrice>=32
GROUP BY B_Publisher HAVING COUNT(*)>=2;
```

在该查询语句中，先将满足 WHERE 条件的记录查询出来，然后使用 GROUP BY 子句对查询的记录按照出版社进行分组，最后使用 HAVING 子句将出版图书总数大于或等于 2 的分组对应的出版社输出，查询结果如图 4-18 所示。

```
管理员: 命令提示符 - mysql -u root -p
mysql> SELECT B_Publisher ,COUNT(*) AS 总数 FROM BookInfo WHERE B_MarketPrice>32
    -> GROUP BY B_Publisher HAVING COUNT(*)>=2;
+--------------+------+
| B_Publisher  | 总数 |
+--------------+------+
| 机械工业出版社 |    2 |
+--------------+------+
1 row in set (0.00 sec)
```

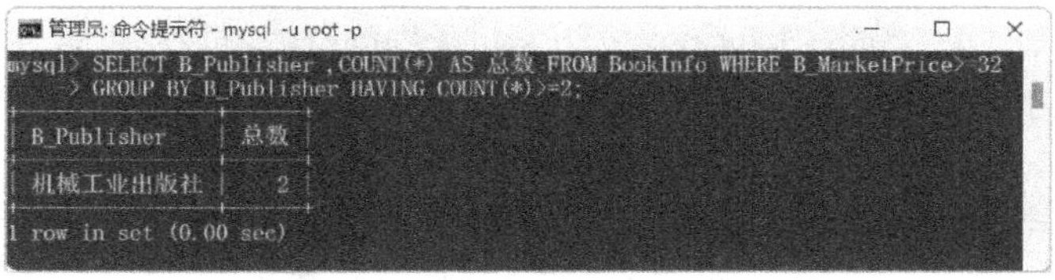

图 4-18　HAVING 子句查询结果 2

HAVING 子句和 WHERE 子句都是用于设置查询条件，但两个子句的作用对象不同。WHERE 子句作用的对象是基本表或视图，从中选出满足条件的记录；而 HAVING 子句的作用对象是组，从中选出满足条件的分组。WHERE 在数据分组之前进行过滤，而 HAVING 在数据分组之后进行过滤。

4.4　表的连接

前面的查询都是在单个表中进行的。在数据库的实际使用过程中，往往需要同时从两个或两个以上的表中检索数据，这时就要使用连接查询。

多表连接的语法格式如下。

```
SELECT <查询列表>
FROM <表名 1> [连接类型] JOIN <表名 2> ON <连接条件>
WHERE <查询条件>
```

其中，连接类型有 4 种：内连接（INNER JOIN）、外连接（OUTER JOIN）、自连接（SELF JOIN）和交叉连接（CROSS JOIN）。用来连接两个表的条件称为连接条件，通常是通过匹配多个表中的公共字段来实现的。

当两个表进行连接时，其运行过程通常是将第一个表中的每一行与第二个表中的所有行分别进行匹配，结果只包含那些匹配连接条件的行。

4.4.1　内连接

内连接是从两个或两个以上的表的组合中，挑选出符合连接条件的数据，如果数据无法满足连接条件，则将其丢弃。内连接是最常用的连接类型，也是默认的连接类型。在 FROM 子句中使用 INNER JOIN（INNER 关键字可以省略）来实现内连接。

【例 4-19】 检索 BookInfo 和 BookType 表，查询每本图书所属的图书类别。

```
SELECT B_Name, BookInfo.BT_ID, BT_Name
FROM BookInfo INNER JOIN BookType ON BookInfo.BT_ID= BookType.BT_ID
ORDER BY BT_ID;
```

查询结果如图 4-19 所示。

```
管理员: 命令提示符 - mysql -u root -p
mysql> SELECT B_Name, BookInfo.BT_ID, BT_Name
    -> FROM BookInfo INNER JOIN BookType ON BookInfo.BT_ID= BookType.BT_ID
    -> ORDER BY BT_ID;
+--------------------+-------+---------+
| B_Name             | BT_ID | BT_Name |
+--------------------+-------+---------+
| MySQL编程基础       |     4 | MySQL   |
| MySQL实例教程       |     4 | MySQL   |
| MySQL自学手册       |     4 | MySQL   |
| C#案例开发          |     5 | C#      |
| C#程序设计手册      |     5 | C#      |
| Java就业培训教程    |     6 | Java    |
| ASP.NET网站建设     |     7 | .NET    |
+--------------------+-------+---------+
7 rows in set (0.01 sec)
```

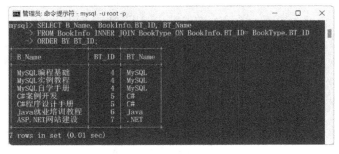

图 4-19　内连接查询结果 1

在该查询语句中，首先检索 BookInfo 表里满足条件的行，然后依据该行里的 BT_ID 列值，在 BookType 表中查找拥有相同 BT_ID 列值的行。对于两张表中相匹配的每一个行组合，显示出其中的图书名、图书类别编号和图书类别名称信息。在本例中，通过使用 BookInfo.BT_ID 来限定显示的是 BookInfo 表中的 BT_ID 值，其语法格式为：表名.列名。因为这两张表里都有 BT_ID 列，如果不限定表名，将会产生二义性。这条查询语句里的其他列（B_Name 和 BT_Name）可以直接使用而无须限定表名，因为这些列只存在于其中的一个表里，不会产生二义性。

如果表名重复次数较多，可以使用给表定义别名的方法，具体方法与给列名指定别名的方法相同。上述代码还可以写成如下形式。

```
SELECT B_Name, BI.BT_ID, BT_Name
FROM BookInfo BI INNER JOIN BookType BT ON BI.BT_ID= BT.BT_ID
ORDER BY BT_ID;
```

【例 4-20】 检索 Users 和 Orders 表，查询订单总价超过 100 元的会员名、下单时间及订单总价。

```
SELECT U.U_Name,O.O_ID, O.O_Time, O.O_TotalPrice
FROM Users U INNER JOIN Orders O ON U.U_ID = O.U_ID
WHERE O_TotalPrice>100;
```

查询结果如图 4-20 所示。

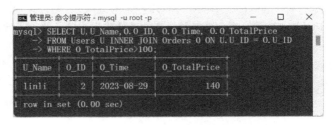

图 4-20　内连接查询结果 2

【例 4-21】 检索 OrderDetails、Orders 和 BookInfo 表，查询订单的下单时间及所购图书名。

```
SELECT OD.OD_ID,O.O_Time,BI.B_Name
FROM OrderDetails OD INNER JOIN Orders O INNER JOIN BookInfo BI
ON OD.O_ID = O.O_ID AND OD.B_ID=BI.B_ID;
```

查询结果如图 4-21 所示。

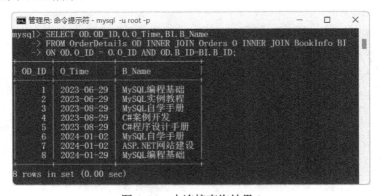

图 4-21　内连接查询结果 3

4.4.2　外连接

在外连接中，参与连接的表有主从之分。使用外连接时，会以主表中每行的数据去匹配从表中的数据行，如果符合连接条件，则这些行会被返回到结果集中；如果没有找到匹配行，则主表中的行仍然会被保留并且返回到结果集中，而从表中的数据行则会被填上 NULL 值后被返回到结果集中。

外连接有 3 种类型，分别是左外连接（LEFT OUTER JOIN）、右外连接（RIGHT OUTER JOIN）和全外连接（FULL OUTER JOIN）。MySQL 暂不支持全外连接。

1. 左外连接

左外连接的结果集中包含左表（JOIN 关键字左边的表）中所有的记录，然后左表按照连接条件与右表进行连接。如果右表中没有满足连接条件的记录，则将结果集中右表中的相应行数据填充为 NULL。

【例 4-22】 以左外连接方式查询所有会员的订书情况，在结果集中显示会员编号、会员名称、订单产生时间及订单总价，并按会员编号排序。

```
SELECT U.U_ID,U.U_Name, O.O_Time,O.O_TotalPrice
FROM Users U LEFT OUTER JOIN Orders O ON U.U_ID = O.U_ID
ORDER BY U_ID;
```

查询结果如图 4-22 所示。

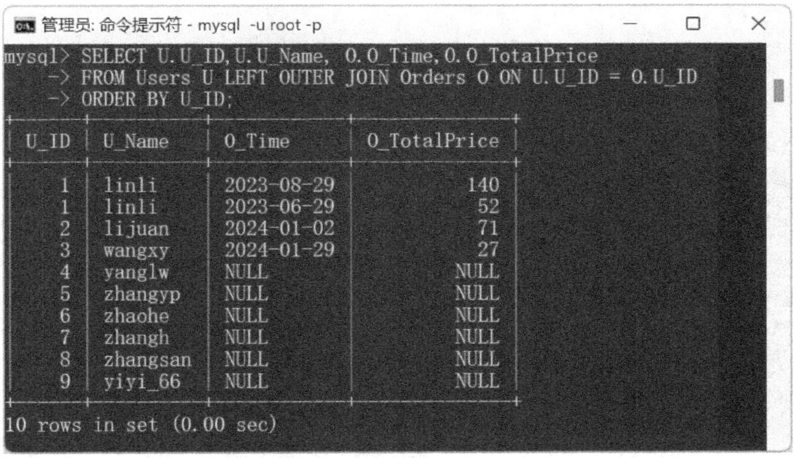

```
管理员: 命令提示符 - mysql -u root -p
mysql> SELECT U.U_ID,U.U_Name, O.O_Time,O.O_TotalPrice
    -> FROM Users U LEFT OUTER JOIN Orders O ON U.U_ID = O.U_ID
    -> ORDER BY U_ID;
+------+----------+------------+--------------+
| U_ID | U_Name   | O_Time     | O_TotalPrice |
+------+----------+------------+--------------+
|    1 | linli    | 2023-08-29 |          140 |
|    1 | linli    | 2023-06-29 |           52 |
|    2 | lijuan   | 2024-01-02 |           71 |
|    3 | wangxy   | 2024-01-29 |           27 |
|    4 | yanglw   | NULL       |         NULL |
|    5 | zhangyp  | NULL       |         NULL |
|    6 | zhaohe   | NULL       |         NULL |
|    7 | zhangh   | NULL       |         NULL |
|    8 | zhangsan | NULL       |         NULL |
|    9 | yiyi_66  | NULL       |         NULL |
+------+----------+------------+--------------+
10 rows in set (0.00 sec)
```

图 4-22　左外连接查询结果

2. 右外连接

右外连接的结果集中包含右表（JOIN 关键字右边的表）中所有的记录以及左表中满足连接条件的所有数据，左表中的相应行数据为 NULL。

【例 4-23】 以右外连接方式查询所有图书的订单情况，在结果集中显示订单详情号、购买数量、图书编号及图书名。

```
SELECT OD.OD_ID,OD_Number,BI.B_ID,BI.B_Name
FROM OrderDetails OD RIGHT OUTER JOIN BookInfo BI ON OD.B_ID = BI.B_ID;
```

查询结果如图 4-23 所示。

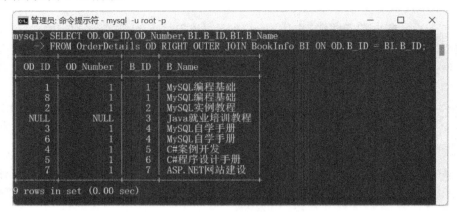

图 4-23　右外连接查询结果

4.4.3　自连接

自连接不仅可以在不同的表中进行连接，还可以在同一个表中进行连接。对一个表使用自连接时，可以看作是这张表的两个副本之间进行的连接，必须为该表指定两个别名。

【例 4-24】　在图书类别表 BookType 中，查询每种图书类别和它们的子类别。

```
SELECT BT1.BT_Name AS 父类别, BT2. BT_Name AS 子类别
FROM BookType BT1 INNER JOIN BookType BT2 ON BT1.BT_ID=BT2.BT_FatherID;
```

查询结果如图 4-24 所示。

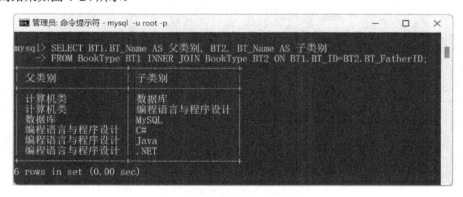

图 4-24　自连接查询结果 1

【例 4-25】　查询 BookInfo 表中高于"MySQL 编程基础"会员价格的图书号、图书名称和图书会员价格，查询后的结果集要求按会员价格降序排列。

```
SELECT B2.B_ID,B2.B_Name,B2.B_SalePrice
FROM BookInfo B1 INNER JOIN BookInfo B2
ON B1.B_Name='MySQL 编程基础' AND B1.B_SalePrice<B2.B_SalePrice
ORDER BY B2.B_SalePrice DESC;
```

查询结果如图 4-25 所示。

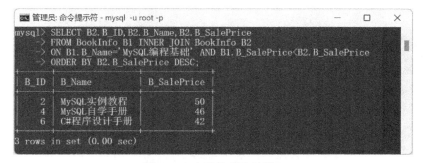

图 4-25 自连接查询结果 2

4.4.4 交叉连接

使用交叉连接查询时，如果不带 WHERE 子句，则返回的结果是被连接的两个表的笛卡儿积；如果交叉连接带有 WHERE 子句，则返回结果为连接两个表的笛卡儿积减去因 WHERE 子句限定而省略的行数。交叉连接使用 CROSS JOIN 关键字。

【例 4-26】 在 Orders 表和 OrderDetails 表中使用交叉连接。

```
SELECT O.O_ID,OD.OD_ID
FROM Orders O CROSS JOIN OrderDetails OD;
```

在此例中，Orders 表中有 4 条记录，OrderDetails 表中有 8 条记录，交叉连接后的结果集中包含 32 条记录。部分查询结果如图 4-26 所示。

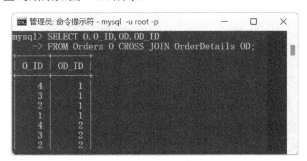

图 4-26 交叉连接部分查询结果

4.5 子查询

子查询是指在一个外层查询中包含另一个内层查询，即在一个 SELECT 语句的 WHERE 子句中，包含另一个 SELECT 语句。外层的 SELECT 语句称为主查询，WHERE 子句中包含的 SELECT 语句称为子查询。通常，将子查询的查询结果用作主查询的查询条件。子查询除了可以用在主查询的 WHERE 子句中，也可以用在 HAVING 子句中。为了区分主查询和子查询，通常将子查询写在小括号内。

4.5.1 返回单行的子查询

返回单行的子查询是指子查询的查询结果只返回一个值，并将这个返回值作为父查询的条件，在父查询中进一步查询。在 WHERE 子句中可以使用比较运算符来连接子查询。

【例4-27】 查询订购了"MySQL 编程基础"图书的订单详情号、订购数量及图书总价。

```
SELECT OD_ID,OD_Number,OD_Price
FROM OrderDetails
WHERE B_ID=
(SELECT B_ID FROM BookInfo WHERE B_Name='MySQL 编程基础');
```

查询结果如图4-27所示。

图4-27　返回单行的子查询结果

4.5.2　返回多行的子查询

返回多行的子查询就是子查询的查询结果中包含多行数据。返回多行的子查询经常与 IN、EXISTS、ALL、ANY 和 SOME 关键字一起使用。

1．使用 IN 关键字

其语法格式如下。

```
WHERE <表达式> [NOT] IN （<子查询>）
```

如果主查询里的行与子查询返回的某一个行相匹配，那么 IN 的结果即为真。如果主查询里的行与子查询返回的所有行都不匹配，那么 NOT IN 的结果即为真。

【例4-28】 查询订单总价小于60元的会员信息。

```
SELECT U_ID,U_Name,U_Phone
FROM Users
WHERE U_ID IN
(SELECT U_ID FROM Orders WHERE O_TotalPrice<60);
```

查询结果如图4-28所示。

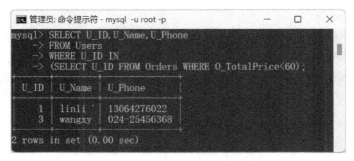

图4-28　使用 IN 关键字的子查询结果

2. 使用 EXISTS 关键字

其语法格式如下。

```
WHERE [NOT] EXISTS（<子查询>）
```

EXISTS 关键字是一个存在量词，使用 EXISTS 关键字的子查询并不返回任何数据，只返回逻辑真值和逻辑假值。当子查询返回的结果不为空时，则返回逻辑真值，否则返回逻辑假值。在使用 EXISTS 时，子查询通常将"*"作为输出列表。因为这个关键字只是根据子查询是否有返回行来判断真假，并不关心返回行里所包含的具体内容，所以没必要列出列名。NOT EXISTS 则与 EXISTS 查询结果相反。

【例 4-29】 查询订购了图书的会员信息。

```
SELECT U.U_ID,U.U_Name,U.U_Sex
FROM Users U
WHERE EXISTS
(SELECT * FROM Orders O WHERE O.U_ID=U.U_ID);
```

查询结果如图 4-29 所示。

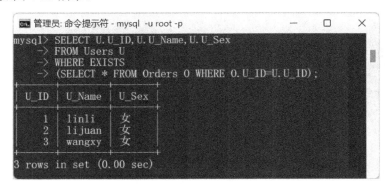

图 4-29 使用 EXISTS 关键字的子查询结果

3. 使用 ALL、ANY 和 SOME 关键字

其语法格式如下。

```
WHERE <表达式> <比较运算符> [ALL| ANY|SOME]（<子查询>）
```

其中，ANY 关键字表示只要与子查询中任何一个（其中之一）值相符合即可；ALL 关键字表示与子查询中的所有（全部）值相符合；SOME 与 ANY 是同义词。例如，当表达式的值小于或等于子查询返回的每一个值时，<=ALL 的结果为真；当表达式的值小于或等于子查询返回的任何一个值时，<=ANY 的结果为真。

【例 4-30】 查询订购了图书编号大于 3 的订单编号及收货人的姓名、地址、邮编。

```
SELECT O_ID,O_UserName,O_Address,O_PostCode FROM Orders
WHERE O_ID >ANY
(SELECT O_ID FROM OrderDetails WHERE B_ID>3);
```

查询结果如图 4-30 所示。本例子查询的结果集中 O_ID 的值分别为 2 和 3，父查询中只要 O_ID 的值大于 2 就可满足条件，所以输出 O_ID 为 3 和 4 两条记录。

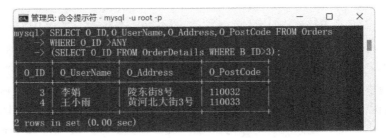

图 4-30　使用 ANY 关键字的子查询结果

上例中如果使用 ALL 关键字，语句如下：

SELECT O_ID,O_UserName,O_Address,O_PostCode FROM Orders
WHERE O_ID >ALL
(SELECT O_ID FROM OrderDetails WHERE B_ID>3);

查询结果如图 4-31 所示。本例父查询中，O_ID 的值既要大于 2 又要大于 3，即至少要大于 3 才可满足条件，所以只输出 O_ID 为 4 的记录。

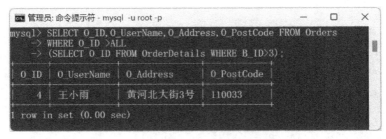

图 4-31　使用 ALL 关键字的子查询结果

4.5.3　子查询与数据更新

子查询还能与 INSERT、UPDATE、DELETE 这三种语句结合，实现更加灵活的数据更新操作。

1．子查询与 INSERT 语句

子查询与 INSERT 语句相结合，可以完成一批数据的插入。其语法格式如下。

INSERT INTO <表名> [<列名>]
<子查询>

需要注意的是，使用 INSERT INTO 插入多条记录时，要插入数据的表必须已经存在；要插入数据的表结构必须和子查询语句的结果集结构兼容，也就是说，两者的列数和列的顺序必须一致，且相应的列数据类型必须兼容。

【例 4-31】 查询每一类图书会员价格的平均价格，并将结果保存到新表 AvgPrice 中。

（1）创建新表 AvgPrice。

CREATE TABLE AvgPrice(BT_ID int,Avg_Price float);

（2）将查询结果插入新表 AvgPrice 中。

INSERT INTO AvgPrice
SELECT BT_ID,AVG(B_SalePrice) FROM BookInfo GROUP BY BT_ID ;

（3）查看 AvgPrice 表中记录。

```
SELECT * FROM AvgPrice;
```

运行结果如图 4-32 所示。

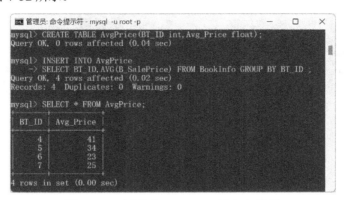

图 4-32　子查询与 INSERT 语句运行结果

2. 子查询与 UPDATE 语句

子查询与 UPDATE 语句结合，一般是嵌在 WHERE 子句中，查询结果作为修改数据的条件依据之一，可以同时修改一批数据。

【例 4-32】 将 BookInfo 表中"MySQL"类别图书的会员价格修改为市场价格的 70%。

```
UPDATE BookInfo SET B_SalePrice=B_MarketPrice*0.7
WHERE 'MySQL'=
(SELECT BT_Name FROM BookType WHERE BookInfo.BT_ID=BookType.BT_ID);
```

运行结果如图 4-33 所示。

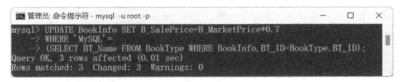

图 4-33　子查询与 UPDATE 语句运行结果

3. 子查询与 DELETE 语句

子查询与 DELETE 语句结合，一般也是嵌在 WHERE 子句中，查询结果作为删除数据的条件依据之一，可以同时删除一批数据。

【例 4-33】 删除 BookInfo 表中".NET"类别图书基本信息。

因为 BookInfo 表与 OrderDetails 表之间存在外键关系，单独删除 BookInfo 表中数据，会引起表间数据的不一致问题。

因此，要先将 OrderDetails 表中 B_ID 为 7 的记录删除，对应的 SQL 语句为：

```
DELETE FROM OrderDetails WHERE B_ID=7;
```

再执行如下语句：

```
DELETE FROM BookInfo
WHERE '.NET'=
```

```
(SELECT BT_Name FROM BookType WHERE BookInfo.BT_ID=BookType.BT_ID);
```

运行结果如图 4-34 所示。

```
mysql> DELETE FROM OrderDetails WHERE B_ID=7;
Query OK, 1 row affected (0.01 sec)

mysql> DELETE FROM BookInfo
    -> WHERE '.NET' =
    -> (SELECT BT_Name FROM BookType WHERE BookInfo.BT_ID=BookType.BT_ID);
Query OK, 1 row affected (0.01 sec)
```

图 4-34 子查询与 DELETE 语句运行结果

4.6 联合查询

联合查询是指合并两个或多个查询语句的结果集，其语法格式如下。

```
SELECT 语句 1
UNION [ALL]
SELECT 语句 2
```

其中，ALL 选项表示保留结果集中的重复记录，默认时系统自动删除重复记录。使用联合查询时，所有查询语句中的列的数量和顺序必须相同，而且数据类型必须兼容，并且查询结果的列标题为第一个查询语句的列标题。

【例 4-34】 查询会员表中的会员联系方式及订单表中的会员联系方式。

```
SELECT U_Name,U_Phone FROM Users
UNION ALL
SELECT O_UserName,O_Phone FROM Orders;
```

查询结果如图 4-35a 所示。若将 ALL 选项去掉，则将删除结果集中重复的记录，查询结果如图 4-35b 所示。

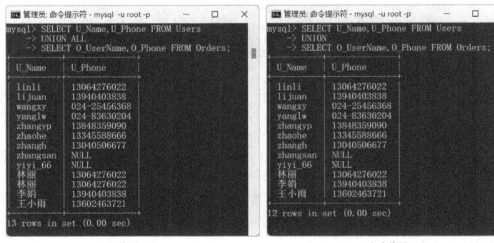

a) 使用ALL　　　　　　　　　　　　b) 未使用ALL

图 4-35 联合查询结果

4.7 案例：网上书店系统综合查询

本节将结合网上书店系统，使用 SELECT 语句从数据库中检索满足条件的记录。

【例 4-35】 查询会员表中的会员编号、会员名称及电话号码，要求列名以汉字标题显示。

```
SELECT U_ID 会员编号,U_Name 会员名称,U_Phone 电话号码
FROM Users;
```

查询结果如图 4-36 所示。

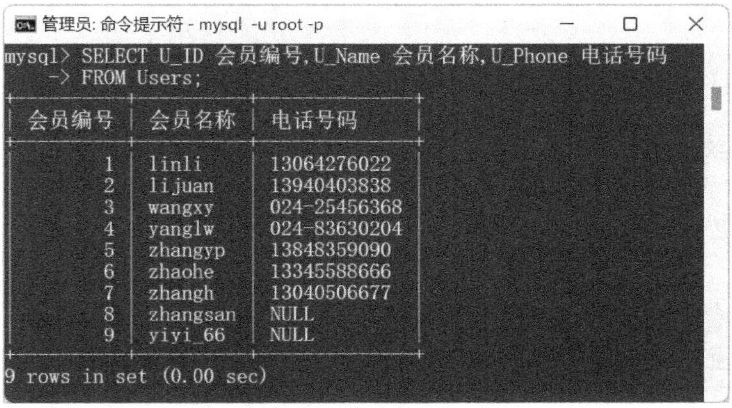

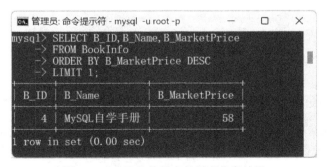

图 4-36　查询会员信息结果

【例 4-36】 查询价格最高的图书信息。

```
SELECT B_ID,B_Name,B_MarketPrice
FROM BookInfo
ORDER BY B_MarketPrice DESC
LIMIT 1;
```

查询结果如图 4-37 所示。

图 4-37　查询价格最高的图书信息结果

【例 4-37】 统计图书的销量信息。

```
SELECT B_ID, SUM(OD_Number) AS 销量 FROM OrderDetails
GROUP BY B_ID ORDER BY B_ID;
```

查询结果如图 4-38 所示。在例 4-33 中已经删除了 B_ID 为 7 的记录，所以本例结果中不含有 B_ID 为 7 的销量。

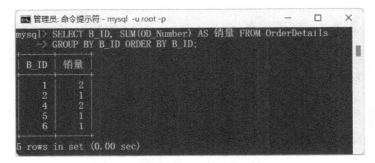

图 4-38 统计图书的销量信息查询结果

【例 4-38】 查询销量为 0 的图书信息。

```
SELECT B_ID,B_Name FROM BookInfo BI
WHERE NOT EXISTS
(SELECT * FROM OrderDetails OD WHERE OD.B_ID=BI.B_ID);
```

查询结果如图 4-39 所示。

图 4-39 查询销量为 0 的图书信息结果

【例 4-39】 查询 linli 所购图书的信息。

```
SELECT BI.B_ID,BI.B_Name
FROM BookInfo BI INNER JOIN OrderDetails OD ON BI.B_ID=OD.B_ID
WHERE OD.O_ID IN
(SELECT O.O_ID FROM Orders O INNER JOIN Users U
ON O.U_ID=U.U_ID WHERE U.U_Name='linli');
```

查询结果如图 4-40 所示。

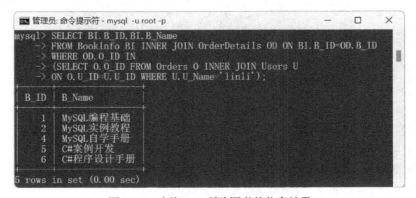

图 4-40 查询 linli 所购图书的信息结果

本章小结

本章主要介绍了 MySQL 中 SQL 语言的各种查询功能和用法。使用 SQL 查询语句可以完成大部分的数据查询操作，包括基本的数据查询、条件查询、分组查询、连接查询、子查询和联合查询等。

SQL 查询语句功能强大，同时也比较灵活和复杂，需要加强练习，并熟练掌握，以便为学习数据库编程和数据库操作打下基础。

实践与练习

一、选择题

1. 在 SELECT 子句中，关键字（　　）用于消除重复项。
   A．AS　　　　　　　B．DISTINCT　　　C．LIMIT　　　　　D．LIKE
2. 要使用模糊查询从数据库中查找与某一数据相关的信息，可以使用关键字（　　）。
   A．AND　　　　　　B．OR　　　　　　C．ALL　　　　　　D．LIKE
3. 在 SELECT 语句中，分组时使用（　　）子句。
   A．ORDER BY　　　B．GROUP BY　　　C．FROM　　　　　D．WHERE
4. 在 SELECT 语句中，下列（　　）子句用于对分组统计进一步设置条件。
   A．ORDER BY　　　B．GROUP BY　　　C．HAVING　　　　D．WHERE
5. 在 WHERE 子句中，如果出现了"age BETWEEN 30 AND 40"，这个表达式等同于（　　）。
   A．age>=30 AND age<=40　　　　　　B．age>=30 OR age<=40
   C．age>30 AND age<40　　　　　　　D．age>30 OR age<40
6. 在 WHERE 子句的条件表达式中，可以匹配 0 个到多个字符的通配符是（　　）。
   A．*　　　　　　　B．%　　　　　　　C．-　　　　　　　D．?

二、填空题

1. 聚合函数中求数据总和的是_____。
2. 查询会员信息时，结果按姓名（Name）降序排列，可使用子句_____。
3. 查找数据表中的记录使用_____关键字。
4. 查找姓名（Name）为 NULL 的条件子句为_____。
5. 用 SELECT 进行模糊查询时，可以使用匹配符，但要在条件值中使用_____或%等通配符来配合查询。

三、操作题

结合网上书店数据库，完成下列操作。

1. 查询书名中含有"MySQL"字样的图书详细信息。
2. 查询机械工业出版社在 2020 年 1 月 1 日以后出版的图书详细信息。
3. 对 BookInfo 表按市场价格降序排序，市场价格相同的按出版日期升序排序。
4. 统计 Orders 表中每个会员的订单总额。
5. 统计 Orders 表中每天的订单总额，并按照订单总额进行降序排序。

6. 查询会员"lijuan"所购图书的详细信息。
7. 将 Orders 表中会员"linli"的订单的订单状态（O_Status）全部修改为 1。

实验指导：学生选课系统数据库检索

题目 1　学生选课系统数据库的简单查询

1. 任务描述

掌握 SELECT 语句的简单查询。

2. 任务要求

（1）会使用 SELECT 语句进行单表的查询。
（2）熟练应用条件语句、排序语句及分组语句。

3. 具体任务

（1）检索 student 表中所有学生的学号及姓名信息。
（2）检索 course 表中"MySQL 数据库设计"课程的信息。
（3）检索 course 表中课程名中含有"数据库"字样的课程。
（4）统计 student 表中的学生人数。
（5）将 sc 表中的记录按成绩降序排序。

题目 2　学生选课系统数据库的连接查询

1. 任务描述

掌握 SELECT 语句中的多表连接查询。

2. 任务要求

（1）会使用 SELECT 语句进行多表的查询。
（2）掌握内连接、外连接、自连接及交叉连接。

3. 具体任务

（1）检索 sc 表及 student 表中"MySQL 数据库设计"课程不及格学生的学号及姓名。
（2）检索"李四"所选课程及课程成绩信息。
（3）统计每个学生所选课程的数量、最高分、最低分、总分及平均分。
（4）检索平均成绩高于 70 分的学生信息及平均分，结果按平均分降序排序。
（5）检索选修了"MySQL 数据库设计"课程的学生信息及成绩。

题目 3　学生选课系统数据库的子查询

1. 任务描述

掌握 SELECT 语句中的子查询。

2. 任务要求

（1）会使用 SELECT 语句进行子查询。
（2）掌握子查询的相关关键词的使用及子查询与数据更新操作的联合使用。

3．具体任务

（1）应用子查询，检索成绩在 90 分（含）以上的学生的学号和姓名。
（2）应用子查询，检索没有学生选修的课程号和课程名。
（3）应用子查询，将每个学生的平均成绩保存到新表 AvgGrade 中。
（4）应用子查询，将选修"MySQL 数据库设计"课程的成绩增加 5 分。
（5）应用子查询，删除选修"计算机组成原理"课程的选课记录。

第 5 章
视图和触发器

学习目标

- 了解视图的概念。
- 掌握创建视图的方法。
- 掌握视图查询字段的方法。
- 掌握修改和删除视图数据方法。
- 掌握创建并使用触发器的方法。
- 掌握删除和管理触发器的方法。
- 视图和触发器知识在数据库管理中的运维应用。

素养目标

- 授课知识点：视图和触发器的作用，以及在保障我国信息安全、数据安全方面的作用。
- 素养提升：
  - 触发器的主要作用是确保数据库表的完整性和一致性。触发器在执行时可以避免人工介入，这使得它们非常适于执行复杂的业务规则和数据约束。此处可以引入我国军队统一听从国家命令，行动和思想具有高度一致性，类似于数据库的触发器，所有命令都是来自国家的统一领导。
  - 触发器的引入保证数据的安全性。可以基于数据库的值赋予用户操作数据库的某种权限。此处可以引入学生需要学习如何保障数据库的安全性和隐私性。这涉及数据加密、访问控制、安全审计等方面的知识。强调信息安全的重要性，以及学生在维护信息安全方面所需要承担的责任。
- 预期成效：通过视图可以将复杂数据简单可视化，引导学生响应国家积极推进信息化技术，推广全民信息化、人工智能技术，将抽象的数据可视化技术应用于日常生活中，如智能交通、智能教育、智能家居等。

作为常用的数据库对象，视图（view）为数据查询提供了捷径。视图是从一个或多个表或者视图中导出的表，是一种虚拟存在的表。视图就像一个窗口，透过这扇窗口可以看到系统专门提供的用户感兴趣的数据,而不是整个数据表中过多的不关心的数据。触发器是由事件来触发某个操作,这些事件包括 insert 语句、update 语句和 delete 语句。当数据库执行这些事件时,就会激活触发器执行相应的操作。本章将介绍视图与触发器的相关知识与应用。

5.1 视图

视图是用于创建动态表的静态定义的,视图中的数据是根据预定义的选择条件从一个或多个行集中生成的。用视图可以定义一个或多个表的行列组合。为了得到所需要的行列组合的视图,可以使用 select 语句来指定视图中包含的行和列。

视图是一个虚拟的表,其结构和数据是建立在对表的查询基础上的,也可以说视图的内容由查询定义,而视图中的数据并不像表、索引那样需要占用存储空间,视图中保存的仅仅是一条 select 语句,其数据来自视图所引用的数据库表或者其他视图,对视图的操作与对表的操作一样,可以对其进行查询、修改、删除。

当对视图进行修改时,相应的基本表的数据也要发生变化,同样,当基本表发生变化时,视图的数据也会随之变化。视图与基本表之间的关系如图 5-1 所示。对视图所引用的基本表来说,其作用类似于筛选。定义视图的筛选可以来自当前或者其他数据库的一个或多个表或者其他视图。

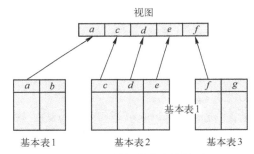

图 5-1 视图与基本表的关系

视图有很多优点,主要体现在以下几点。

(1)保护数据安全

视图可以作为一种安全机制,同一个数据库可以创建不同的视图,为不同的用户分配不同的视图。通过视图,用户只能查询或修改他们所能看到的数据,其他数据库或者表既不可见也不可以访问,增强数据的安全访问控制。

(2)简化操作

视图向用户隐藏了表与表之间的复杂的连接操作,大大简化了用户对数据的操作。在定义视图时,如果视图本身就是一个复杂查询的结果集,则在每一次执行相同的查询时,不必重写这些复杂的查询语句,只要一条简单的查询视图语句即可。另外,视图可以为用户屏蔽数据库的复杂性,简化用户对数据库的查询语句。即使是底层数据库表发生了更改,也不会影响上层用户对数据库的正常使用,只需要数据库编程人员重新定义视图的内容即可。

(3)使分散数据集中

当用户所需的数据分散在数据库多个表中时,通过定义视图可以将这些数据集中在一起,以方便用户对分散数据的集中查询与处理。

(4)提高数据的逻辑独立性

有了视图之后,应用程序可以建立在视图之上,从而使应用程序和数据库表结构在一定程度上实现逻辑分离。视图在以下两个方面使应用程序与数据逻辑独立:

- 使用视图可以向应用程序屏蔽表结构,此时即便表结构发生变化(例如,表的字段名发生变化),只需重新定义视图或者修改视图的定义,无须修改应用程序即可使程序正常执行。
- 使用视图可以向数据库表屏蔽应用程序,此时即便应用程序发生变化,只需重新定义视图或者修改视图的定义,无须修改数据库表结构即可使应用程序正常运行。

5.1.1 创建视图

创建视图需要具有针对视图的 create view 权限,以及针对由 select 语句选择的每一列上的某些权限。对于在 select 语句中其他地方使用的列,必须具有 select 权限。如果还使用 or replace 子句,必须在视图上具有 drop 权限。具体内容在第 9 章会讲到。

使用 create view 语句来创建视图语法格式为:

```
create
 [or replace]
 [algorithm={undefined |merge | temptable }]
 view view_name [(column_list)]
 as select_statement
 [with [cascaded | local] check option]
```

主要语法说明如下:

(1)or replace:可选项,用于指定 or replace 子句。该语句用于替换数据库中已有的同名视图,但需要在该视图上具有 DROP 权限。

(2)algorithm 子句:这个可选的 algorithm 子句是 MySQL 对标注 SQL 的扩展,规定了 MySQL 处理视图的算法,这些算法会影响 MySQL 处理视图的方式。algorithm 可取三个值:undefined、merge、temptable。如果没有给出 algorithm 的子句,则 create view 语句的默认算法是 undefined(未定义的)。

- 如果指定 merge 选项,表示会将引用视图的 SQL 语句的文本与视图定义合并起来,使视图定义的某一部分取代语句的对应部分。merge 算法要求视图中的行和基本表中的行具有一对一关系,如果不具有该关系,必须使用临时表取而代之。
- 如果指定 temptable 选项,表示视图的结果将被置于临时表中,然后使用临时表执行语句。
- 如果指定 undefined 选项,表示 MySQL 将自动选择所要使用的算法。

(3)view_name:指定视图的名称。该名称在数据库中必须是唯一的,不能与其他表或视图同名。

(4)column_list:该可选子句可以为视图中的每个列指定明确的名称。其中列名的数目必须等于 select 语句检索出来的结果数据集的列数,并且每个列名间用逗号分隔,如果省略 column_list 子句,则新建视图使用与基本表或源视图中相同的列名。

(5)select_statement:用于指定创建视图的 select 语句,这个 select 语句给出了视图的定义,可以用于查询多个基本表或者源视图。

(6)with check option:该可选子句用于指定在可更新视图上所进行的修改都需要符合 select_statement 中所指定的限制条件,这样可以确保数据修改后仍可以通过视图看到修改后的数据。若视图是根据另一个视图定义的,则 with check option 给出两个参数,即 cascaded 和 local,它们决定检查测试的范围,cascaded 为选项默认值,会对所有视图进行检查,而 local 使 check option 只对定义的视图进行检查。

1. 定义单源表视图

当视图的数据取自一个基本表的部分行、列,这样的视图称为单源表视图。此时视图的行列与基本表行列对应,用这种方法创建的视图可以对数据进行查询和修改操作。

【例 5-1】 在 student 表上创建一个简单的视图,视图命名为 student_view1。

```
create view student_view1 as select * from student;
```

命令如图 5-2 所示。

```
mysql> create view student_view1 as select * from student;
Query OK, 0 rows affected (0.04 sec)
```

图 5-2 创建视图（student_view1）命令

使用 select 语句查询的结果如图 5-3 所示。

```
mysql> select * from student_view1;
+-----+-------+------+------+-------------+
| sno | sname | ssex | sage | inf         |
+-----+-------+------+------+-------------+
|   1 | 张三  | M    |   21 | 15884488547 |
|   2 | 李四  | F    |   20 | 15228559623 |
|   3 | 王五  | M    |   19 | 19633521145 |
|   4 | 赵六  | F    |   22 | 15623364524 |
|   5 | 钱七  | M    |   24 | 15882556263 |
|   6 | 孙八  | F    |   22 | 15225856956 |
|   7 | 周九  | M    |   20 | 12552569856 |
+-----+-------+------+------+-------------+
7 rows in set (0.00 sec)
```

图 5-3 使用 select 语句查询结果（一）

【例 5-2】 在 student 表上创建一个简单的视图,视图命名为 student_view2,要求视图包含学生姓名、课程名以及课程所对应的成绩。

```
create view student_view2 (sname,cname,grade)
as select sname,cname,grade
from student ,course,sc
where student.sno=sc.sno and course.cno=sc.cno;
```

命令如图 5-4 所示。

```
mysql> create view student_view2 (sname,cname,grade) as se
lect sname,cname,grade from student,course,sc where studen
t.sno=sc.sno and course.cno=sc.cno;
Query OK, 0 rows affected (0.06 sec)
```

图 5-4 创建视图（student_view2）命令

使用 select 语句查询的结果如图 5-5 所示。

```
mysql> select * from student_view2;
+--------+------------------+-------+
| sname  | cname            | grade |
+--------+------------------+-------+
| 张三   | C语言程序设计    |    80 |
| 李四   | C语言程序设计    |    92 |
| 王五   | MySQL数据库设计  |    45 |
| 钱七   | C语言程序设计    |    77 |
| 赵六   | MySQL数据库设计  |    66 |
| 孙八   | C语言程序设计    |    59 |
| 周九   | MySQL数据库设计  |    82 |
| 李四   | C语言程序设计    |    64 |
| 王五   | java程序设计     |    98 |
| 李四   | 计算机组成原理   |    92 |
| 李四   | java程序设计     |    81 |
+--------+------------------+-------+
11 rows in set (0.00 sec)
```

图 5-5　使用 select 语句查询结果（二）

定义后就可以像查询基本表那样对视图进行查询。

2. 定义多源表视图

多源表视图指定义视图的查询语句所涉及的表可以有多个，这样定义的视图一般只用于查询，不用于修改数据。

【例 5-3】 在 student、course，sc 表上创建视图，命名为 scs_view，要求视图包含学生学号、姓名、课程名以及课程所对应的成绩及学分。

```
create view scs_view（sno,sname,cname,grade,credit）
as select sno,sname,cname,grade,credit
from student,course,sc
where student.sno=sc.sno and c.cno=sc.cno;
```

使用 select 语句查询的结果如图 5-6 所示。

```
mysql> select * from scs_view;
+-----+--------+------------------+-------+--------+
| sno | sname  | cname            | grade | credit |
+-----+--------+------------------+-------+--------+
|   1 | 张三   | C语言程序设计    |    80 |      4 |
|   2 | 李四   | C语言程序设计    |    92 |      4 |
|   3 | 王五   | MySQL数据库设计  |    45 |      4 |
|   5 | 钱七   | C语言程序设计    |    77 |      4 |
|   4 | 赵六   | MySQL数据库设计  |    66 |      4 |
|   6 | 孙八   | C语言程序设计    |    59 |      4 |
|   7 | 周九   | MySQL数据库设计  |    82 |      4 |
|   2 | 李四   | C语言程序设计    |    64 |      4 |
|   3 | 王五   | java程序设计     |    98 |      4 |
|   2 | 李四   | 计算机组成原理   |    92 |      4 |
|   2 | 李四   | java程序设计     |    81 |      4 |
+-----+--------+------------------+-------+--------+
```

图 5-6　使用 select 语句查询结果（三）

再试试下面的语句，并使用 select 语句查询。

```
create view scs_view（sno,sname,cname,grade,credit）
as
select sc. sno as 学号,student.sname as 姓名,course.cname as 课程名, sc.grade as 成绩,
course.credit as 学分
from student,course,sc
```

```
where student.sno=sc.sno and course.cno=sc.cno;
```
使用 select 语句查询的结果如图 5-7 所示。

图 5-7　使用 select 语句查询结果（四）

3．在已有视图上创建新视图

可以在视图上再创建视图，此时作为数据源的视图必须是已经建立好的视图。

【例 5-4】　在刚才创建的视图 scs_view 上创建一个只能浏览某一门课程成绩的视图，命名为 scs_view1。

```
create view scs_view1
as
select *from scs_view
where scs_view.cname='MySQL 数据库设计';
```

使用 select 语句查询的结果如图 5-8 所示。

图 5-8　使用 select 语句查询结果（五）

4．创建带表达式的视图

在定义基本表时，为了减少数据库中的冗余数据，表中只存放基本数据，而基本数据经过各种计算派生出的数据一般是不存储的，但由于视图中的数据并不实际存储，所以定义视图时可以根据需要设置一些派生属性列，在这些派生属性列中保存经过计算的值。这些派生属性由于在基本表中并不实际存在，因此，也称它们为虚拟列。包含虚拟列的视图也称为带表达式的视图。

【例 5-5】 创建一个查询学生学号、姓名和出生年份的视图。

```
create view student_birthyear（sno,sname,birthyear）
as
select sno,sname,2010-sage
from student
```

使用 select 语句查询的结果如图 5-9 所示。

```
mysql> select * from student_birthyear;
+-----+-------+-----------+
| sno | sname | birthyear |
+-----+-------+-----------+
|   1 | 张三  |      1989 |
|   2 | 李四  |      1990 |
|   3 | 王五  |      1991 |
|   4 | 赵六  |      1988 |
|   5 | 钱七  |      1986 |
|   6 | 孙八  |      1988 |
|   7 | 周九  |      1990 |
+-----+-------+-----------+
7 rows in set (0.00 sec)
```

图 5-9　使用 select 语句查询结果（六）

5．含分组统计信息的视图

含分组统计信息的视图是指定义视图的查询语句中含有 group by 子句，这样的视图只能用于查询，不能用于修改数据。

【例 5-6】 创建一个查询每个学生的学号和考试平均成绩的视图。

```
create view student_avg（sno,avggrade）
as
select sno,avg（grade）from sc
group by sno;
```

使用 select 语句查询的结果如图 5-10 所示。

```
mysql> select * from student_avg;
+-----+----------+
| sno | avggrade |
+-----+----------+
|   1 |       80 |
|   2 |    82.25 |
|   3 |     71.5 |
|   4 |       66 |
|   5 |       77 |
|   6 |       59 |
|   7 |       82 |
+-----+----------+
7 rows in set (0.00 sec)
```

图 5-10　使用 select 语句查询结果（七）

如果查询语句中的选择列表包含表达式或者统计函数，而且在查询语句中也没有为这样的列指定列名，则在定义视图的语句中必须指定视图属性列的名字。

6．创建视图注意事项

（1）运行创建视图的语句需要用户具有创建视图（create view）的权限，如果加上[or replace]，还需要用户具有删除视图（drop view）的权限。

（2）select 语句不能包含 from 子句中的子查询。

（3）select 语句不能引用系统或者用户变量。

（4）select 语句不能引用预处理语句参数。

（5）在存储子程序内，定义不能引用子程序参数或者局部变量。

（6）在定义中引用的表或者视图必须存在，但是在创建了视图后，能够舍弃定义引用的表或者视图。要想检查视图定义是否存在这类问题，可以使用 check table 语句。

（7）在定义中不能引用 temporary 表，不能创建 temporary 视图。

（8）在视图定义中命名的表必须已经存在。

（9）不能将触发程序与视图关联在一起。

（10）在视图定义中允许使用 order by，但是，如果从特定视图进行选择，而该视图使用了自己的 order by 语句，其他的将被忽略。

5.1.2 查看视图

查看视图是指查看数据库中已经存在的视图。查看视图必须有 show view 的权限。查看视图的方法包括以下几条语句，它们从不同的角度显示视图的相关信息。

（1）describe 语句，语法格式为：

```
describe view_name;
```

或者

```
dec view_name
```

（2）show table status 语句，语法格式为：

```
show table status like'view_name'
```

（3）show create view 语句，语法格式为：

```
show create view'view_name'
```

（4）查询 information_schema 数据库下的 view 表，语法格式为：

```
select *from information_schema.views where table_name='view_name'
```

【例 5-7】 分别采用四种方式查看 student_view2 的视图信息。

方式一：

```
describe student_view2;
```

执行结果如图 5-11 所示。

方式二：

```
show table status like'student_view2'\G;
```

执行结果如图 5-12 所示。

```
mysql> describe student_view2;
+-------+-------------+------+-----+---------+-------+
| Field | Type        | Null | Key | Default | Extra |
+-------+-------------+------+-----+---------+-------+
| sname | varchar(20) | NO   |     | NULL    |       |
| cname | varchar(20) | NO   |     | NULL    |       |
| grade | float       | YES  |     | 0       |       |
+-------+-------------+------+-----+---------+-------+
3 rows in set (0.00 sec)
```

图 5-11　执行结果（一）

```
mysql> show table status like 'student_view2' \G;
*************************** 1. row ***************************
           Name: student_view2
         Engine: NULL
        Version: NULL
     Row_format: NULL
           Rows: NULL
 Avg_row_length: NULL
    Data_length: NULL
Max_data_length: NULL
   Index_length: NULL
      Data_free: NULL
 Auto_increment: NULL
    Create_time: NULL
    Update_time: NULL
     Check_time: NULL
      Collation: NULL
       Checksum: NULL
 Create_options: NULL
        Comment: VIEW
```

图 5-12　执行结果（二）

方式三：

```
show create view student_view2 \G;
```

执行结果如图 5-13 所示。

```
mysql> show create view student_view2 \G;
*************************** 1. row ***************************
                View: student_view2
         Create View: CREATE ALGORITHM=UNDEFINED DEFINER=`root`@`localhost` SQL SECURITY DEFINER VIEW `student_view2` AS select `student`.`sname` AS `sname`,`course`.`cname` AS `cname`,`sc`.`grade` AS `grade` from ((`student` join `course`) join `sc`) where ((`student`.`sno` = `sc`.`sno`) and (`course`.`cno` = `sc`.`cno`))
character_set_client: utf8
collation_connection: utf8_general_ci
```

图 5-13　执行结果（三）

方式四：

```
select *from information_schema.views where table_name='student_view2' \G;
```

执行结果如图 5-14 所示。

```
mysql> select * from information_schema.views where table_
name='student_view2' \G;
*************************** 1. row ***************************
****
       TABLE_CATALOG: def
        TABLE_SCHEMA: student_info
          TABLE_NAME: student_view2
     VIEW_DEFINITION: select `student_info`.`student`.`sna
me` AS `sname`,`student_info`.`course`.`cname` AS `cname`,
`student_info`.`sc`.`grade` AS `grade` from `student_info`
.`student` join `student_info`.`course` join `student_info
`.`sc` where ((`student_info`.`student`.`sno` = `student_i
nfo`.`sc`.`sno`) and (`student_info`.`course`.`cno` = `stu
dent_info`.`sc`.`cno`))
        CHECK_OPTION: NONE
        IS_UPDATABLE: YES
             DEFINER: root@localhost
       SECURITY_TYPE: DEFINER
CHARACTER_SET_CLIENT: utf8
COLLATION_CONNECTION: utf8_general_ci
```

图 5-14　执行结果（四）

5.1.3　管理视图

视图的管理涉及对现有视图的修改与删除。

1．修改视图

修改视图指修改数据库中已经存在的表的定义。当基本表的某些字段发生改变时，可以通过修改视图来保持视图和基本表之间的一致。alter view 语句用于修改一个先前创建好的视图，包括索引视图，但不影响相关的存储过程或触发器，也不更改权限。alter view 语句语法格式为：

```
alter [algorithm={undefined |merge | temptable }]
    view view_name [(column_list)]
    as select_statement
      [with [cascaded | local] check option]
```

其中参数含义与 create view 表达式中参数含义相同。

【例 5-8】 使用 alter view 修改视图 student_view2 的列名为姓名、课程名以及成绩。

```
alter view
student_view2 (姓名,课程名,成绩)
as select sname,cname,grade
from student,course,sc
where student.sno=sc.sno and course.cno=sc.cno;
```

用 desc 查看视图 student_view2，如图 5-15 所示。

```
mysql> alter view student_view2 (姓名,课程名,成绩) as sele
ct sname,cname,grade from student,course,sc where student.
sno=sc.sno and course.cno=sc.cno;
Query OK, 0 rows affected (0.05 sec)

mysql> desc student_view2;
+---------+-------------+------+-----+---------+-------+
| Field   | Type        | Null | Key | Default | Extra |
+---------+-------------+------+-----+---------+-------+
| 姓名    | varchar(20) | NO   |     | NULL    |       |
| 课程名  | varchar(20) | NO   |     | NULL    |       |
| 成绩    | float       | YES  |     | 0       |       |
+---------+-------------+------+-----+---------+-------+
```

图 5-15　查看视图 student_view2（一）

【例 5-9】 使用 alter view 修改视图 student_view2 的列名为 sname、cname、grade。

```
alter view
student_view2 (sname,cname,grade)
as select sname,cname,grade
from student,course,sc
where student.sno=sc.sno and course.cno=sc.cno;
```

用 desc 查看视图 student_view2 如图 5-16 所示。

```
mysql> alter view student_view2 (sname,cname,grade) as sel
ect sname,cname,grade from student,course,sc where student
.sno=sc.sno and course.cno=sc.cno;
Query OK, 0 rows affected (0.06 sec)

mysql> desc student_view2;
+-------+-------------+------+-----+---------+-------+
| Field | Type        | Null | Key | Default | Extra |
+-------+-------------+------+-----+---------+-------+
| sname | varchar(20) | NO   |     | NULL    |       |
| cname | varchar(20) | NO   |     | NULL    |       |
| grade | float       | YES  |     | 0       |       |
+-------+-------------+------+-----+---------+-------+
```

图 5-16　查看视图 student_view2（二）

2．删除视图

在创建并使用视图后，如果确定不再需要某视图，或者想清除视图定义及与之相关的权限，可以使用 drop view 语句删除该视图。视图被删除后，基本表的数据不受影响。

drop view 语句语法格式为：

```
drop view view_name
```

【例 5-10】 删除上例中的 student_view2 视图。

```
drop view student_view2
```

使用 drop view 语句可以一次删除多个视图，如果被删除的视图是其他视图的基视图，那么在删除基视图时也会自动删除其他派生的视图，但删除某个基本表后并不能自动删除其视图，要想删除它，只能使用 drop view 语句。

5.1.4　使用视图

视图与表相似，对表的许多操作在视图中同样可以使用。用户可以使用视图对数据进行查询、修改、删除等操作。

1．使用视图查询数据

视图被定义好后，可以对其进行查询，查询语句语法格式为：

```
select *from view_name
```

【例 5-11】 利用例 5-3 中建立的视图 scs_view，查询成绩小于或等于 90 的学生的学号、姓名。

```
select sno,sname,
from scs_view
where grade<=90;
```

执行结果如图 5-17 所示。

```
mysql> select sno,sname from scs_view where grade<=90;
+-----+-------+
| sno | sname |
+-----+-------+
|  1  | 张三  |
|  3  | 王五  |
|  5  | 钱七  |
|  4  | 赵六  |
|  6  | 孙八  |
|  7  | 周九  |
|  2  | 李四  |
|  2  | 李四  |
+-----+-------+
```

图 5-17　执行结果（五）

2．使用视图更新数据

对视图的更新其实就是对表的更新，更新视图是指通过视图来插入（insert）、更新（update）和删除（delete）表中的数据。在操作时需要注意以下几点：

修改视图中的数据时，可以对基于两个以上基本表或者视图的视图进行修改，但是不能同时影响两个或者多个基本表，每次修改都只能影响一个基表；

不能修改那些通过计算得到的列，例如平均分等；

如果创建视图时定义了 with check option 选项，那么使用视图修改基本表中的数据时，必须保证修改后的数据满足定义视图的限制条件；

执行 update 或者 delete 命令时，所更新或者删除的数据必须包含在视图的结果集中；

如果视图引用多个表，使用 insert 或者 update 语句对视图进行操作时，被插入或更新的列必须属于同一个表。

（1）插入数据

可以通过视图向基本表中插入数据，但插入的数据实际上存放在基本表中，而不在视图中。

【例 5-12】 创建一个 student_view3，要求视图中显示所有男同学的信息。

```
create view student_view3
as
select *
from student
where ssex='M';
```

执行结果如图 5-18 所示。

```
mysql> create view student_view3 as select * from student
where ssex='M';
Query OK, 0 rows affected (0.09 sec)

mysql> select * from student_view3;
+-----+-------+------+------+-------------+
| sno | sname | ssex | sage | inf         |
+-----+-------+------+------+-------------+
|  1  | 张三  | M    |  21  | 15884488547 |
|  3  | 王五  | M    |  19  | 19633521145 |
|  5  | 钱七  | M    |  24  | 15882556263 |
|  7  | 周九  | M    |  20  | 12552569856 |
+-----+-------+------+------+-------------+
```

图 5-18　执行结果（六）

【例 5-13】 通过视图 student_view3 向学生表 student 中插入数据。

```
insert into student_view3
values(null,'zmp','M',21,'15888889999');
```

执行结果如图 5-19 所示。

图 5-19　执行结果（七）

（2）更新数据

使用 update 语句可以通过视图修改基本表的数据。

【例 5-14】 将 student_view2 视图中所有学生的成绩增加 10。

```
update student_view2
set grade=grade+10;
```

通过该语句将 student_view2 视图所依赖的基本表 student 中所有记录的成绩（grade）字段值在原来基础上增加 10。

执行结果如图 5-20 所示。

图 5-20　执行结果（八）

（3）删除数据

使用 delete 语句可以通过视图删除基本表的数据。

【例 5-15】 删除 student 表中"女同学"的记录。

```
Delete from student
where ssex='F';
```

执行结果如图 5-21 所示。

```
mysql> Delete from student where ssex='F';
Query OK, 3 rows affected (0.05 sec)

mysql> select * from student;
+-----+-------+------+------+-------------+
| sno | sname | ssex | sage | inf         |
+-----+-------+------+------+-------------+
|   1 | 张三  | M    |   21 | 15884488547 |
|   3 | 王五  | M    |   19 | 19633521145 |
|   5 | 钱七  | M    |   24 | 15882556263 |
|   7 | 周九  | M    |   20 | 12552569856 |
|   8 | zmp   | M    |   21 | 15888889999 |
+-----+-------+------+------+-------------+
```

图 5-21　执行结果（九）

5.2　触发器

触发器定义了一系列操作，这一系列操作称为触发程序，当触发事件发生时，触发程序会自动运行。

触发器主要用于监视某个表的插入（insert）、更新（update）和删除（delete）等更改操作，这些操作可以分别激活表的 insert、update 和 delete 类型的触发程序运行，从而实现数据的自动维护。例如：

- 当增加一个学生到数据库的学生基本信息表时，检查该学生的学号的格式是否正确。
- 当学生选修一门课程时，从该课程剩余可选名额中减去学生选修的数量。
- 当删除学生选课基本信息表中一个学生的全部基本信息数据时，该学生所选修的尚未通过审核的课程信息也应该被自动删除。
- 无论何时删除一行记录，都在数据库的存档表中保留一个副本。

触发器与表的关系十分密切，用于保护表中的数据。当有操作影响到触发器所保护的数据时，触发器会自动执行，从而保障数据库中数据的完整性，以及多个表之间数据的一致性。

数据库触发器主要作用如下：

（1）确保数据的安全性

可以基于数据库的值使用户具有操作数据库的某种权利。可以基于时间限制用户的操作，例如，不允许下班后和节假日修改数据库数据等。可以基于数据库中的数据限制用户的操作，例如，不允许学生的分数大于满分等。

（2）审计

可以跟踪用户对数据库的操作。审计用户操作数据库的语句，把用户对数据库的更新写入审计表。

（3）实现复杂的数据完整性规则

实现非标准的数据完整性检查和约束。触发器可产生比规则更为复杂的限制。与规则不同,触发器可以引用列或者数据库对象。例如,触发器可回退任何企图吃进超过自己保证金的期货。

(4) 实现复杂的非标准的数据库相关完整性规则

在修改或者删除时,级联修改或者删除图表中与之匹配的行。在修改或者删除时把其他表中与之匹配的行设成 null 值、行级联设成默认值。触发器能够拒绝或者回退破坏相关完整性的变化,取消试图进行数据更新的事务。当插入一个与其主键不匹配的外键时,这种触发器也会起作用。

5.2.1 创建并使用触发器

1. 创建触发器

触发程序是与表有关的命名数据库对象,当表上出现特定事件时,将在 MySQL 中激活该对象。可以使用 create trigger 语句创建触发器,具体语法格式为:

```
create trigger trigger_name trigger_time trigger_event
on tbl_name for each row trigger_stmt
```

语法说明:

(1) trigger_name:触发器的名称,触发器在当前数据库中必须具有唯一性名称。如果要在某个特定数据库中创建,名称前面应该加上数据库的名称。

(2) trigger_time 是触发器被触发的时间。它可以是 before 或者 after,以指明触发器是在激活它的语句之前或之后触发。如果希望验证新数据是否满足使用的限制,可以使用 before;如果希望在激活触发器的语句执行之后完成几个或更多的改变,可以使用 after。

(3) trigger_event 指明了激活触发器的语句的类型。trigger_event 可以是下述值之一。
- insert:将新行插入表时激活触发器,例如,通过 insert、load data 和 replace 语句。
- update:更改某一行时激活触发器,例如,通过 update 语句。
- delete:从表中删除某一行时激活触发器,例如,通过 delete 和 replace 语句。

(4) tbl_name:与触发器相关联的表名。tbl_name 必须引用永久性表。不能将触发程序与 temporary 表或视图关联起来。在该表上触发事件发生时才会激活触发器,同一个表不能拥有两个具有相同触发时刻和事件的触发器。例如,对于一个数据表,不能同时有两个 before update 触发器,但是可以有一个 before update 触发器和一个 before insert 触发器,或者一个 before update 触发器和一个 after update 触发器。

(5) for each row:用来指定对于受触发事件影响的每一行都要激活触发器的动作。例如,使用一条 insert 语句向一个表中插入多行数据时,触发器会对每一行数据的插入都执行相应的触发器动作。

(6) trigger_stmt:是当触发程序被激活时执行的语句。如果打算执行多个语句,可使用 begin...end 复合语句结构。这样,就能使用存储子程序中允许的相同语句。

2. 使用触发器

【例 5-16】 创建并使用触发器实现检查约束,保证课程的人数上限 up_limit 字段值在 (60,150,230) 范围内。

```
delimiter $$
create trigger course_insert_before_trigger before insert
on course for each row
```

```
begin
if(new.up_limit=60||new.up_limit=150||new.up_limit=230) then
set new.up_limit=new.up_limit;
else insert into mytable values(0);
end if;
end;
$$
delimiter;
```

例子中的 create trigger 语句创建了名为 course_insert_before_trigger 的触发器。该触发器实现的功能是：向 course 表插入记录前，首先检查 up_limit 字段值是否在（60,150,230）范围内。如果检查不通过，则向一个不存在的数据库表中插入一条记录。

```
insert into teacher values('002','李老师','00000000000');
insert into course values(null,'大学外语','20','暂无','已审核','002',20);
```

这两条 insert 语句对触发器进行测试。第一条 insert 语句向 teacher 表插入一条记录；第二条 insert 语句首先激活 course_insert_before_trigger 触发器运行，由于触发程序 new.up_limit 值为 20，因此导致触发程序中的"insert into mytable values(0);"语句运行。由于 choose 数据库中不存在 mytable 表，因此触发程序被迫终止运行，最终避免将 20 插入到 course 表的 up_limit 字段，从而实现了 course 表中 up_limit 字段的检查约束。

执行结果如图 5-22 所示。

```
mysql> insert into teacher values('002','李老师','00000000
000');
Query OK, 1 row affected (0.05 sec)

mysql> insert into course values(null,'大学外语','20','暂
无','已审核','002',20);
Query OK, 1 row affected (0.04 sec)
```

图 5-22 执行结果（十）

【例 5-17】 在例 5-16 的基础之上，创建 course_update_before_trigger 触发器，负责修改检查。

```
delimiter $$
create trigger course_update_before_trigger before update
on course for each row
begin
if(new.up_limit!=60||new.up_limit!=150||new.up_limit!=230) then
set new.up_limit=old.up_limit;
end if;
end;
$$
delimiter;
```

使用下面的 update 语句将所有课程的 up_limit 值修改为 10。从执行结果来看，0 条记录发生了变化，这说明触发器已经起到了检查约束的作用。

```
update course set up_limit=10;
```

执行结果如图 5-23 所示。

```
mysql> delimiter $$
mysql> create trigger course_update_before_trigger before update
    -> on course for each row
    -> begin
    -> if(new.up_limit!=60||new.up_limit!=150||new.up_limit!=230) then
    -> set new.up_limit=old.up_limit;
    -> end if;
    -> end;
    -> $$
Query OK, 0 rows affected (0.12 sec)

mysql> delimiter ;
mysql>
mysql> update course set up_limit=10;
Query OK, 0 rows affected (0.03 sec)
Rows matched: 10  Changed: 0  Warnings: 0
```

图 5-23 执行结果（十一）

语法总结：

（1）触发程序不能调用将数据返回客户端的存储程序，也不能使用采用 call 语句的动态 SQL（允许存储程序通过参数将数据返回触发程序）。

（2）如果触发程序使用 old 和 new 关键字，能够访问受触发程序影响的行中的列。

（3）在 insert 触发程序中，仅能使用 new.col_name，没有旧行。在 delete 触发程序中仅能使用 old.col_name，没有新行。

（4）在 update 触发程序中，可以使用 old.col_name 来引用更新前的某一行的列，也可以使用 new.col_name 来引用更新后的行中的列。用 old 命名的列是只读的，可以引用它，但是不能够改变它。对于用 new 命名的列，如果具有 select 权限，可以引用它。

（5）在 before 触发程序中，如果具有 update 权限，可以使用"set new.col_name=value"更改它的值。

（6）使用 begin…end 结构，可以定义执行多条语句的触发程序。在 begin 块中，可以使用存储子程序允许的其他语法，如条件和循环等。但是，当定义执行多条语句的触发程序时，如果使用 MySQL 程序来输入触发程序，需要重新定义语句分隔符，以便能够在触发程序定义中使用字符"；"。

5.2.2 查看触发器

查看触发器指查看数据库中已经存在的触发器的定义、权限和字符集等信息，可以使用下面 4 种方法查看触发器的定义。

（1）使用 show triggers 命令查看触发器的定义。使用"show trigger \G"命令可以查看当前数据库中所有触发器的信息，用这种方式查看触发器的定义时，可以查看当前数据库中所有触发器的定义。如果触发器太多，可以使用"show trigger like 模式\G"命令查看与模式模糊匹配的触发器信息。

（2）通过查询 information_schema 数据库中的 triggers 表，可以查看触发器的定义。MySQL 中所有触发器的定义都存放在 information_schema 数据库下的 triggers 表中，查询 triggers 表时，可以查看数据库中所有触发器的详细信息，查询语句如下：

```
select *from information_schema.triggers\G
```
（3）使用"show create trigger"命令可以查看某一个触发器的定义。

（4）成功创建触发器后，MySQL 自动在数据库目标下创建 TRN 以及 TRG 触发器文件，以记事本方式打开该文件可以查看触发器的定义。

5.2.3 删除触发器

与其他数据库对象一样，可以使用 drop 语句将触发器从数据库中删除，语法格式为：

```
drop trigger [schema_name.]trigger_name
```

语法说明：

（1）schema_name.是可选项，用于指定触发器所在的数据库的名称。如果没有指定，则为当前默认数据库。

（2）trigger_name 是要删除的触发器名称。

（3）drop trigger 语句需要 super 权限。

（4）当删除一个表时，也会自动删除表上的触发器。另外，触发器不能被更新或者被覆盖，为了修改一个触发器，必须先删除它，然后重新创建。

【例 5-18】 删除数据库 student_info 中的触发器 course_insert_before_trigger。

```
drop trigger student_info. course_insert_before_trigger;
```

执行结果如图 5-24 所示。

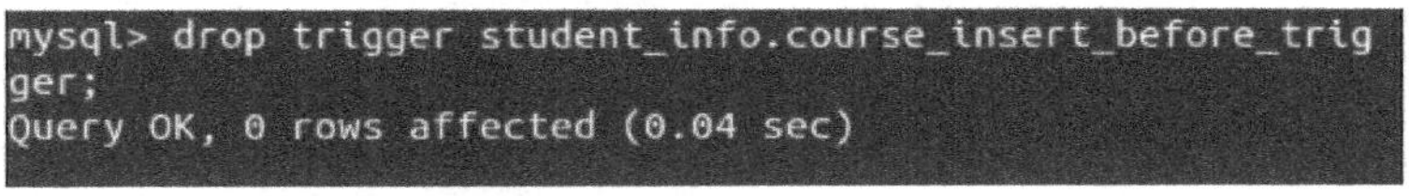

图 5-24 执行结果（十二）

5.2.4 触发器的应用

1．触发器使用注意事项

在 MySQL 中使用触发器时有一些注意事项。

（1）如果触发程序中包含 select 语句，则 select 语句不能返回结果集。

（2）同一个表不能创建两个相同触发时间、触发事件的触发程序。

（3）触发程序中不能使用以显式或者隐式方式开始或者结束事务的语句，如 start transaction、commit、rollback 或者 set autocommit=0 语句。

（4）MySQL 触发器针对记录进行操作。当批量更新数据时，引入触发器会导致批量更新操作的性能降低。

（5）在 MySQL 存储引擎中，触发器不能保证原子性。例如，当使用一个更新语句更新一个表后，触发程序会接着实现另外一个表的更新，如果触发程序执行失败，那么不会回滚第一个表的更新。InnoDB 存储引擎支持事务，使用触发器可以保证更新操作与触发程序的原子性，此时触发程序和更新操作是在同一个事务中完成的。例如，如果 before 类型的触发器程序执行失败，那么更新语句就不会执行；如果更新语句执行失败，那么 after 类型的触发器就不会执行；如果 after 类型的触发器程序执行失败，那么更新语句即使已被执行也会被撤销（或者回滚），以便保证事务的原子性。

（6）InnoDB 存储引擎实现外键约束关系时，建议使用级联选项维护外键数据；使用触发器维护 InnoDB 外键约束的级联选项时，应该先维护子表的数据，再维护父表的数据，否则可能出现错误。

（7）MySQL 的触发程序不能对本表执行 update 操作，触发程序中的 update 操作可以直接使用 set 命令替代，否则可能出现错误，甚至陷入死循环。

（8）在 before 触发程序中，auto_increment 字段的 new 值为 0，不是实际插入新记录时自动生成的自增型字段值。

（9）添加触发器后，建议对其进行详细的测试，测试通过后再决定是否使用触发器。

2. 使用触发器的例子

（1）维护冗余数据

冗余的数据需要额外的维护，维护冗余数据时，为了避免数据不一致问题的发生（例如，剩余的学生名额+已选课学生人数 ≠ 课程的人数上限），冗余数据应该尽量避免交由人工维护，建议交由应用系统（例如触发器）自动维护。

【例 5-19】某学生选修了某门课程，请创建 choose_insert_before_trigger 触发器维护课程 available 的字段值。

```
delimiter $$
create trigger choose_insert_before_trigger before insert
on choose for each row
begin
update course set available=available-1 where course_no=new.course_no;
end;
$$
delimiter ;
```

执行结果如图 5-25 所示。

```
mysql> delimiter $$
mysql> create trigger choose_insert_before_trigger before
insert
    -> on sc for each row
    -> begin
    -> update course set available=available-1 where cno=n
ew.cno;
    -> end;
    -> $$
Query OK, 0 rows affected (0.08 sec)

mysql> delimiter ;
```

图 5-25　执行结果（十三）

【例 5-20】某学生放弃选修某门课程，请创建 choose_delete_before_trigger 触发器维护课程 available 的字段值。

```
delimiter $$
create trigger choose_delete_before_trigger before insert
on choose for each row
begin
update course set available=available+1 where course_no=old.course_no;
end;
```

```
$$
delimiter;
```

执行结果如图 5-26 所示。

```
mysql> delimiter $$
mysql> create trigger choose_delete_before_trigger before delete
    -> on sc for each row
    -> begin
    -> update course set available=available+1 where cno=old.cno;
    -> end;
    -> $$
Query OK, 0 rows affected (0.07 sec)

mysql> delimiter ;
```

图 5-26　执行结果（十四）

（2）使用触发器模拟外键级联选项

对于 InnoDB 存储引擎的表而言，由于支持外键约束，在定义外键约束时，通过设置外键的级联选项 cascade、set null 或者 no action（restrict），外键约束关系可以交由 InnoDB 存储引擎自动维护。

【例 5-21】　在选课系统中，管理员可以删除选修人数少于 20 人的课程信息，课程信息删除后与该课程相关的选课信息也应该随之删除，以便相关学生可以选修其他课程。请使用 InnoDB 存储引擎维护外键约束关系，向 choose 子表中的 course_no 字段添加外键约束，使得当删除父表 course 表中的某条课程信息时，级联删除与之对应的选课信息。

```
alter table choose drop foreign key choose_course_fk;
alter table choose add constraint choose_course_fk foreign key (course_no) references
course(course_no)on delete cascade;
```

如果 InnoDB 存储引擎的表之间存在外键约束关系，但是不存在级联选项，或者使用的数据库表为 MyISAM（该表不支持外键约束关系），则可以使用触发器模拟实现 "外键约束" 之间的 "级联选项"。

例如：下面的 SQL 语句分别创建了 organization 表（父表）与 member 表（子表）。这两个表之间虽然创建了外键约束关系，但是不存在级联删除选项。

```
create table organization(
o_no int not null auto_increment,
o_name varchar(32) default '',
primary key (o_no)
)engine=innodb;
create table member(
m_no int not null auto_increment,
m_name varchar(32) default '',
o_no int,
primary key(m_no),
constraint organization_member_fk foreign key (o_no) references organization(o_no)
)engine=innodb;
```

使用下面的 insert 语句分别向两个表中插入若干条测试数据。

```
insert into organization (o_no,o_name) values
(null,'o1'),
(null,'o2');
insert into member(m_no,m_name,o_no) values
(null,'m1',1),
(null,'m2',1),
(null,'m3',1),
(null,'m4',2),
(null,'m5',2);
```

接着使用 create trigger 语句创建名为 organization_delete_before_trigger 的触发器，该触发器实现的功能是：删除 organization 表中的某条信息前，首先删除成员 member 表中与之对应的信息。

```
delimiter $$
create trigger organization_delete_before_trigger before delete
on organization for each row
begin
delete from member where o_no=old.o_no;
end;
$$
delimiter;
```

下面的 SQL 语句先用 select 语句查询 member 表中所有记录信息，然后使用 delete 语句删除 o_no=1 的信息，最后使用 select 语句重新查询 member 表中所有记录信息。

```
select * from member;
delete from organization where o_no=1;
select * from member;
```

执行结果如图 5-27 所示。

```
mysql> select * from member;
+------+--------+------+
| m_no | m_name | o_no |
+------+--------+------+
|    1 | m1     |    1 |
|    2 | m2     |    1 |
|    3 | m3     |    1 |
|    4 | m4     |    2 |
|    5 | m5     |    2 |
+------+--------+------+
5 rows in set (0.00 sec)

mysql> delete from organization where o_no=1;
Query OK, 1 row affected (0.08 sec)

mysql> select * from member;
+------+--------+------+
| m_no | m_name | o_no |
+------+--------+------+
|    4 | m4     |    2 |
|    5 | m5     |    2 |
+------+--------+------+
2 rows in set (0.00 sec)
```

图 5-27　执行结果（十五）

5.3 案例：在删除分类时自动删除分类对应的消息记录

需求说明：现有一个内容管理系统，内容被简单地称作"消息"，每个消息都有自己的类型，多个消息对应一种类型，因此在设计数据库时需要有两个基本表，分别为消息表和类型表，消息表记录属性中需要记录类型 id，则当类型记录删除时，需要将对应的消息记录也删除。

1. 创建数据库

创建一个 context 数据库用于该案例的演示。

```
drop database if exists context;
create database context;
use context;
```

执行结果如图 5-28 所示。

```
mysql> drop database if exists context;
Query OK, 5 rows affected (0.40 sec)

mysql> create database context;
Query OK, 1 row affected (0.00 sec)

mysql> use context;
Database changed
```

图 5-28 执行结果（十六）

2. 创建消息表

创建一张消息表，用于存放消息。

```
create table message(
id int not null AUTO_INCREMENT PRIMARY KEY,
  typeId int not null,
  msg varchar(255) not null,
  ctime datetime not null
);
```

执行结果如图 5-29 所示。

```
mysql> create table message(
    -> id int not null AUTO_INCREMENT PRIMARY KEY,
    -> typeId int not null,
    -> msg varchar(255) not null,
    -> ctime datetime not null
    -> );
Query OK, 0 rows affected (0.41 sec)
```

图 5-29 执行结果（十七）

3. 创建类型表

创建一张类型表，用于存放消息类型，供消息表引用。

```
create table mtype(
  id int not null AUTO_INCREMENT PRIMARY KEY,
  typename varchar(50) not null,
  typedes varchar(255) not null
);
```

执行结果如图 5-30 所示。

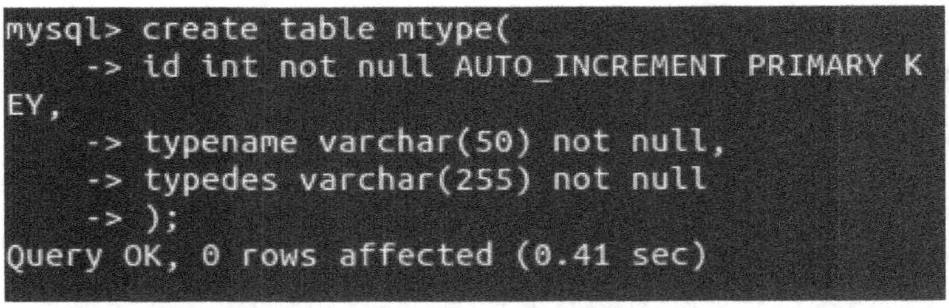

```
mysql> create table mtype(
    -> id int not null AUTO_INCREMENT PRIMARY KEY,
    -> typename varchar(50) not null,
    -> typedes varchar(255) not null
    -> );
Query OK, 0 rows affected (0.41 sec)
```

图 5-30　执行结果（十八）

4. 创建用户视图

创建用于显示的用户视图，目的是为了简化显示，不必额外显示多个基本表。

```
create view user_view (id,typename,msg,ctime) as select message.id,typename,msg,ctime from message,mtype where message.typeId=mtype.id;
```

执行结果如图 5-31 所示。

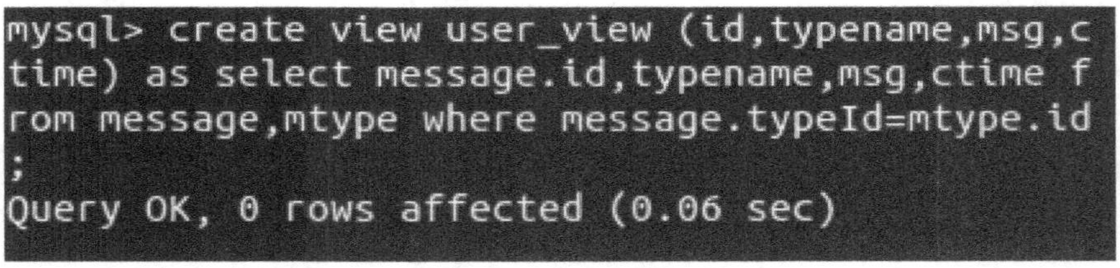

```
mysql> create view user_view (id,typename,msg,ctime) as select message.id,typename,msg,ctime from message,mtype where message.typeId=mtype.id
;
Query OK, 0 rows affected (0.06 sec)
```

图 5-31　执行结果（十九）

5. 创建类型删除的触发器

创建一个 mtype 表的删除触发器，其作用是在 mtype 表发生记录删除时，自动删除 message 表中对应类型的记录。

```
delimiter $$
create trigger choose_delete_before_trigger before delete
on mtype for each row
begin
delete from message where typeId=old.id;
end;
$$
delimiter ;
```

执行结果如图 5-32 所示。

```
mysql> delimiter $$
mysql> create trigger choose_delete_before_trig
ger before delete
    -> on mtype for each row
    -> begin
    -> delete from message where typeId=old.id;
    -> end;
    -> $$
Query OK, 0 rows affected (0.07 sec)

mysql> delimiter ;
```

图 5-32 执行结果（二十）

6. 创建测试数据

```
insert into mtype(typename,typedes) values('新闻','每天都是新消息');
insert into mtype(typename,typedes) values('速报','最小的长度,最大的信息量');
insert into mtype(typename,typedes) values('娱乐','每天海量消息');
insert into mtype(typename,typedes) values('程序员','应该关注');
insert into message(typeId,msg,ctime) values(1,'这是一条新闻',now());
insert into message(typeId,msg,ctime) values(2,'这是一条速报',now());
insert into message(typeId,msg,ctime) values(3,'这是一条娱乐',now());
insert into message(typeId,msg,ctime) values(4,'据说程序员涨工资了',now());
insert into message(typeId,msg,ctime) values(4,'据说程序员涨工资没用',now());
insert into message(typeId,msg,ctime) values(4,'反正都是得上交的',now());
```

执行结果如图 5-33 所示。

```
mysql> insert into mtype(typename,typedes) values('新闻','每天都是新消息');
Query OK, 1 row affected (0.06 sec)

mysql> insert into mtype(typename,typedes) values('速报','最小的长度,最大的信息量');
Query OK, 1 row affected (0.07 sec)

mysql> insert into mtype(typename,typedes) values('娱乐','每天海量消息');
Query OK, 1 row affected (0.13 sec)

mysql> insert into mtype(typename,typedes) values('程序员','应该关注');
Query OK, 1 row affected (0.10 sec)

mysql> insert into message(typeId,msg,ctime) values(1,'这是一条新闻',now());
Query OK, 1 row affected (0.05 sec)

mysql> insert into message(typeId,msg,ctime) values(2,'这是一条速报',now());
Query OK, 1 row affected (0.04 sec)

mysql> insert into message(typeId,msg,ctime) values(3,'这是一条娱乐',now());
Query OK, 1 row affected (0.06 sec)

mysql> insert into message(typeId,msg,ctime) values(4,'据说程序员涨工资了',now());
Query OK, 1 row affected (0.04 sec)

mysql> insert into message(typeId,msg,ctime) values(4,'据说程序员涨工资没用',now());
Query OK, 1 row affected (0.04 sec)

mysql> insert into message(typeId,msg,ctime) values(4,'反正都是得上交的',now());
Query OK, 1 row affected (0.06 sec)
```

图 5-33 执行结果（二十一）

7. 查看删除前的数据

```
select * from user_view;
```

执行结果如图 5-34 所示。

```
mysql> select * from user_view;
+----+----------+--------------------+---------------------+
| id | typename | msg                | ctime               |
+----+----------+--------------------+---------------------+
|  1 | 新闻     | 这是一条新闻       | 2016-07-24 22:52:04 |
|  2 | 速报     | 这是一条速报       | 2016-07-24 22:52:04 |
|  3 | 娱乐     | 这是一条娱乐       | 2016-07-24 22:52:04 |
|  4 | 程序员   | 据说程序员涨工资了 | 2016-07-24 22:52:04 |
|  5 | 程序员   | 据说程序员涨工资没用| 2016-07-24 22:52:04 |
|  6 | 程序员   | 反正都是得上交的   | 2016-07-24 22:52:05 |
+----+----------+--------------------+---------------------+
6 rows in set (0.00 sec)
```

图 5-34　执行结果（二十二）

```
select * from message;
```

执行结果如图 5-35 所示。

```
mysql> select * from message;
+----+--------+--------------------+---------------------+
| id | typeId | msg                | ctime               |
+----+--------+--------------------+---------------------+
|  1 |      1 | 这是一条新闻       | 2016-07-24 22:52:04 |
|  2 |      2 | 这是一条速报       | 2016-07-24 22:52:04 |
|  3 |      3 | 这是一条娱乐       | 2016-07-24 22:52:04 |
|  4 |      4 | 据说程序员涨工资了 | 2016-07-24 22:52:04 |
|  5 |      4 | 据说程序员涨工资没用| 2016-07-24 22:52:04 |
|  6 |      4 | 反正都是得上交的   | 2016-07-24 22:52:05 |
+----+--------+--------------------+---------------------+
6 rows in set (0.00 sec)
```

图 5-35　执行结果（二十三）

```
select * from mtype;
```

执行结果如图 5-36 所示。

```
mysql> select * from mtype;
+----+----------+----------------------+
| id | typename | typedes              |
+----+----------+----------------------+
|  1 | 新闻     | 每天都是新消息       |
|  2 | 速报     | 最小的长度,最大的信息量|
|  3 | 娱乐     | 每天海量消息         |
|  4 | 程序员   | 应该关注             |
+----+----------+----------------------+
4 rows in set (0.00 sec)
```

图 5-36　执行结果（二十四）

8. 删除测试

```
delete from mtype where typename='程序员';
```

执行结果如图 5-37 所示。

```
mysql> delete from mtype where typename='程序员';
Query OK, 1 row affected (0.15 sec)
```

图 5-37　执行结果（二十五）

9. 查看删除后的结果

select * from user_view;

执行结果如图 5-38 所示。

```
mysql> select * from user_view;
+----+----------+--------------+---------------------+
| id | typename | msg          | ctime               |
+----+----------+--------------+---------------------+
|  1 | 新闻     | 这是一条新闻 | 2016-07-24 22:52:04 |
|  2 | 速报     | 这是一条速报 | 2016-07-24 22:52:04 |
|  3 | 娱乐     | 这是一条娱乐 | 2016-07-24 22:52:04 |
+----+----------+--------------+---------------------+
3 rows in set (0.00 sec)
```

图 5-38　执行结果（二十六）

select * from message;

执行结果如图 5-39 所示。

```
mysql> select * from message;
+----+--------+--------------+---------------------+
| id | typeId | msg          | ctime               |
+----+--------+--------------+---------------------+
|  1 |      1 | 这是一条新闻 | 2016-07-24 22:52:04 |
|  2 |      2 | 这是一条速报 | 2016-07-24 22:52:04 |
|  3 |      3 | 这是一条娱乐 | 2016-07-24 22:52:04 |
+----+--------+--------------+---------------------+
3 rows in set (0.00 sec)
```

图 5-39　执行结果（二十七）

select * from mtype;

执行结果如图 5-40 所示。

```
mysql> select * from mtype;
+----+----------+------------------------+
| id | typename | typedes                |
+----+----------+------------------------+
|  1 | 新闻     | 每天都是新消息         |
|  2 | 速报     | 最小的长度,最大的信息量 |
|  3 | 娱乐     | 每天海量消息           |
+----+----------+------------------------+
3 rows in set (0.00 sec)
```

图 5-40　执行结果（二十八）

10. 案例小结

（1）在数据库设计过程中，出于某种需求的考虑，不得不把一些多对一关系或多对多关系设计为多个基本表，但是对于调用者来说，他们需要的数据是完整的，这样在选取数据的过程中就必须使用多表查询，SQL 语句会因此变得比较长，不利于维护，所以使用视图，将多表查询进行一定的逻辑封装，以便调用者调用。

（2）在多表操作（增、删、改）的过程中，为了保证数据完整性和正确性，一个表的操作可能需要多个表的数据都进行相应的变化，例如删除某个引用记录造成的被应用记录异常的问题，为了保证每次操作都完成一些必要的操作，可以使用触发器。

本章小结

本章首先介绍了数据库中视图的含义和作用，讲解了创建视图、查看视图、管理视图和使用视图的方法。创建视图和管理视图是重点，尤其是在创建视图和修改视图后，一定要查看视图的结构，以确保创建和修改的操作正确。接着介绍了触发器，以及对触发器的操作，主要包含触发器的创建、使用和删除。

实践与练习

一、选择题

1. 不可对视图执行的操作有（　　）。
   A．select 　　B．insert 　　C．delete 　　D．create index
2. 在 MySQL 中使用（　　）语句创建视图。
   A．describe 　　　　　　　　B．create view
   C．show table status 　　　　D．show create view
3. 在 MySQL 中使用（　　）语句删除视图。
   A．alter view 　　B．insert 　　C．drop view 　　D．update
4. 在 MySQL 中使用（　　）语句创建触发器。
   A．create trigger 　　　　　　B．show triggers
   C．show create trigger 　　　　D．drop trigger
5. 在 MySQL 中使用（　　）语句删除触发器。
   A．drop trigger 语句 　　　　　B．show triggers 语句
   C．show create trigger 语句 　　D．show drop trigger 语句
6. 在 MySQL 中，关于触发器，以下说法正确的是（　　）。
   A．可以对临时表创建触发器
   B．对 INFORMATION_SCHEMA 或 performance_schema 中的表，可以创建触发器
   C．对于 InnoDB 表，即使触发器中的语句执行失败，当触发操作是执行后执行语句时，作为触发条件的 SQL 也会成功执行
   D．对于同一个表，可以定义多个触发器
7. 在 MySQL 中，要查看事件的上次执行时间，可以通过以下哪个语句查询？（　　）
   A．SHOW EVENTS

B. SELECT EVENT_SCHEMA,EVENT_NAME,STATUS FROM INFORMATION_SCHEMA.EVENTS;

C. SHOW CREATE EVENT event_name;

D. SHOW EVENT event_name STATUS;

8. 在 MySQL 中，关于事件，以下语法错误的是（　　）。

   A. RENAME EVENT event_name TO new_event_name

   B. ALTER EVENT event_name RENAME TO new_event_name

   C. ALTER EVENT event_name ENABLE

   D. ALTER EVENT event_name ON COMPLETION PRESERVE

9. 在 MySQL 中，关于事件，以下说法错误的是（　　）。

   A. 事件创建后，只能执行一次

   B. 事件创建后，可以重复执行

   C. 可以在创建事件时，指定事件的执行时间

   D. 可以在创建事件时，指定事件的执行频率

10. 在 MySQL 中，关于触发器，以下说法正确的是（　　）。

    A. 触发器的触发条件是表中每行数据的更改

    B. 触发器的触发条件是每个执行的 SQL 语句

    C. 触发器不能调用存储过程

    D. 触发器只能对触发条件中的表进行操作

二、概念题

1. 简述视图与表的区别与联系有哪些。
2. 简述使用视图的优点。
3. 什么是触发器？
4. 如何定义、删除触发器？

三、操作题

1. 创建一个表 tb，其中只有一列 a，在表上创建一个触发器，每次执行插入操作时将使用户变量 count 值增加 1。

2. 在（1）的基础上，创建一个由 delete 触发多个执行语句的触发器 tb_delete，每次删除记录时，@count 记录删除记录的个数。

3. 定义一个 update 触发程序，用于检查更新每一行时将使用的新值，并更改其值，使之位于 0～100 内。（提示：它必须是 before 触发程序，因为需要将值用于更新行之前对其进行检查。）

实验指导：视图、触发器的创建与管理

实验目的和要求

- 理解视图、触发器的概念，以及触发器的类型。
- 理解触发器的功能及工作原理。
- 掌握创建、更改、删除视图以及触发器的方法。

- 掌握使用视图来访问数据的方法。
- 掌握使用触发器维护数据完整性的方法。

题目1 MySQL 视图

1．任务描述

在 job 数据库中，聘任人员信息 work_info 表结构见表 5-1。

表 5-1 work_info

字段名	字段描述	数据类型	主键	外键	非空	唯一	自增
name	姓名	varchar(20)	否	否	是	否	否
sex	性别	varchar(4)	否	否	是	否	否
age	年龄	int(4)	否	否	否	否	否
address	住址	varchar(50)	否	否	否	否	否
tel	联系电话	varchar(20)	否	否	否	否	否

表中联系数据如下：
（1）"张明"，"男"，"19"，"沈阳市皇姑区"，"1234567"。
（2）"李天"，"男"，"18"，"北京市朝阳区"，"2345678"。
（3）"张五"，"女"，"21"，"浙江省宁波市"，"3456789"。
（4）"王美"，"女"，"24"，"大连市金州区"，"4567890"。

2．任务要求

（1）创建视图 info_view，显示年龄大于 20 岁的聘任人员的 id、name、sex、address 信息。
（2）查看视图 info_view 的基本结构和详细信息。
（3）查看视图 info_view 的所有记录。
（4）修改视图 info_view，显示满足年龄小于 20 岁的聘任人员的 id、name、sex、address 信息。
（5）更新视图，将 id 号为 3 的聘任人员的性别由"女"改为"男"。
（6）删除 info_view 视图。

3．知识点提示

本任务主要用到以下知识点。
（1）视图的概念与定义。
（2）创建、查看、修改与更新视图的方法。
（3）删除视图的方法。

题目2 MySQL 触发器

1．任务描述

现定义产品信息 product 表，其主要信息有：产品编号、产品名称、主要功能、生产厂商、厂商地址。对 product 表进行数据操作时，需要采用 operate 表对操作的内容和时间进行记录。

2．任务要求

(1) 生成 product 表、operate 表。

(2) 在 product 表上分别创建 before insert、after update 和 after delete 触发器，并分别命名为 tproduct_bf_insert、tproduct_af_update、tproduct_af_del。

(3) 对 product 表分别执行 insert、update 和 delete 操作，分别查看 operate 表。

设插入的记录为：1，'abc'，'治疗感冒'，'哈尔滨 abc 制药厂'，'哈尔滨中央大街'。

设更新记录要求将产品编号为 1 的厂商住址改为"哈尔滨松北区"。

(4) 删除 tproduct_bf_insert 触发器。

3．知识点提示

本任务主要用到以下知识点。

(1) 触发器的概念与类型。

(2) 触发器的功能及工作原理。

(3) 创建、更改与删除触发器的方法。

第 6 章 事务管理

学习目标

- 了解事务机制的概念和作用。
- 掌握事务的提交和回滚。
- 掌握事务的四大特性：原子性、一致性、隔离性、持久性。
- 掌握如何解决多用户问题。
- 掌握脏读和幻读的解决方式。
- 运用事务的特性解决银行转账、取款等实际问题。

素养目标

- 授课知识点：
  - 事务具有原子性、一致性、隔离性、持久性四大特性。
  - 事务保证了数据的安全性，广泛应用于金融数据存储。
- 素养提升：可从数据库的事务管理出发，让学生理解与数据库相关的法律法规和知识产权知识，增强学生的法律意识和知识产权保护意识，为未来的工作和生活奠定良好的基础。
- 预期成效：培养学生运用事务的特性解决银行金融安全问题的能力。

现实生活中，要完成一项业务往往会包含一系列的数据库操作，这些操作共同影响着业务的实现结果。如果业务中的所有数据库操作都成功执行，则业务执行成功，否则整个业务就会失败。在数据库中把这些逻辑上相关的不可分割的工作单元看作一个事务，一个事务中的所有操作要么都执行，要么都不执行。数据库中的事务管理机制保证了数据的整体性和一致性。MySQL 是一个多用户并发处理系统，在同一时刻多个并发用户需要同时访问数据库中的同一个数据，事务并发控制解决了数据库的多用户访问问题。

6.1 事务机制概述

从 MySQL 4.1 版本开始支持事务，事务由作为一个单独单元的一个或多个 SQL 语句组成。这个单元中的每个 SQL 语句是互相依赖的，而且单元作为一个整体是不可分割的。如果单元中的任意一个语句不能完成，整个单元就会回滚（撤销），所有影响到的数据将返回到事务开始以前的状态。因此，只有事务中的所有语句都成功执行，这个事务才成功地执行。例如，银行交易、网上购物以及库存品控制系统中都需要使用事务。这些交易是否成功取决于交易中相互依赖的行为是否能够成功地执行，其中的任何一个行为失败都将取消整个事务，而使系统回到事务处理以前的状态。

在银行转账过程中，如果要把 1000 元从账号“123”转到账号“456”，则需要先后执行以下两条 SQL 命令：

```
update account set value=value+1000 where accountno=456;
update account set value=value-1000 where accountno=123;
```

如果账号“123”和账号“456”在转账前的余额都为 500，转账前两账户余额信息如图 6-1 所示。

```
mysql> use transaction_test;
Database changed
mysql> create table account(
    ->   accountno int primary key,
    ->   value int unsigned
    -> )engine=innodb;
Query OK, 0 rows affected (0.00 sec)

mysql> insert into account values(123,500);
Query OK, 1 row affected (0.00 sec)

mysql> insert into account values(456,500);
Query OK, 1 row affected (0.00 sec)

mysql> select * from account;
+-----------+-------+
| accountno | value |
+-----------+-------+
|       123 |   500 |
|       456 |   500 |
+-----------+-------+
2 rows in set (0.00 sec)
```

图 6-1　转账前两账户余额信息

当第一条 SQL 语句执行完后，账号“456”的余额为 1500。当第二条 SQL 语句执行时，由于余额不足 1000，所以 SQL 语句执行失败，账户余额应为 500。这样就产生了数据不一致问题，转账后两账户余额信息如图 6-2 所示。

```
mysql> update account set value=value+1000 where accountno=456;
Query OK, 1 row affected (0.01 sec)
Rows matched: 1  Changed: 1  Warnings: 0

mysql> update account set value=value-1000 where accountno=123;
ERROR 1264 (22003): Out of range value adjusted for column 'value' at row 1
mysql> select * from account;
+-----------+-------+
| accountno | value |
+-----------+-------+
|       123 |   500 |
|       456 |  1500 |
+-----------+-------+
2 rows in set (0.00 sec)
```

图 6-2　转账后两账户余额信息

如果将上面两条 update 语句绑定到一起形成一个事务，那么这两条 update 语句或者都执行，或者都不执行，从而避免了数据不一致问题。

6.2 事务的提交和回滚

在 MySQL 中，当一个会话开始时，系统变量 AUTOCOMMIT 值为 1，即自动提交功能是打开的。当任意一条 SQL 语句被发送到服务器时，MySQL 服务器会立即将其解析、执行并将更新结果提交到数据库文件中。因此在执行事务时要首先关闭 MySQL 的自动提交，使用命令"set autocommit=0;"可以关闭 MySQL 的自动提交。这样只有事务中的所有操作都成功执行后，才提交所有操作，否则回滚所有操作。

6.2.1 事务的提交

当 MySQL 关闭自动提交后，可以使用 COMMIT 命令来完成事务的提交。COMMIT 语句使得从事务开始以来所执行的所有数据会被修改成为数据库的永久组成部分，也标志着一个事务的结束。使用命令"start transaction;"可以开启一个事务，该命令开启事务的同时会隐式地关闭 MySQL 自动提交。在 MySQL 中，事务是不允许嵌套的。如果在第一个事务里使用 start transaction 命令后，当开始第二个事务时会自动提交第一个事务。下面的语句在运行时都会隐式地执行一个 commit 命令。

- set autocommit=1、rename table、truncate table；
- 数据定义语句：create、alter、drop；
- 权限管理和账户管理语句：grant、revoke、set password、create user、drop user、rename user；
- 锁语句：lock tables、unlock tables。

【例 6-1】 事务的提交。

（1）首先开启一个事务，在 account（账户）表中插入一条账户信息（111，500），然后用 commit 命令提交事务并显示。

（2）在 account 表中再插入一条账户信息（222，500）。

（3）使用 create 数据定义语句在当前数据库中创建一个新表 student，表中包括学号（studentid）、姓名（name）和性别（sex）三个字段。

（4）在 account 表中再插入一条账户信息（333，500），然后查询 account 表中所有账户信息。

（5）打开另一个 MySQL 客户机，选择当前数据库为 transaction_test，查询 account 表中所有账户信息。

（6）在当前客户机中使用 commit 命令提交事务并显示，然后分别在两个 MySQL 客户机中查询 account 表中所有账户信息。

SQL 语句为：

```
set autocommit=0;
insert into account values(111,500);
commit;
insert into account values(222,500);
create table student(
  studentid char(6) primary key,
  name varchar(10),
  sex char(2)
```

```
)engine=innodb;
insert into account values(333,500);
select * from account;
```

在当前客户机中 SQL 语句运行结果如图 6-3 所示。

图 6-3 在当前客户机中 SQL 语句运行结果

在上面的 SQL 语句执行过程中，首先使用命令"set autocommit=0;"关闭 MySQL 的自动提交。插入第一条记录后，使用 commit 命令完成事务的提交。插入第二条记录后，使用 create 命令创建数据表。由于 create 命令在执行时会隐式地执行 commit 命令，所以插入的第二条记录也会被提交。插入完第三条记录后，使用 select 语句查询到的是内存中的记录，所以在查询结果中可以看到新添加的三条记录。

在另一 MySQL 客户机中 account 表查询结果如图 6-4 所示。

图 6-4 在另一客户机中 account 表查询结果

由于"insert into account values(333,500);"语句并没有提交，所以(333,500)这个值并没有写到数据库文件中。当另一客户机执行查询时，看到的是外存数据库文件在服务器内存中的一个副本，所以只查询到两条添加记录。

当前客户机使用 commit 命令提交事务后，两个客户机看到的查询结果是相同的。当使用 commit 命令后，另一客户机的查询结果如图 6-5 所示。

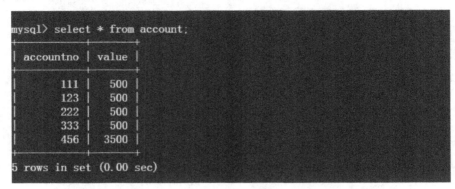

图 6-5　使用 commit 命令后在另一客户机中的查询结果

为了有效地提交事务，应尽可能使用显式提交方式，避免使用隐式提交方式。

6.2.2　事务的回滚

使用"rollback"命令可以完成事务的回滚，事务的回滚可以撤销未提交的事务所做的各种修改操作，并结束当前这个事务。

除了回滚整个事务外，有时仅仅希望撤销事务中的一部分更新操作，保存点则可以实现事务的"部分"回滚。使用 MySQL 命令"savepoint 保存点名;"可以在事务中设置一个保存点，使用"rollback to savepoint 保存点名;"命令可以将事务回滚到保存点状态。

【例 6-2】　事务的回滚。

（1）首先开启一个事务，在 account 表中插入一条账户信息(444，500)并查看。
（2）将其设置为保存点 p1。
（3）将账号为"444"的账户余额增加 1000 后并查看。
（4）回滚事务到保存点 p1。
（5）查看账号为"444"的账户余额。
（6）回滚整个事务。
（7）查看 account 表中记录情况。

SQL 语句为：

```
start transaction;
insert into account values(444,500);
select * from account where accountno=444;
savepoint p1;
update account set value=value+1000 where accountno=444;
select * from account where accountno=444;
rollback to savepoint p1;
select * from account where accountno=444;
```

```
rollback;
select * from account where accountno=444;
```

上面的 SQL 语句在执行时，在 account 表中插入账户"444"，并将账户"444"的余额增加 1000 后运行结果如图 6-6 所示。

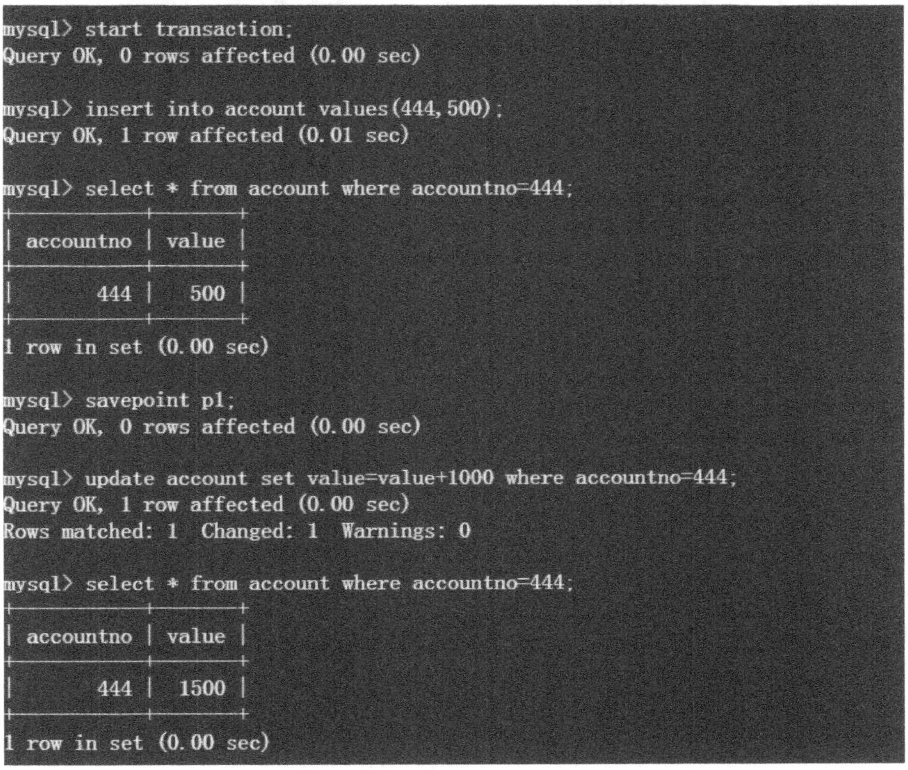

```
mysql> start transaction;
Query OK, 0 rows affected (0.00 sec)

mysql> insert into account values(444,500);
Query OK, 1 row affected (0.01 sec)

mysql> select * from account where accountno=444;
+-----------+-------+
| accountno | value |
+-----------+-------+
|       444 |   500 |
+-----------+-------+
1 row in set (0.00 sec)

mysql> savepoint p1;
Query OK, 0 rows affected (0.00 sec)

mysql> update account set value=value+1000 where accountno=444;
Query OK, 1 row affected (0.00 sec)
Rows matched: 1  Changed: 1  Warnings: 0

mysql> select * from account where accountno=444;
+-----------+-------+
| accountno | value |
+-----------+-------+
|       444 |  1500 |
+-----------+-------+
1 row in set (0.00 sec)
```

图 6-6　插入并修改记录

事务回滚命令"rollback to savepoint p1"会使事务回滚到保存点 p1，所以 update 命令会被撤销，事务部分回滚后的运行结果如图 6-7 所示。

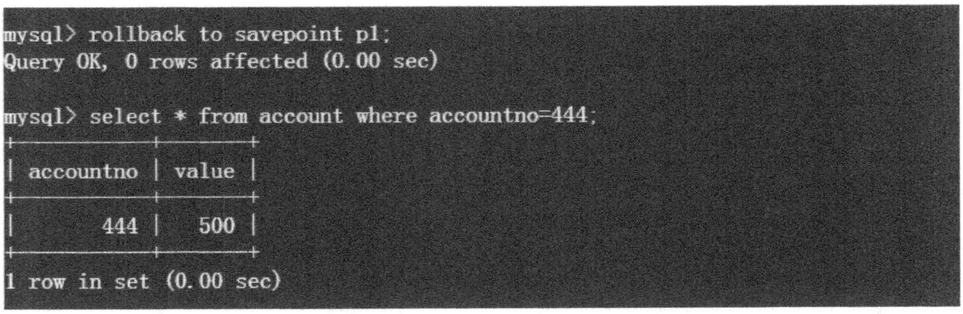

```
mysql> rollback to savepoint p1;
Query OK, 0 rows affected (0.00 sec)

mysql> select * from account where accountno=444;
+-----------+-------+
| accountno | value |
+-----------+-------+
|       444 |   500 |
+-----------+-------+
1 row in set (0.00 sec)
```

图 6-7　事务部分回滚

当使用 rollback 命令进行回滚后，事务中的全部操作都将会被撤销。在上面事务中包括 insert 和 update 两条更新操作，当回滚到保存点 p1 时撤销了 update 操作，当再次回滚时撤销了

insert 操作。整个事务回滚后的运行结果如图 6-8 所示。

```
mysql> rollback;
Query OK, 0 rows affected (0.01 sec)

mysql> select * from account where accountno=444;
Empty set (0.00 sec)
```

图 6-8 整个事务回滚

6.3 事务的四大特性和隔离级别

事务是一个单独的逻辑工作单元，事务中的所有更新操作要么都执行，要么都不执行。事务保证了一系列更新操作的原子性。如果事务与事务之间存在并发操作，则可以通过事务之间的隔离级别来实现事务的隔离，从而保证事务间数据的并发访问。

6.3.1 事务的四大特性

数据库中的事务具有 ACID 属性，即原子性（Atomicity）、一致性（Consistency）、隔离性（Isolation）和持久性（Durability）。

1. 原子性

原子性意味着每个事务都必须被认为是一个不可分割的单元，事务中的操作必须同时成功，事务才是成功的。如果事务中的任何一个操作失败，那么前面执行的操作都将回滚，以保证数据的整体性不受影响。

【例 6-3】 事务的原子性。

（1）首先开启一个事务，在 account 账户信息表中插入 2 条账户信息(555，500)和(666，500)，然后提交事务。

（2）再开启第二个事务，在 account 账户信息表中插入 2 条账户信息(777，500)和(888，-500)，然后回滚事务。

SQL 语句为：

```
start transaction;
insert into account values(555,500);
insert into account values(666,500);
commit;
start transaction;
insert into account values(777,500);
insert into account values(888,-500);
rollback;
select * from account;
```

第一个事务中两条插入的语句都成功执行后，提交该事务。第二个事务中，第一条插入语句执行成功，而第二条插入语句执行失败，所以回滚第二个事务。事务运行结果如图 6-9 所示。

```
mysql> start transaction;
Query OK, 0 rows affected (0.00 sec)

mysql> insert into account values(555,500);
Query OK, 1 row affected (0.00 sec)

mysql> insert into account values(666,500);
Query OK, 1 row affected (0.00 sec)

mysql> commit;
Query OK, 0 rows affected (0.01 sec)

mysql> start transaction;
Query OK, 0 rows affected (0.00 sec)

mysql> insert into account values(777,500);
Query OK, 1 row affected (0.00 sec)

mysql> insert into account values(888,-500);
ERROR 1264 (22003): Out of range value adjusted for column 'value' at row 1
mysql> rollback;
Query OK, 0 rows affected (0.00 sec)

mysql> select * from account;
+-----------+-------+
| accountno | value |
+-----------+-------+
|       111 |   500 |
|       123 |   500 |
|       222 |   500 |
|       333 |   500 |
|       456 |  3500 |
|       555 |   500 |
|       666 |   500 |
+-----------+-------+
7 rows in set (0.00 sec)
```

图 6-9　事务运行结果

2．一致性

事务的一致性保证了事务完成后，数据库能够处于一致性状态。如果事务执行过程中出现错误，那么数据库中将自动地回滚所有变化，回滚到另一种一致性状态。在 MySQL 中，一致性主要由 MySQL 的日志机制处理，它记录了数据库的所有变化，为事务恢复提供了跟踪记录。如果系统在事务处理中发生错误，MySQL 恢复过程将使用这些日志来发现事务是否已经完全成功地执行，是否需要返回。一致性保证了数据库从不返回一个未处理完的事务。

3．隔离性

事务的隔离性确保在多个事务并发访问数据时，各个事务不相互干扰。系统中的每个事务在自己的空间执行，并且事务的执行结果只有在事务执行完才能看到。即使系统中同时执行多个事务，事务在完全执行完之前，其他事务是看不到结果的。在多数事务系统中，可以使用页级锁定或行级锁定来隔离不同事务的执行。

【例 6-4】　事务的隔离性。

（1）第一个用户在事务中将账号为"111"的余额增加 500，但未提交该事务。第一个事务的运行结果如图 6-10 所示。

```
mysql> start transaction;
Query OK, 0 rows affected (0.00 sec)

mysql> update account set value=value+500 where accountno=111;
Query OK, 1 row affected (0.00 sec)
Rows matched: 1  Changed: 1  Warnings: 0
```

图 6-10　第一个事务执行 update 命令但未提交

（2）第二个用户也想将账号为"111"的余额增加 500，第二个事务的运行结果如图 6-11 所示。

```
mysql> use transaction_test;
Database changed
mysql> update account set value=value+500 where accountno=111;
```

图 6-11　第一个事务未提交时第二个事务需要等待

（3）当第一个事务使用 commit 命令提交后，第二个事务的运行结果如图 6-12 所示。

```
mysql> update account set value=value+500 where accountno=111;
Query OK, 1 row affected (7.53 sec)
Rows matched: 1  Changed: 1  Warnings: 0

mysql> select * from account where accountno=111;
+-----------+-------+
| accountno | value |
+-----------+-------+
|       111 |  1500 |
+-----------+-------+
1 row in set (0.00 sec)
```

图 6-12　第一个事务提交后第二个事务执行

事务的隔离性不允许多个事务同时修改相同的数据，所以第一个事务执行完 update 命令但未提交时第二个事务的 update 命令需要等待。当第一个事务提交后，第二个事务才会执行 update 命令。

4．持久性

事务的持久性意味着事务一旦提交，其改变会永久生效，不能再撤销。即使系统崩溃，一个提交的事务仍然存在。MySQL 通过保存所有行为的日志来保证数据的持久性，数据库日志记录了所有对表的更新操作。

6.3.2　事务的隔离级别

事务的隔离级别是事务并发控制的整体解决方案，综合利用各种类型的锁机制解决并发问题。每个事务都有一个隔离级别，它定义了事务彼此之间隔离和交互的程度。在 MySQL 中提供了 4 种隔离级别：read uncommitted（读取未提交的数据）、read committed（读取提交的数据）、repeatable read（可重复读）和 serializable（串行化）。其中，read uncommitted 的隔离级别最低，serializable 的隔离级别最高，4 种隔离级别逐渐增加。

1. read uncommitted（读取未提交的数据）

提供了事务之间的最小隔离程度，处于这个隔离级别的事务可以读到其他事务还没有提交的数据。

2. read committed（读取提交的数据）

处于这一级别的事务可以看见已经提交事务所做的改变，这一隔离级别要低于 repeatable read（可重复读）。

3. repeatable read（可重复读）

这是 MySQL 默认的事务隔离级别，它确保在同一事务内相的查询语句同执行结果总是相同的。

4. serializable（串行化）

这是最高级别的隔离，它强制事务排序，使事务一个接一个地顺序执行。

查看当前 MySQL 会话的事务隔离级别可以使用命令"select @@session.tx_isolation;"。查看 MySQL 服务实例全局事务隔离级别可以使用命令"select @@global.tx_isolation;"。

6.4 解决多用户使用问题

当用户对数据库并发访问时，为了确保事务完整性和数据库一致性，需要使用锁定，它是实现数据库并发控制的主要手段。锁定可以防止用户读取正在由其他用户更改的数据，并可以防止多个用户同时更改相同数据。事务的隔离级别则是对锁机制的封装，通过事务的隔离级别可以保证多事务并发访问数据。高级别的事务隔离可以有效地实现并发，但会降低事务并发访问的性能。低级别的事务隔离可以提高事务的并发访问性能，但可能导致并发事务中的脏读、不可重复读和幻读等问题。合理地设置事务的隔离级别，才能有效地避免上述并发问题。

6.4.1 脏读

一个事务可以读到另一个事务未提交的数据则为脏读。如果将事务的隔离级别设置为 read uncommitted，则可能出现脏读、不可重复读和幻读等问题。将事务的隔离级别设置为 read committed 则可以避免脏读，但可能出现不可重复读以及幻读等问题。

【例 6-5】 将事务的隔离级别设置为 read uncommitted 出现脏读。

（1）打开 MySQL 客户机 A，将当前 MySQL 会话的事务隔离级别设置为 read uncommitted。
（2）开启事务，查询账号为"111"的账户的余额。
（3）打开 MySQL 客户机 B，将当前 MySQL 会话的事务隔离级别设置为 read uncommitted。
（4）开启事务，将账号为"111"的账户余额增加 800。
（5）在 MySQL 客户机 A 中查看账号为"111"的账户余额。
（6）关闭 MySQL 客户机 A 和客户机 B 后，再查看账号为"111"的账户余额。

在 MySQL 客户机 A 中 SQL 语句为：

```
set session transaction isolation level read uncommitted;
start transaction;
select * from account where accountno=111;
```

上面 SQL 语句中"set session transaction isolation level read uncommitted;"的作用是将当前

MySQL 会话的事务隔离级别设置为 read uncommitted。在 MySQL 客户机 A 中第一次查询账号为"111"的账户余额为 1500，运行结果如图 6-13 所示。

```
mysql> set session transaction isolation level read uncommitted;
Query OK, 0 rows affected (0.00 sec)

mysql> start transaction;
Query OK, 0 rows affected (0.00 sec)

mysql> select * from account where accountno=111;
+-----------+-------+
| accountno | value |
+-----------+-------+
|       111 |  1500 |
+-----------+-------+
1 row in set (0.00 sec)
```

图 6-13　在 MySQL 客户机 A 中第一次查询账号为"111"的账户余额

在 MySQL 客户机 B 中 SQL 语句为：

```
set session transaction isolation level read uncommitted;
start transaction;
update account set value=value+800 where accountno=111;
```

在 MySQL 客户机 B 中将账号为"111"的账户余额增加 800，但并没有提交事务，运行结果如图 6-14 所示。

```
mysql> set session transaction isolation level read uncommitted;
Query OK, 0 rows affected (0.00 sec)

mysql> start transaction;
Query OK, 0 rows affected (0.00 sec)

mysql> update account set value=value+800 where accountno=111;
Query OK, 1 row affected (0.00 sec)
Rows matched: 1  Changed: 1  Warnings: 0
```

图 6-14　在 MySQL 客户机 B 中将账号为"111"的账户余额增加 800

在 MySQL 客户机 A 中再一次查询账号为"111"的账户余额时其值为 2300，运行结果如图 6-15 所示。从运行结果中可以看出，MySQL 客户机 A 读到了客户机 B 未提交的更新结果，造成脏读。

```
mysql> select * from account where accountno=111;
+-----------+-------+
| accountno | value |
+-----------+-------+
|       111 |  2300 |
+-----------+-------+
1 row in set (0.00 sec)
```

图 6-15　在 MySQL 客户机 A 中第二次查询账号为"111"的账户余额

由于 MySQL 客户机 B 中的事务并没有提交，当关闭 MySQL 客户机 A 与客户机 B 后再次查询账号为"111"的账户余额,其值并没有发生变化,仍为 1500,运行结果如图 6-16 所示。

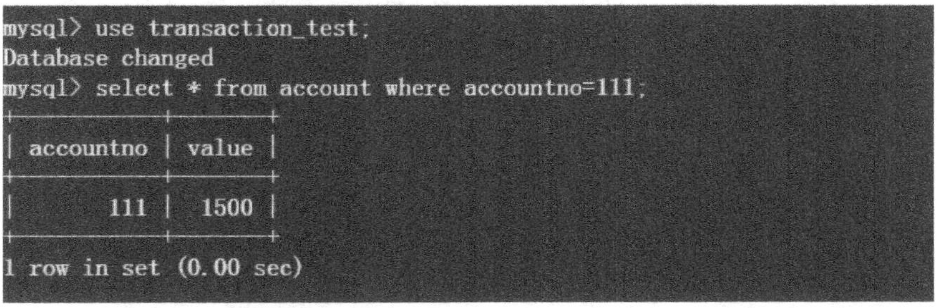

```
mysql> use transaction_test;
Database changed
mysql> select * from account where accountno=111;
+-----------+-------+
| accountno | value |
+-----------+-------+
|       111 |  1500 |
+-----------+-------+
1 row in set (0.00 sec)
```

图 6-16 关闭 MySQL 客户机 A 与客户机 B 后再次查询账号为"111"的账户余额

6.4.2 不可重复读

有时,在同一个事务中,两条相同的查询语句的查询结果不一致。当一个事务访问数据时,另一个事务对该数据进行修改并提交,导致第一个事务两次读到的数据不一样。当事务的隔离级别设置为 read committed 时可以避免脏读,但可能会出现不可重复读。将事务的隔离级别设置为 repeatable read,则可以避免脏读和不可重复读。

脏读是读取了其他事务未提交的数据,而不可重复读读到的是其他事务已经提交的数据。

【例 6-6】 将事务的隔离级别设置为 read committed 后出现不可重复读。

(1)对 MySQL 客户机 A 与客户机 B 使用语句"set session transaction isolation level read committed;",将它们的隔离级别都设置为 read committed。

(2)与例 6-5 相同,首先在 MySQL 客户机 A 中查询账号为"111"的账户余额。

(3)在 MySQL 客户机 B 中将账号为"111"的账户余额增加 800,未提交事务时在 MySQL 客户机 A 中查询账号为"111"的账户余额,对比是否出现脏读。

(4)MySQL 客户机 B 中提交事务后,在 MySQL 客户机 A 中查询账号为"111"的账户余额,对比是否出现不可重复读。

在 MySQL 客户机 B 中设置事务的隔离级别并在事务中修改账户余额,但未提交事务,运行结果如图 6-17 所示。

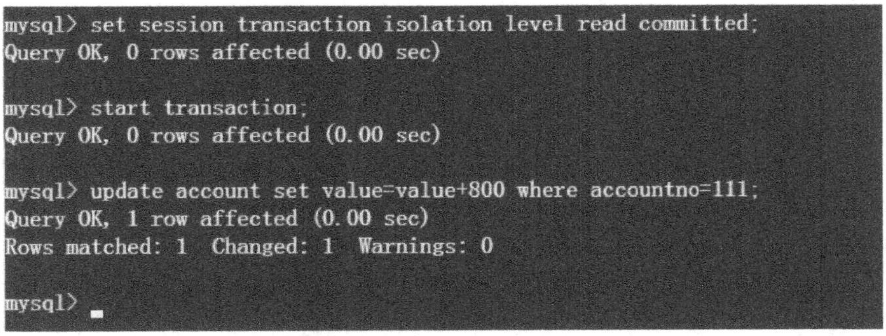

```
mysql> set session transaction isolation level read committed;
Query OK, 0 rows affected (0.00 sec)

mysql> start transaction;
Query OK, 0 rows affected (0.00 sec)

mysql> update account set value=value+800 where accountno=111;
Query OK, 1 row affected (0.00 sec)
Rows matched: 1  Changed: 1  Warnings: 0

mysql>
```

图 6-17 在 MySQL 客户机 B 中设置事务的隔离级别并在事务中修改账户余额但未提交事务

在 MySQL 客户机 A 中读取数据时,在客户机 B 中的事务开始前与开始后读到的数据相同,避免了脏读,运行结果如图 6-18 所示。

图 6-18 事务的隔离级别设置为 read committed 可以避免脏读

在 MySQL 客户机 B 中当使用 commit 命令提交事务时，在客户机 A 中再次读取数据时读到的是事务提交后的数据，从而造成不可重复读。在客户机 A 中读到的数据如图 6-19 所示。

图 6-19 事务的隔离级别设置为 read committed 后出现不可重复读

6.4.3 幻读

幻读是指当前事务读不到其他事务已经提交的修改。将事务的隔离级别设置为 repeatable read 可以避免脏读和不可重复读，但可能会出现幻读。将事务的隔离级别设置为 serializable，可以避免幻读。

【例 6-7】 将事务的隔离级别设置为 repeatable read 出现幻读。

（1）将 MySQL 客户机 A 与客户机 B 使用语句 "set session transaction isolation level repeatable read;"，将它们的隔离级别都设置为 repeatable read。

（2）在 MySQL 客户机 A 中开启事务并查询账号为"999"的账户信息。

（3）在 MySQL 客户机 B 中开启事务，插入一条账户信息(999,700)，然后提交事务。

（4）在 MySQL 客户机 A 中再次查账号为"999"的账户信息，判断是否可以避免不可重复读。

（5）在 MySQL 客户机 A 中插入账户信息(999,700)，并判断是否可以插入。

将 MySQL 客户机 A 与客户机 B 的隔离级别设置为 repeatable read 后，在客户机 A 中查询账号为"999"的账户信息。由于 account 表中不存在该账户信息，查询结果为空，运行结果如

图 6-20 所示。

```
mysql> set session transaction isolation level repeatable read;
Query OK, 0 rows affected (0.00 sec)

mysql> start transaction;
Query OK, 0 rows affected (0.00 sec)

mysql> select * from account where accountno=999;
Empty set (0.00 sec)
```

图 6-20　在客户机 A 中查询账号为"999"的账户信息

在 MySQL 客户机 B 中开启事务，插入一条账户信息(999,700)，然后提交事务，运行结果如图 6-21 所示。

```
mysql> start transaction;
Query OK, 0 rows affected (0.00 sec)

mysql> insert into account values(999,700);
Query OK, 1 row affected (0.00 sec)

mysql> commit;
Query OK, 0 rows affected (0.00 sec)
```

图 6-21　在客户机 B 中插入账户信息并提交事务

在 MySQL 客户机 A 中再次查询账号为"999"的账户信息，查询结果仍为空，避免了不可重复读，运行结果如图 6-22 所示。

```
mysql> select * from account where accountno=999;
Empty set (0.00 sec)

mysql> select * from account where accountno=999;
Empty set (0.00 sec)
```

图 6-22　将事务的隔离级别设置为可重复读可以避免不可重复读

在 MySQL 客户机 A 中插入账户信息(999,700)时出现错误，提示已经存在该账户信息。当事务的隔离级别为 repeatable read 时，可能出现幻读，运行结果如图 6-23 所示。

```
mysql> insert into account values(999,700);
ERROR 1062 (23000): Duplicate entry '999' for key 1
mysql>
```

图 6-23　将事务的隔离级别设置为可重复读可能出现幻读

6.5　案例：银行转账业务的事务处理

1．案例要求

在银行转账业务中，从汇款账号中减去指定金额，并将该金额添加到收款账号中。上面转账业务中的两条 update 语句是一个整体，如果其中任何一条 update 语句执行失败，则两条 update 语句都应该撤销，从而保证转账前后的总金额不变。使用事务机制和错误处理机制来完成银行的转账业务，从而保证数据的一致性。

2. 实现过程及 MySQL 代码

创建存储过程 banktransfer_proc，将 withdraw 账号的 money 金额转账到 deposit 账号中，从而完成银行转账业务。当事务中的 update 语句出现错误时则进行回滚，如果执行成功则提交事务。存储过程中的输出参数 state 则为状态值，当事务成功执行时 state 值为 1，否则值为-1。MySQL 代码如下：

```
delimiter $$
create procedure banktransfer_proc(in withdraw int, in deposit int, in money int, out state int)
    modifies sql data
    begin
    declare continue handler for 1264
    begin
      rollback;
      set state=-1;
    end;
    set state=1;
    start transaction;
    update account set value=value+money where accountno=deposit;
    update account set value=value-money where accountno=withdraw;
    commit;
    end
$$
delimiter;
```

3. 案例运行结果

在完成账户 "111" 与账户 "222" 之间转账前，首先查看两个账户的余额信息，如图 6-24 所示。

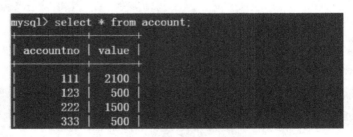

图 6-24 转账前两账户余额信息

当账户 "111" 向账户 "222" 转账 1000 元时，设置存储过程参数并调用存储过程，具体命令如下：

```
set @withdraw=111;
set @deposit=222;
set @money=1000;
set @state=0;
call banktransfer_proc(@withdraw, @deposit, @money, @state);
```

上面的转账过程成功执行，输出参数 state 值为 1，转账后参数 state 及两账户信息如图 6-25 所示。

```
mysql> select @state;
+--------+
| @state |
+--------+
|      1 |
+--------+
1 row in set (0.00 sec)

mysql> select * from account;
+-----------+-------+
| accountno | value |
+-----------+-------+
|       111 |  1100 |
|       123 |   500 |
|       222 |  2500 |
|       333 |   500 |
+-----------+-------+
```

图 6-25　转账成功后参数 state 及两账户信息

当账户"111"再次向账户"222"转账 2000 元时，设置存储过程参数并调用存储过程，具体命令如下：

```
set @withdraw=111;
set @deposit=222;
set @money=2000;
set @state=0;
call banktransfer_proc(@withdraw, @deposit, @money, @state);
```

由于账户"111"当前余额不足 2000，所以转账时发生错误。在处理错误时，将输出参数 state 设置为-1，并将事务进行回滚，回滚后两账户余额不发生变化。转账失败后参数 state 及两账户信息如图 6-26 所示。

```
mysql> select @state;
+--------+
| @state |
+--------+
|     -1 |
+--------+
1 row in set (0.00 sec)

mysql> select * from account;
+-----------+-------+
| accountno | value |
+-----------+-------+
|       111 |  1100 |
|       123 |   500 |
|       222 |  2500 |
|       333 |   500 |
+-----------+-------+
```

图 6-26　转账失败后参数 state 及两账户信息

本章小结

本章主要介绍了 MySQL 中的事务处理机制，主要包括：事务的提交和回滚、事务的四大特性以及使用隔离级别来解决用户对数据库并发访问时出现的问题。在 MySQL 中，当一个会话开始时，系统变量 AUTOCOMMIT 值为 1，即自动提交功能是打开的。因此在执行事务时要首先关闭 MySQL 的自动提交，使用命令"set autocommit=0;"可以关闭 MySQL 的自动提交。当 MySQL 关闭自动提交后，可以使用 COMMIT 命令来完成事务的提交。使用命令"start transaction;"可以开启一个事务，该命令开启事务的同时会隐式地关闭 MySQL 自动提交。使用 rollback 命令可以完成事务的回滚，事务的回滚可以撤销未提交的事务所做的各种修改操作，并结束当前这个事务。使用 MySQL 命令"savepoint 保存点名;"可以在事务中设置一个保存点，使用"rollback to savepoint 保存点名;"可以将事务回滚到保存点状态。数据库中的事务具有 ACID 属性，即原子性（Atomicity）、一致性（Consistency）、隔离性（Isolation）和持久性（Durability）。事务的隔离级别是综合利用各种类型的锁机制解决并发问题的整体解决方案，每个事务都有一个隔离级别，它定义了事务彼此之间隔离和交互的程度。

实践与练习

一、单选题

1. 事务的开始和结束命令分别是（ ）。
   A．start transaction，rollback   B．start transaction，commit
   C．start transaction，end   D．start transaction，break
2. 以下（ ）选项不是 SQL 规范提供的隔离级别。
   A．serializable   B．repeatable read
   C．read rollback   D．read uncommitted
3. 下面的控制事务自动提交命令正确的是（ ）。
   A．set autocommit=0;   B．set autocommit=1;
   C．select @@autocommit;   D．select @@tx_isolation;
4. MySQL 的默认隔离级别是（ ）。
   A．read uncommitted   B．read committed
   C．repeatable read   D．serializable
5. 下面选项中，（ ）选项不是事务的特性。
   A．原子性   B．一致性   C．隔离性   D．适时性
6. MySQL 中，用来开始一个新的事务的命令是（ ）。
   A．START TRANSACTION   B．COMMIT
   C．ROLLBACK   D．SAVEPOINT
7. 在 MySQL 中，以下（ ）命令用于提交当前事务。
   A．START TRANSACTION   B．COMMIT
   C．ROLLBACK   D．SET TRANSACTION
8. 脏读是指（ ）。
   A．读取到其他事务已经提交的数据
   B．读取到其他事务未提交的数据
   C．读取到错误的数据
   D．读取到不一致的数据

9. 在 MySQL 中，以下（　　）隔离级别可以防止脏读。
   A．READ UNCOMMITTED　　　　　B．READ COMMITTED
   C．REPEATABLE READ　　　　　　D．SERIALIZABLE
10. 如果一个事务在执行过程中被中断，可以使用以下（　　）命令来撤销事务中所做的所有更改。
    A．START TRANSACTION　　　　B．COMMIT
    C．ROLLBACK　　　　　　　　　　D．SAVEPOINT
11. 在 MySQL 中，以下（　　）命令用于设置保存点。
    A．START TRANSACTION　　　　B．COMMIT
    C．ROLLBACK　　　　　　　　　　D．SAVEPOINT
12. 以下关于 MySQL 事务的描述，（　　）是正确的。
    A．事务是一系列不可分割的数据库操作，要么全部执行，要么全部不执行
    B．事务中的操作可以随意中断，不影响其他操作
    C．事务中的每个操作都是独立的，互不影响
    D．事务只能包含单个 SQL 语句
13. 在 MySQL 中，以下（　　）隔离级别可以防止不可重复读和幻读。
    A．READ UNCOMMITTED　　　　　B．READ COMMITTED
    C．REPEATABLE READ　　　　　　D．SERIALIZABLE

二、简答题

1．事务的开启、回滚和提交命令是什么？
2．事务的四大特性及其含义是什么？
3．事务的隔离级别及其含义是什么？
4．什么是脏读、不可重复读和幻读？

实验指导：MySQL 中的事务管理

掌握 MySQL 中事务控制机制，事务中的所有语句都成功地执行，这个事务才成功地执行。只有事务中的所有操作都成功执行后，才提交所有操作，否则回滚所有操作。事务的隔离级别是综合利用各种类型的锁机制解决并发问题的整体解决方案，每个事务都有一个隔离级，它定义了事务彼此之间隔离和交互的程度。

实验目的和要求

- 掌握事务控制机制的原理。
- 掌握事务的提交和回滚的方法。

事务提交是指从事务开始以来所执行的所有数据被修改成为数据库的永久组成部分，也标志着一个事务的结束。事务的回滚可以撤销未提交的事务所做的各种修改操作，并结束当前这个事务。

题目　事务的提交和回滚

1．任务描述

在商品销售系统中完成顾客购买商品的过程。

2．任务要求

当顾客成功购买商品时，在商品销售表中增添销售记录并修改商品表中的库存量。

3．知识点提示

本任务主要用到以下知识点。

（1）事务的开启，使用命令"start transaction;"可以开启一个事务。

（2）事务的提交，可以使用 COMMIT 命令来完成事务的提交。

（3）事务的回滚，使用 rollback 命令可以完成事务的回滚。

4．操作步骤提示

（1）创建商品销售数据库 articlesale。

（2）在商品销售数据库 articlesale 中，创建商品表 article（商品编号、商品名称、单价、库存量）、顾客表 customer（顾客编号、顾客姓名、性别、年龄）、商品销售表 orderitem（顾客编号、商品编号、数量、日期）。

（3）在商品表 article 中插入两个商品信息：("00001","商品 1",34.56,200）和（"00002","商品 2",105.00,100）。

（4）在顾客表 customer 中插入两个顾客信息：("10001","顾客 1","男",20）和（"10002","顾客 2","女",34）。

（5）创建存储过程 articlesale_proc 用于实现商品的销售，当顾客成功购买时，在商品销售表中增添销售记录并修改商品表中的库存量，然后提交事务，否则回滚事务。

（6）调用存储过程 articlesale_proc 分别完成商品的成功与不成功销售的过程，并使用 select 语句进行验证。

第 7 章
MySQL 连接器 JDBC 和连接池

学习目标

- 掌握使用 JDBC 连接 MySQL 数据库的步骤。
- 掌握使用 JDBC 对数据库进行增、删、改、查操作的方法。
- 掌握使用 JDBC 实现批处理的方法。

素养目标

- 授课知识点：数据库开发工具及开发流程。
- 素养提升：问题分解、分步骤执行是面对复杂事物和解决复杂问题时常用的方法。
- 预期成效：从分步骤解题原理引出学生应合理规划自己的大学学习和生活。

JDBC 定义了一套使用 Java 操作数据库的规范，开发人员只需要使用这些规范中的类和接口，就可以通过使用标准的 SQL 语言来存取数据库中的数据。在 Web 应用中，有两种连接数据库的方法，一种是通过 JDBC 驱动程序直接连接数据库，另一种是通过连接池技术连接数据库。本章将结合网上书店系统数据库（相关表结构请参考第 2 章中相关内容）来介绍使用 JDBC 驱动程序和连接池技术连接数据库的方法。

7.1 JDBC 概述

JDBC（Java DataBase Connectivity，Java 数据库连接）是一种用于执行 SQL 语句的 Java API（Application Programming Interface，应用程序编程接口），可以为多种关系型数据库提供统一访问。JDBC 由一组用 Java 语言编写的类和接口组成，使用 JDBC 可以操作保存在不同的数据库管理系统中的数据，而与数据库管理系统中数据的存储格式无关。同时，由于 Java 语言的平台无关性，Java 和 JDBC 的结合可以使程序员不必为不同的数据库管理系统编写不同的应用程序，真正实现"一次编写，到处运行"。

Java 应用程序访问数据库的一般过程如图 7-1 所示。

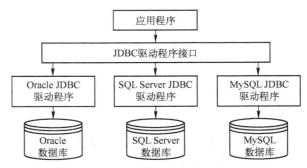

图 7-1 Java 应用程序访问数据库的一般过程

JDBC 的基本功能如下。

（1）建立与数据库的连接。

（2）向数据库发送 SQL 语句。

（3）处理从数据库返回的结果。

目前，主流的数据库系统如 Oracle、SQL Server、Sybase、Informix、MySQL 等都提供了相应的 JDBC 驱动程序，比较常见的 JDBC 驱动程序可分为以下 4 种类型。

（1）JDBC-ODBC 桥接驱动程序。JDBC-ODBC 桥接驱动程序就是把 JDBC 的调用映射到 ODBC 上，再由 ODBC 调用本地数据库驱动代码（本地数据库驱动代码是指由数据库厂商提供的数据库操作二进制代码库），这样 JDBC 就可以和任何可用的 ODBC 驱动程序进行交互。

（2）native-API，partly Java driver（本地 API 驱动程序）。本地 API 驱动程序是直接将 JDBC 调用转换为特定的数据库调用，而不经过 ODBC，执行效率比第一种类型的驱动程序高。这种方法也要求客户端的机器安装相应的二进制代码（即数据库厂商专有的 API）。

（3）JDBC-Net pure Java driver（JDBC 网络协议驱动程序）。JDBC 网络协议驱动程序将 JDBC 的调用转换为与 DBMS 无关的网络协议，然后再将这种协议通过网络服务器转换为 DBMS 协议，这种网络服务器中间件能够将纯 Java 客户端连接到多种数据库上，所使用的具体协议取决于提供者。这种类型的驱动程序不需要客户端的安装和管理，所以特别适用于具有中间件的分布式应用。

（4）native protocol，pure Java driver（本地协议驱动程序）。本地协议驱动程序将 JDBC 调用直接转换为 DBMS 所使用的网络协议，允许从客户端直接调用 DBMS 服务器。这种类型的驱动完全由 Java 实现，因此实现了平台的独立性。后面介绍的 JDBC 应用主要使用该类型的驱动程序。目前，大部分数据库厂商提供了对该类驱动程序的支持。

7.2 JDBC 连接过程

JDBC 是一种底层 API，不能直接访问数据库。想要通过 JDBC 来存取某一特定的数据库，必须依赖相应数据库厂商提供的 JDBC 驱动程序。JDBC 驱动程序是连接 JDBC API 与具体数据库之间的桥梁。

用户开发 JDBC 应用系统，首先需要下载相应的 JDBC 驱动包。本书以 64 位 Windows 10 操作系统为例，采用 JDK1.7+MyEclipse 6.6+Tomcat 6.0+MySQL8.2.0 作为开发与运行环境，JDBC 驱动包使用的是 5.0.8 版本，其文件名是 mysql-connector-java-5.0.8-bin.jar，读者可根据自己系统的要求下载相应的版本进行安装及配置。

对于普通的 Java 应用程序，只需要将下载的 JDBC 驱动包引入项目即可；而对于 Java Web

应用，通常将 JDBC 驱动包放置在项目的 WEB-INF/lib 目录下。

在 MyEclipse 6.6 中配置 MySQL 的 JDBC 驱动的步骤如下。

（1）右击 MyEclipse 项目 Ch07，在弹出的快捷菜单中选择 Build Path→Configure Build Path，打开项目配置界面，如图 7-2 所示。

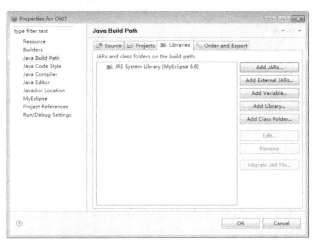

图 7-2　配置 Build Path

（2）在配置界面中，选择 Libraries 选项卡，单击 Add External JARs 按钮。找到 MySQL 的 JDBC 驱动包所在位置，选中 mysql-connector-java-5.0.8-bin.jar 文件，单击"打开"按钮，将 JDBC 驱动包添加到当前项目中，单击 OK 按钮即可，如图 7-3 所示。

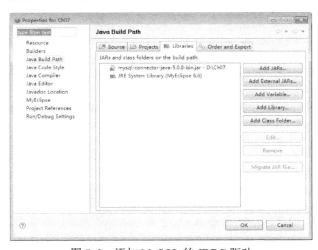

图 7-3　添加 MySQL 的 JDBC 驱动

利用 JDBC 连接 MySQL 数据库，一般要经过以下几个步骤。

（1）加载 JDBC 驱动程序。

（2）创建数据库连接。

（3）创建 Statement 对象。

（4）执行 SQL 语句。

（5）处理 SQL 语句的返回结果。

(6) 关闭连接。

1. 加载 JDBC 驱动程序

在连接 MySQL 数据库之前，必须加载相应的 JDBC 驱动程序。加载驱动程序的方法是使用 java.lang.Class 类的静态方法 forName(String className)，该方法调用如下。

```
Class.forName("com.mysql.jdbc.Driver");
```

若加载成功，系统会将加载的驱动程序注册到 DriverManager 类中。如果加载失败，将抛出 ClassNotFoundException 异常，即未找到指定的驱动类。加载 MySQL 驱动程序的完整代码如下。

```
try {
    Class.forName("com.mysql.jdbc.Driver");  //加载 JDBC 驱动程序
} catch (ClassNotFoundException ex) {
    System.out.println("加载数据库驱动时抛出异常!");
    ex.printStackTrace();
}
```

需要注意的是，通常将加载驱动程序的代码放在静态（static）程序块中，以实现仅当 DriverManager 类第一次被加载时才加载数据库驱动程序，避免重复加载驱动程序。

2. 创建数据库连接

Connection 接口代表与数据库的连接。只有建立了连接，用户程序才能操作数据库。一个应用程序可与单个数据库有一个或多个连接，也可以与多个数据库有连接。与数据库建立连接的方法是调用 DriverManager 类的 getConnection()方法。DriverManager 类是 java.sql 包中用于数据库驱动程序管理的类，作用于用户和驱动程序之间。DriverManager 类负责跟踪可用的驱动程序，并在数据库和相应驱动程序之间建立连接。

getConnection()方法的返回值类型为 java.sql.Connection。如果连接数据库失败，将抛出 SQLException 异常，其方法调用如下。

```
Connection conn= DriverManager.getConnection(String url, String userName, String password);
```

依次指定待连接数据库的路径、用户名及密码，即可创建数据库连接对象。若要连接 BookStore 数据库，则连接数据库路径的写法如下：

```
jdbc:mysql://localhost:3306/bookstore
```

也可以采用带数据库数据编码格式的方式，写法如下。

```
jdbc:mysql://localhost:3306/bookstore?useUnicode=true&characterEncoding=gb2312
```

使用用户名 root、密码 123456 连接 BookStore 数据库的完整代码如下。

```
try {
    String url ="jdbc:mysql://localhost:3306/bookstore";
    String user="root";                    //访问数据库的用户名
    String password="123456";              //访问数据库的密码
    Connection conn= DriverManager.getConnection(url,user,password);
    System.out.println("连接数据库成功! ");
} catch (SQLException ex) {
    System.out.println("连接数据库失败! ");
    ex.printStackTrace();
}
```

3. 创建 Statement 对象

连接数据库后，想要执行 SQL 语句，必须创建一个 Statement 对象，可以使用 Connection 接口的不同方法来创建不同的 Statement 对象。

（1）创建 Statement 对象

利用 Connection 接口的 createStatement()方法可以创建一个 Statement 对象，用来执行静态的 SQL 语句。假设已经创建了数据库连接对象 conn，那么创建 Statement 对象 stmt 的代码如下：

```
Statement stmt=conn.createStatement();        //conn 为数据库连接对象
```

提示：createStatement()方法是无参方法。

（2）创建 PreparedStatement 对象

利用 Connection 接口的 prepareStatement(String sql)方法可以创建一个 PreparedStatement 对象，用来执行动态的 SQL 语句。动态 SQL 语句具有一个或多个输入参数，输入参数的值在 SQL 语句创建时并未被指定，而是为每个输入参数保留一个问号"?"作为占位符。假设已经创建了数据库连接对象 conn，创建 PreparedStatement 对象 pstmt 的代码如下：

```
String sql = "select * from users where u_id>? and u_sex=?";
PreparedStatement pstmt = conn.prepareStatement(sql);
```

在执行该 SQL 语句前，需要对每个输入参数进行设置，设置参数的语法格式如下：

```
pstmt.setXxx(position,value);
```

其中，Xxx 代表不同的数据类型，position 为输入参数在 SQL 语句中的位置，value 为要设置的值。若设置参数 u_id 的值为 3，u_sex 的值为"女"，则代码如下：

```
pstmt.setInt(1,3);
pstmt.setString(2,"女");
```

提示：由于 PreparedStatement 对象已经预编译过，所以其执行速度要快于 Statement 对象。因此，需要多次执行的 SQL 语句经常创建为 PreparedStatement 对象，以提高效率。

4. 执行 SQL 语句

创建 Statement 对象后，就可以利用该对象的相应方法来执行 SQL 语句，实现对数据库的具体操作。Statement 对象的常用方法有 executeQuery()、executeUpdate()等。

- ResultSet executeQuery(String sql)方法：该方法用于执行产生单个结果集的 SQL 语句，如 SELECT 语句。该方法返回一个 ResultSet 对象。
- int executeUpdate(String sql)方法：该方法用于执行 INSERT、UPDATE 或 DELETE 语句以及 SQL DDL（数据定义语言）语句。该方法的返回值是一个整数，表示受影响的行数。对于 CREATE TABLE 或 DROP TABLE 等不操作数据行的语句，返回值为 0。

假设已经创建了 Statement 对象 stmt，查询 users 表中的所有记录，并将查询结果保存到 ResultSet 对象 rs 中，则代码如下：

```
String sql = "select * from users";
ResultSet rs= stmt.executeQuery(sql);
```

若要删除 users 表中 u_id 为 7 的记录，则代码如下：

```
String sql = "delete from users where u_id=7";
int rows= stmt.executeUpdate(sql);
```

PreparedStatement 对象也可以调用 executeQuery()和 executeUpdate()两个方法，但都不需要带参数，因为在建立 PreparedStatement 对象时已经指定了 SQL 语句。若要删除 users 表中 u_id 为 7 的记录，则代码如下：

```
String sql = "delete from users where u_id=?";
PreparedStatement pstmt = conn.prepareStatement(sql);
pstmt.setInt(1,7);
int rows= pstmt.executeUpdate ();
```

5．处理 SQL 语句的返回结果

使用 Statement 对象的 executeQuery()方法执行一条 SELECT 语句后，会返回一个 ResultSet 对象。ResultSet 对象保存查询的结果集，调用 ResultSet 对象的相应方法就可以对结果集中的数据行进行处理。

ResultSet 对象的常用方法如下：
- boolean next()：ResultSet 对象具有指向当前数据行的指针，指针最初指向第一行之前，使用 next()方法可以将指针移动到下一行。如果没有下一行，则返回 false。
- getXxx(列名或列索引)：该方法可获取所在行指定列的值。其中，Xxx 指的是列的数据类型，若列为 String 型，则对应方法为 getString，若列为 int 型，则对应方法为 getInt 等。若使用列名作为参数，则 getString("name")，表示获取当前行列名为"name"的列值。列索引值从 1 开始编号，如第 2 列对应的索引值为 2。

ResultSet 对象由 Statement 对象创建，若要获取 users 表中第一条记录的基本信息，代码如下：

```
String sql = "select * from users";
ResultSet rs=stmt. executeQuery(sql);
rs.next();
int u_id=rs.getInt(1);                    //或 int u_id=rs.getInt("u_id");
String u_name=rs.getString(2);            //或 String u_name=rs.getString("u_name");
String u_sex=rs.getString("u_sex");       //或 String u_sex=rs.getString(4);
```

6．关闭连接

连接数据库过程中创建的 Connection 对象、Statement 对象和 ResultSet 对象，都占用一定的 JDBC 资源。当完成对数据库的访问之后，应及时关闭这些对象，以释放所占用的资源。这些对象都提供了 close()方法，关闭对象的次序与创建对象的次序相反，因此关闭对象的代码如下：

```
rs.close();
stmt.close();
conn.close();
```

【例 7-1】 下面通过一个完整的例子来说明 JDBC 连接数据库的过程。通过 SQL 语句获取 users 表中所有用户的基本信息，并输出到 Java 控制台，其 Java 代码如下：

```java
import java.sql.*;            //导入包
public class Example7_1{
    public static void main(String arg[]){
    Connection conn = null;
    Statement stmt = null;
    ResultSet rs = null;
    try {
            Class.forName("com.mysql.jdbc.Driver");
```

```
        }catch(ClassNotFoundException e){
            System.out.println("加载数据库驱动时抛出异常！");
            e.printStackTrace();
        }
        try {
            String url="jdbc:mysql://localhost:3306/bookstore";
            String user="root";
            String password="123456";
            conn = DriverManager.getConnection(url,user,password);
            stmt = conn.createStatement();
            String sql = "select u_id,u_name,u_sex from users";
            rs = stmt.executeQuery(sql);
            int id;
            String name,sex;
            while(rs.next()){
                id = rs.getInt(1);
                name = rs.getString(2);
                sex = rs.getString(3);
                System.out.println(id + ", " +name + ", "+sex);
            }
            rs.close();
            stmt.close();
            conn.close();
        } catch (SQLException ex) {
            ex.printStackTrace();
        }
    }
}
```

7.3 JDBC 对象的数据库操作

在项目开发过程中，需要经常对数据库进行操作，常用的基本操作有增加、修改、删除和查询。下面以用户表 users 为例，介绍数据库的增、删、改、查功能。

7.3.1 增加数据

在数据库操作中，增加数据是最常用的操作之一，使用 INSERT 命令可以向表中添加一条新记录。

JDBC 提供了两种实现增加数据的操作方法，一种是使用 Statement 对象提供的带参数的 executeUpdate()方法，另一种是通过 PreparedStatement 对象提供的无参数的 executeUpdate() 方法。

【例 7-2】 下面分别介绍两种向 users 表中增加数据的方法。以用户名为 zhangping、密码为 123456 为例，代码分别如下。

方法一：
```
import java.sql.*;
public class Example7_2_1{
    public static void main(String arg[]){
        try {
            Class.forName("com.mysql.jdbc.Driver");
```

```
            }catch(ClassNotFoundException e){
                System.out.println("加载数据库驱动时抛出异常！");
                e.printStackTrace();
            }
        try {
            String url="jdbc:mysql://localhost:3306/bookstore";
            String user="root";
            String password="123456";
            Connection conn = DriverManager.getConnection(url,user,password);
            Statement stmt = conn.createStatement();
            String sql = "insert into users(u_name,u_pwd) values('zhangping1','123456')";
            int temp = stmt.executeUpdate(sql);
            if(temp!=0){
                System.out.println("记录添加成功！");
            }
            else{
                System.out.println("记录添加失败！");
            }
             stmt.close();
             conn.close();
            } catch (SQLException ex) {
                ex.printStackTrace();
            }
        }
    }
```

方法二：

```
import java.sql.*;
public class Example7_2_2{
    public static void main(String arg[]){
        try {
                Class.forName("com.mysql.jdbc.Driver");
            }catch(ClassNotFoundException e){
                System.out.println("加载数据库驱动时抛出异常！");
                e.printStackTrace();
            }
        try {
            String url="jdbc:mysql://localhost:3306/bookstore";
            String user="root";
            String password="123456";
            Connection conn = DriverManager.getConnection(url,user,password);
            String sql="insert into users(u_name,u_pwd) values(?,?)";
            PreparedStatement pstmt = conn.prepareStatement(sql);
            pstmt.setString(1,"zhangping2");
            pstmt.setString(2,"123456");
            int temp=pstmt.executeUpdate();
            if(temp!=0){
                System.out.println("记录添加成功！");
            }
            else{
                System.out.println("记录添加失败！");
            }
```

```
            pstmt.close();
            conn.close();
        } catch (SQLException ex) {
            ex.printStackTrace();
        }
    }
}
```

7.3.2 修改数据

JDBC 也提供了两种修改数据库中已有数据的方法，同实现数据操作的方法基本相同，所不同的是使用 UPDATE 命令来实现更新操作。

使用 Statement 对象实现修改 users 表中用户名为 zhangping 的用户信息，将其密码修改为 654321，其关键代码如下：

```
……
Statement stmt = conn.createStatement();
String sql = "update users set u_pwd='654321' where u_name='zhangping'";
int temp = stmt.executeUpdate(sql);
……
```

使用 PreparedStatement 对象实现修改 users 表中用户名为 zhangping1 的用户信息，将其密码修改为 654321，其关键代码如下：

```
……
String sql = "update users set u_pwd=? where u_name=?";
PreparedStatement pstmt = conn.prepareStatement(sql);
pstmt.setString(1, "654321");
pstmt.setString(2, "zhangping1");
int temp =pstmt.executeUpdate();
……
```

7.3.3 删除数据

实现删除数据库中已有记录的方式也有两种，同增加和修改数据操作的方法基本相同，所不同的是删除数据使用 DELETE 命令。

使用 Statement 对象实现删除 users 表中用户名为 zhangping 的用户信息，其关键代码如下：

```
……
Statement stmt = conn.createStatement();
String sql = "delete from users where u_name='zhangping'";
int temp = stmt.executeUpdate(sql);
……
```

使用 PreparedStatement 对象实现删除 users 表中用户名为 zhangping1 的用户信息，其关键代码如下：

```
……
String sql = "delete from users where u_name=?";
PreparedStatement pstmt = conn.prepareStatement(sql);
pstmt.setString(1, "zhangping1");
int temp =pstmt.executeUpdate();
……
```

7.3.4 查询数据

JDBC 同样提供了两种查询数据的方法，一种是使用 Statement 对象提供的带参数的 executeQuery()方法，另一种是通过 PreparedStatement 对象提供的无参数的 executeQuery()方法。使用 SELECT 命令实现对数据的查询操作，查询的结果集使用 ResultSet 对象保存。

【例 7-3】 使用 Statement 对象实现查询 users 表中性别为"女"的用户基本信息，其代码如下：

```java
import java.sql.*;
public class Example7_3{
    public static void main(String arg[]){
        try {
            Class.forName("com.mysql.jdbc.Driver");
        }catch(ClassNotFoundException e){
            System.out.println("加载数据库驱动时抛出异常！");
            e.printStackTrace();
        }
        try {
            String url="jdbc:mysql://localhost:3306/bookstore";
            String user="root";
            String password="123456";
            Connection conn = DriverManager.getConnection(url,user,password);
            Statement stmt = conn.createStatement();
            String sql = "select * from users where u_sex='女'";
            ResultSet rs = stmt.executeQuery(sql);
            int id;
            String name,sex,phone;
            System.out.println("id" + " | " +"name" + " | "+"sex"+ " | "+"phone");
            while(rs.next()){
                id = rs.getInt(1);
                name = rs.getString(2);
                sex = rs.getString(4);
                phone=rs.getString(5);
                System.out.println(id + " | " +name + " | "+sex+ " | "+phone);
            }
            rs.close();
            stmt.close();
            conn.close();
        } catch (SQLException ex) {
            ex.printStackTrace();
        }
    }
}
```

使用 PreparedStatement 对象实现查询 users 表中用户号（u_id）为 1 的用户基本信息，其关键代码如下：

```java
……
String sql = " select * from users where u_id=?";
PreparedStatement pstmt  = conn.prepareStatement(sql);
pstmt.setString(1, 1);
ResultSet rs =pstmt.executeQuery();
……
```

7.3.5 批处理

当需要向数据库发送一批 SQL 语句来执行时，应避免向数据库逐条发送 SQL 语句来执行，而应采用 JDBC 的批处理机制，以提高执行效率。

JDBC 使用 Statement 对象和 PreparedStatement 对象的相应方法实现批处理，其实现步骤如下。

（1）使用 addBatch(sql)方法，将需要执行的 SQL 命令添加到批处理中。但 JDBC 在批处理过程中，不支持数据查询，因此不可以使用 SELECT 命令，否则会抛出异常。

（2）使用 executeBatch()方法，执行批处理命令。

（3）使用 clearBatch()方法，清空批处理队列。

使用 JDBC 实现批处理有三种方法：
- 批量执行静态的 SQL；
- 批量执行动态的 SQL；
- 批量执行混合模式的 SQL。

1. 批量执行静态 SQL

使用 Statement 对象的 addBatch()方法可以批量执行静态 SQL。

【例 7-4】 使用 Statement 对象实现 SQL 批处理，对用户表 users 执行多条 SQL 命令，其代码如下：

```java
import java.sql.*;
public class Example7_4{
public static void main(String arg[]){
        try {
            Class.forName("com.mysql.jdbc.Driver");
        }catch(ClassNotFoundException e){
            System.out.println("加载数据库驱动时抛出异常！");
            e.printStackTrace();
        }
        try {
            String url="jdbc:mysql://localhost:3306/bookstore";
            String user="root";
            String password="123456";
            Connection conn = DriverManager.getConnection(url,user,password);
            Statement stmt = conn.createStatement();
            //连续添加多条静态 SQL
            stmt.addBatch("insert into users(u_name,u_pwd) values ('user1', '000000')");
            stmt.addBatch("insert into users(u_name,u_pwd) values ('user2', '000000')");
            stmt.addBatch("update users set u_pwd='000000' where u_name='linli'");
            stmt.addBatch("delete from users where u_name='zhangh'");
            //批量执行 SQL
            stmt.executeBatch();
            stmt.close();
            conn.close();
        } catch (SQLException ex) {
            ex.printStackTrace();
        }
}
}
```

批量执行静态 SQL 的优点是可以向数据库发送多条不同的 SQL 语句；缺点是 SQL 语句没有预编译，执行效率较低，并且当向数据库发送多条语句相同、参数不同的 SQL 语句时，需重复使用多条相同的 SQL 语句，如上例中的两条 INSERT 命令。

2. 批量执行动态 SQL

批量执行动态 SQL，需要使用 PreparedStatement 对象的 addBatch()方法来实现批处理。

【例 7-5】 使用 PreparedStatement 对象实现 SQL 批处理，对用户表 users 执行多条 SQL 命令，其代码如下：

```java
import java.sql.*;
public class Example7_5{
    public static void main(String arg[]){
        try {
            Class.forName("com.mysql.jdbc.Driver");
        }catch(ClassNotFoundException e){
            System.out.println("加载数据库驱动时抛出异常！");
            e.printStackTrace();
        }
        try {
            String url="jdbc:mysql://localhost:3306/bookstore";
            String user="root";
            String password="123456";
            Connection conn = DriverManager.getConnection(url,user,password);
            String sql = "insert into users(u_name,u_pwd) values(?,?)";
            PreparedStatement pstmt = conn.prepareStatement(sql);
            pstmt.setString(1,"user3");
            pstmt.setString(2,"000000");
            pstmt.addBatch();
            pstmt.setString(1,"user4");
            pstmt.setString(2,"000000");
            pstmt.addBatch();
            pstmt.executeBatch();
            pstmt.close();
            conn.close();
        } catch (SQLException ex) {
            ex.printStackTrace();
        }
    }
}
```

批量执行动态的 SQL 的优点是发送的是预编译后的 SQL 语句，执行效率高，其缺点是只能应用在 SQL 语句相同、参数不同的批处理中。因此此种形式的批处理经常用于在同一个表中，以批量更新表中的数据。

3. 批量执行混合模式的 SQL

使用 PreparedStatement 对象的 addBatch()方法还可以实现混合模式的批处理，既可以批量执行动态 SQL，同时也可以批量执行静态 SQL。

【例 7-6】 使用 PreparedStatement 对象实现混合模式的 SQL 批处理，对用户表 users 执行多条 SQL 命令，其代码如下：

```java
import java.sql.*;
```

```java
public class Example7_6{
    public static void main(String arg[]){
        try {
            Class.forName("com.mysql.jdbc.Driver");
        }catch(ClassNotFoundException e){
            System.out.println("加载数据库驱动时抛出异常！");
            e.printStackTrace();
        }
        try {
            String url="jdbc:mysql://localhost:3306/bookstore";
            String user="root";
            String password="123456";
            Connection conn = DriverManager.getConnection(url,user,password);
            String sql = "insert into users(u_name,u_pwd) values(?,?)";
            PreparedStatement pstmt  = conn.prepareStatement(sql);
            //添加动态 SQL
            pstmt.setString(1,"user5");
            pstmt.setString(2,"000000");
            pstmt.addBatch();
            pstmt.setString(1,"user6");
            pstmt.setString(2,"000000");
            pstmt.addBatch();
            //添加静态 SQL
         pstmt.addBatch("update users set u_pwd = '111111' where u_name='user1'");
            pstmt.executeBatch();
            pstmt.close();
            conn.close();
        } catch (SQLException ex) {
            ex.printStackTrace();
        }
    }
}
```

7.4 开源连接池

在项目开发过程中，当对数据库的访问不是很频繁时，可以在每次访问数据库时建立一个连接，用完之后关闭连接。但是，对于一个复杂的数据库应用，频繁地建立、关闭连接，会极大地降低系统性能，导致数据处理速度成为系统的瓶颈。这时可以使用数据库连接池来达到连接资源的共享，使得数据库的连接可以更高效、安全地复用。

数据库连接池的基本思想就是为数据库连接建立一个"缓冲池"，预先在"缓冲池"中放入一定数量的连接。当需要建立数据库连接时，只需从"缓冲池"中取出一个，使用完毕再放回去。连接池的最大连接数限定了这个连接池所能使用的连接数上限，当应用程序向连接池请求的连接数超过最大连接数量时，这些请求将被加入到等待队列中。通过连接池的管理机制可以监视数据库连接的数量、使用情况，为系统开发、测试及性能调整提供依据。

数据源（Data Source）是目前 Web 开发中获取数据库连接的首选方法。这种方法是首先创建一个数据源对象，由数据源对象事先建立若干连接对象，通过连接池管理这些连接对象。数据源是通过 JDBC 2.0 提供的 javax.sql.DataSource 接口实现的，通过它可以获得数据库连接，是对 DriverManager 工具的一个替代。通过数据源获得数据库连接对象需要使用 JNDI（Java Naming and Directory Interface，Java 命名与目录接口）技术来获得数据源对象的引用。JNDI 是一种将名称和对象绑定的技术，对象工厂负责创建对象，这些对象都和唯一的名称绑定，应用程序可以通过名称来获得某个对象的访问。

在 javax.naming 包中提供了 Context 接口，该接口提供了将名称和对象绑定、通过名称查找对象的方法。

通过连接池技术访问数据库，需要在 Web 服务器下配置数据库连接池，下面以 MySQL 数据库为例介绍在 Tomcat 服务器下配置数据库连接池的方法。

（1）将 MySQL 数据库的 JDBC 驱动程序包复制到 Tomcat 安装路径下的 lib 文件夹中。

（2）配置数据源。配置 Tomcat 根目录下 conf 文件夹中的文件 context.xml，代码如下。

```xml
<Context>
    <Resource name="jdbc/datasource" auth="Container" type="javax.sql.DataSource"
driverClassName="com.mysql.jdbc.Driver"  url="jdbc:mysql://localhost:3306/bookstore"
username="root" password="123456" maxActive="8"  maxIdle="4"  maxWait="6000"/>
</Context>
```

<Resource>节点参数说明如下。

- name：设置数据源的 JNDI 名称。
- auth：设置数据源的管理者，属性值为 Container 或 Application。Container 表示由容器来创建或管理数据源，Application 表示由 Web 应用来创建和管理数据源。
- type：设置数据源的类型。
- driverClassName：设置连接数据库的 JDBC 驱动程序。
- url：设置连接数据库的路径。
- username：设置连接数据库的用户名。
- password：设置连接数据库的密码。
- maxActive：设置连接池中处于活动状态的最大连接数目，0 表示不受限制。
- maxIdle：设置连接池中处于空闲状态的最大连接数目，0 表示不受限制。
- maxWait：当连接池中没有处于空闲状态的连接时，设置连接请求的最长等待时间（单位为 ms），如果超出该时间将抛出异常，-1 表示无限期等待。

（3）在应用程序中使用数据源。配置数据源后，就可以使用 javax.naming.Context 接口的 lookup()方法来查找 JNDI 数据源。

【例 7-7】 创建 Example7_7.jsp 文件，应用连接池技术访问数据库 bookstore，并在浏览器中显示用户表 users 中的全部数据，其代码如下：

```jsp
<%@ page language="java" contentType="text/html; charset=UTF-8" pageEncoding=
"UTF-8"%>
<%@ page import="java.sql.*" %>
<%@ page import="javax.sql.*" %>
<%@ page import="javax.naming.*" %>
<!DOCTYPE html PUBLIC "-//W3C//DTD HTML 4.01 Transitional//EN" "http://www.w3.
org/TR/html4/loose.dtd">
<html>
<head>
<meta http-equiv="Content-Type" content="text/html; charset=UTF-8">
<title>MySQL 连接池应用</title>
</head>
```

```
<body>
<%
try {
    Context initCtx = new InitialContext();   //创建 Context 对象 initCtx
    DataSource ds = (DataSource)initCtx.lookup("java:comp/env/jdbc/datasource");
//查找名为 jdbc/datasource 的数据源对象
    Connection conn = ds.getConnection();   //从数据源中取出一个连接对象
    Statement statement = conn.createStatement();
    ResultSet rs = statement.executeQuery("select * from users");
    int userid;
    String name,password;
    while (rs.next()) {
        userid = rs.getInt(1);
        name = rs.getString(2);
        password = rs.getString(3);
        out.println(userid + ", " +name + ", "+password+"<br/>");
    }
    conn.close();        //将连接对象放回连接池中
} catch (NamingException e) {
    e.printStackTrace();
} catch (Exception e) {
    e.printStackTrace();
}
%>
</body>
</html>
```

7.5 案例：分页查询大型数据库

1. 案例要求

使用 JDBC 执行 SQL 的 SELECT 命令实现图书基本信息的查询及分页显示。

2. 知识点补充

在数据查询、数据更新事务中，一般使用无参数的 createStatement()方法创建语句对象。如果需要在结果集中前后移动或显示结果集中指定的一条记录，就要用到游动查询，这时应使用带参数的 createStatement()方法创建语句对象，其语法格式如下。

```
Statement stmt=conn.createStatement(int type,int concurrency);
```

根据参数 type、concurrency 的取值情况，stmt 返回相应类型的结果集。参数说明如下。

（1）type 的取值决定滚动方式，其取值如下所示。
- ResultSet.TYPE_FORWORD_ONLY：结果集的游标只能向下滚动。
- ResultSet.TYPE_SCROLL_INSENSITIVE：结果集的游标可以上下移动，当数据库变化时，当前结果集不变。
- ResultSet.TYPE_SCROLL_SENSITIVE：返回可滚动的结果集，当数据库变化时，当前结果集同步改变。

（2）concurrency 的取值决定是否可以用结果集更新数据库，其取值如下所示。
- ResultSet.CONCUR_READ_ONLY：不能用结果集更新数据库中的表。

- ResultSet.CONCUR_UPDATABLE：能用结果集更新数据库中的表。

（3）滚动查询中经常使用的 ResultSet 对象提供了下述方法。
- public boolean previous()：将游标向上（后）移动。如果游标已位于结果集第一行之前，则返回 false。
- public void beforeFirst()：将游标移动到结果集的初始位置。
- public void afterLast()：将游标移动到结果集的最后一行之后。
- public void first()：将游标移动到第一行。
- public last()：将游标移动到最后一行。
- public boolean isAfterLast()：判断游标是否在结果集的最后一行。
- public boolean isBeforeFirst()：判断游标是否在结果集的第一行之前。
- public boolean isFirst()：判断游标是否指向结果集的第一行。
- public boolean isLast()：判断游标是否指向结果集的最后一行。
- public int getRow()：返回当前游标所指向的行号，行号从 1 开始，如果结果集没有行，则返回 0。
- public boolean absolute(int row)：将游标移动到参数 row 指定的行号。如果 row 是负数，就是指倒数第几行。如果 row 超出结果集范围，则返回 false。

3．创建Web项目

（1）打开 MyEclipse，新建 Web Project 项目，项目名称为 Website。将 JDBC 驱动包放置在项目的 WEB-INF/lib 目录下，在项目中导入 MySQL JDBC 驱动包。

（2）新建 Example7_8.jsp，实现记录的分页显示功能，其代码如下：

```jsp
<%@ page language="java" contentType="text/html; charset=UTF-8"
    pageEncoding="UTF-8"%>
<%@ page import="java.sql.*" %>
<!DOCTYPE html PUBLIC "-//W3C//DTD HTML 4.01 Transitional//EN" "http://www.w3.org/TR/html4/loose.dtd">
<html>
<head>
<meta http-equiv="Content-Type" content="text/html; charset=UTF-8">
<title>分页显示</title>
<style type="text/css">
body{font-size:14px;}
</style>
</head>
<body>
<%
    Connection conn = null;
    Statement stmt = null;
    ResultSet rs = null;
    try {
        Class.forName("com.mysql.jdbc.Driver");
    }catch(ClassNotFoundException e){
        System.out.println("加载数据库驱动时抛出异常！");
        e.printStackTrace();
    }
    try {
        String url="jdbc:mysql://localhost:3306/bookstore";
```

```
            String user="root";
            String password="123456";
            conn = DriverManager.getConnection(url,user,password);
            stmt = conn.createStatement(ResultSet.TYPE_SCROLL_SENSITIVE,ResultSet.CONCUR_READ_ONLY);
            String sql = "select b_name,b_author,b_publisher,b_marketprice,b_saleprice from bookinfo";
            //返回可滚动的结果集
            rs = stmt.executeQuery(sql);
            out.print("<h2 align='center'>图书基本信息表</h2>");
            out.print("<table border='1px' width='90%' align='center'>");
            out.print("<tr>");
            out.print("<th>"+"图书名称");
            out.print("<th>"+"作者");
            out.print("<th>"+"出版社");
            out.print("<th>"+"市场价格");
            out.print("<th>"+"销售价格");
            out.print("</tr>");
            String str=(String)request.getParameter("page");
            if(str==null)
            {
                str="1";
            }
            int pageSize=3;                          //每页显示的记录数
            rs.last();                               //将游标移动到最后一行
            int recordCount=rs.getRow();             //获取最后一行的行号,即记录总数
            //计算分页后的总页数
            int pageCount=(recordCount%pageSize==0)?(recordCount/pageSize):(recordCount/pageSize+1);
            int currentPage=Integer.parseInt(str);   //当前显示的页数
            if(currentPage<1)
            {
                currentPage=1;
            }
            else if(currentPage>pageCount)
            {
                currentPage=pageCount;
            }
            rs.absolute((currentPage-1)*pageSize+1);  //设置游标的位置
            for(int i=1;i<=pageSize;i++)
            {
                out.print("<tr>");
                out.print("<td>"+rs.getString("b_name")+"</td>");
                out.print("<td>"+rs.getString("b_author")+"</td>");
                out.print("<td>"+rs.getString("b_publisher")+"</td>");
                out.print("<td>"+rs.getFloat("b_marketprice")+"</td>");
                out.print("<td>"+rs.getFloat("b_saleprice")+"</td>");
                out.print("</tr>");
                if(!rs.next()) break;
            }
            out.print("</table>");
    %>
    <p align="center">当前页数：[<%=currentPage%>/<%=pageCount%>] 
    <%
```

```
            if(currentPage>1)
            {
%>
<a href="Example7_8.jsp?page=1">第一页</a>
<a href="Example7_8.jsp?page=<%=currentPage-1%>">上一页</a>
<%
        }
        if(currentPage<pageCount)
        {
%>
<a href="Example7_8.jsp?page=<%=currentPage+1%>">下一页</a>
<a href="Example7_8.jsp?page=<%=pageCount%>">最后一页</a>
<%
        }
        rs.close();
        stmt.close();
        conn.close();
    } catch (SQLException ex) {
        ex.printStackTrace();
    }
%>
</p>
</body>
</html>
```

（3）打开浏览器，在地址栏中访问 http://localhost:8080/Website/Example7_8.jsp，页面效果如图 7-4、图 7-5 所示。

图 7-4　分页效果图-第一页

图 7-5　分页效果图-第二页

本章小结

本章首先介绍了 JDBC 技术以及使用 JDBC 连接数据库的过程。然后介绍了使用 JDBC 对数据库进行查询、增加、修改和删除的操作，最后介绍了连接池技术。JDBC 是一个基于 Java 的面向对象应用编程接口，描述了一套访问关系数据库的标准 Java 类库。JDBC 的总体结构由应用程序、驱动程序管理器、驱动程序和数据源 4 个组件构成。数据库连接池负责分配、管理和释放数据库连接，它允许应用程序重复使用一个现有的数据库连接。这项技术能明显提高对数据库操作的性能。

实践与练习

一、选择题

1. Web 应用程序需要访问数据库，数据库驱动程序应该安装在（　　）中。
   A．文档根目录　　　　　　　　B．WEB-INF\lib 目录
   C．WEB-INF 目录　　　　　　　D．WEB-INF\classes 目录
2. （　　）不是 JDBC 使用到的接口和类。
   A．System　　　B．Class　　　C．Connection　　　D．ResultSet
3. 使用 Connection 接口的（　　）方法可以建立一个 PreparedStatement 对象。
   A．createPrepareStatement()　　　　B．prepareStatement()
   C．createPreparedStatement()　　　 D．preparedStatement()
4. 下面关于 PreparedStatement 的说法错误的是（　　）。
   A．PreparedStatement 继承了 Statement
   B．PreparedStatement 可以有效地防止 SQL 注入
   C．PreparedStatement 不能用于批量更新的操作
   D．PreparedStatement 可以存储预编译的 Statement，从而提升执行效率
5. 使用 Class 类的 forName()加载驱动程序需要捕获（　　）异常。
   A．SQLException　　　　　　　B．IOException
   C．ClassNotFoundException　　　D．DBException
6. 在 JDBC 编程中执行下列 SQL 语句"select id，name from employee"，获取结果集 rs 的第二列数据的代码是（　　）。
   A．rs.getString(1)　　　　　　　B．rs.getString(name)
   C．rs.getString(2)　　　　　　　D．rs.getString("id")
7. 下面描述中不属于连接池的功能的是（　　）。
   A．可以缓解频繁关闭和创建连接造成系统性能的下降
   B．可以大幅度提高查询语句的执行效率
   C．可以限制客户端的连接数量
   D．可以提高系统的伸缩性
8. 如果要创建带参数的 SQL 查询语句，应该使用（　　）对象。
   A．Statement　　　　　　　　　B．PreparedStatement
   C．PrepareStatement　　　　　　D．CallableStatement
9. 在 ResultSet 对象中能将指针直接移动到第 n 条记录的方法是（　　）。
   A．absolute()　　B．previous()　　C．getString()　　D．moveToCurrentRow()
10. 在 PreparedStatement 对象中用来设置字符串类型的输入参数的方法是（　　）。
    A．setInt()　　B．setString()　　C．executeUpdate()　　D．execute()

二、简答题

1. 简述 JDBC 连接数据库的基本步骤。
2. Statement 对象中常用的用于执行 SQL 命令的方法有哪些？
3. JDBC 中提供的两种实现数据查询的方法分别是什么？
4. 什么是数据库连接池？在 Tomcat 中如何配置连接池？
5. 简述 JDBC 的基本功能。

实验指导：学生选课系统数据库操作

题目1 测试 JDBC 数据库连接

1. 任务描述

使用 Class.forName()加载 MySQL 数据库驱动。

2. 任务要求

（1）下载相应版本的软件，完成 MySQL 数据库的安装。
（2）下载 MySQL JDBC 驱动。
（3）新建 Java 项目，使用 JDBC 完成学生选课系统数据库 StudentManage 的连接操作。
（4）成功则提示数据库连接成功，否则提示连接失败。

3. 知识点提示

（1）掌握 Class.forName()方法的使用。
（2）掌握 DriverManager.getConnection()方法的使用。

4. 操作步骤提示

（1）创建 SY7 项目，导入 MySQL JDBC 的 jar 包。
（2）创建 SY7_1.java 文件，使用 java.lang.Class 的 forName()方法，动态加载 JDBC 驱动，其关键代码如下：

```java
try {
    //加载 JDBC 驱动器
    Class.forName("com.mysql.jdbc.Driver");
} catch (Exception ex) {
    ex.printStackTrace();
}
```

（3）使用 DriverManager 对象，获取数据库连接对象 Connection，并提示连接数据库是否成功，其关键代码如下。

```java
try {
    String url ="jdbc:mysql://localhost:3306/ StudentManage ";
    String userName = "root";
    String password = "123456";
    Connection conn = DriverManager.getConnection(url,userName, password);
    System.out.println("连接数据库成功！");
} catch (SQLException ex) {
    System.out.println("连接数据库失败！");
```

```
        ex.printStackTrace();
    }
```

题目 2　使用 PreparedStatement 对象实现数据库批量插入操作

1．任务描述

使用 PreparedStatement 对象实现对数据库的批量插入操作。

2．任务要求

使用 PreparedStatement 对象向学生信息表中插入 3 条新数据。

3．知识点提示

本任务主要用到以下知识点。

（1）PreparedStatement 对象的使用。

（2）addBatch()方法的使用。

4．操作步骤提示

创建 SY7_2.java 文件，其关键代码如下。

```java
import java.sql.*;
public class SY7_2{
    public static void main(String arg[]){
        …
        try {
            …
            String sql = "insert into students(sno,sname) values(?,?)";
            PreparedStatement pstmt = conn.prepareStatement(sql);
            pstmt.setString(1,"001");
            pstmt.setString(2,"张三");
            pstmt.addBatch();
            pstmt.setString(1,"002");
            pstmt.setString(2,"李四");
            pstmt.addBatch();
            pstmt.setString(1,"003");
            pstmt.setString(2,"王五");
            pstmt.addBatch();
            pstmt.executeBatch();
            ……
        }
        ……
    }
}
```

题目 3　使用 Statement 对象实现数据库的查询操作

1．任务描述

使用 Statement 对象实现对学生信息表的查询操作。

2．任务要求

使用 Statement 对象执行 SQL 查询，获取学生信息表中所有学生的信息。

3. 知识点提示

本任务主要用到以下知识点。

（1）Statement 对象及相应方法的使用。

（2）结果集 ResultSet 对象及相应方法的使用。

4. 操作步骤提示

创建 SY7_3.java 文件，其关键代码如下。

```java
import java.sql.*;
public class SY7_3{
    public static void main(String arg[]){
    ……
        try {
            ……
            Statement stmt = conn.createStatement();
            String sql = "select * from students";
            ResultSet rs = stmt.executeQuery(sql);
            String id,name,sex,department;
            System.out.println("id" + " | " +"name" + " | "+"sex"+ " | "+"department");
            while(rs.next()){
                id = rs.getString(1);
                name = rs.getString(2);
                sex = rs.getString(3);
                department=rs.getString(4);
                System.out.println(id + " | " +name + " | "+sex+ " | "+department);
            }
            ……
        }
        ……
    }
}
```

第 8 章 Hibernate 框架

学习目标

- 了解 Hibernate 框架的概念。
- 理解 Hibernate 的原理。
- 理解 Hibernate 的工作流程。
- 掌握 Hibernate 和核心组件。
- 掌握 Hibernate 的配置过程。
- 掌握 Hibernate 的关系映射。

素养目标

- 授课知识点：Hibernate 框架的应用。
- 素养提升：通过让学生学习和使用框架，培养学生实践和创新的能力。
- 预期成效：鼓励学生通过实践来掌握 Hibernate 框架的使用。可以设计一些具有挑战性的实践任务，让学生在解决问题的过程中锻炼自己的实践能力和创新思维。同时，也可以引导学生关注 Hibernate 框架的最新发展，激发他们的创新精神和求知欲。

本章介绍开源框架 Hibernate 相关的基础知识，主要包括 Hibernate 的简介、Hibernate 框架下载和配置过程、Hibernate 的执行流程、Hibernate 的核心配置文件、Hibernate 关系映射等，最后通过 Hibernate 的示例来详细讲解 Hibernate 框架如何操作数据库。

8.1 Hibernate 概述

Hibernate 是一个开放源代码的 ORM（Object Relational Mapping，对象关系映射）框架，它对 JDBC 进行了轻量级的对象封装，它将 POJO 与数据库表建立映射关系，是一个全自动的 ORM 框架，Hibernate 可以自动生成 SQL 语句并自动执行，使得 Java 程序员可以轻松地使用面向对象编程思维来操纵数据库。

8.2 Hibernate 原理和工作流程

在实际应用场景中，各大企业公司根据实际需要，设计了很多框架，其中 Web 开发使用较多的、较流行的便是 SSH 框架。SSH 框架，即 Struts、Spring 和 Hibernate 的集成框架，是一种流行的 Web 应用程序开源框架，其中 Hibernate 框架对持久层提供支持。如图 8-1 所示为一个典型的 B/S 三层架构图。

图 8-1　B/S 三层架构图

- 展示层：提供用户交互界面。
- 业务逻辑层：实现各种业务和逻辑。
- 数据访问层：负责存放和管理应用程序的持久化业务数据。

SSH 框架的系统从功能上分为四层：表示层、业务逻辑层、数据持久层和域模块层，以帮助开发人员在短期内搭建结构清晰、可复用性好、维护方便的Web 应用程序。

Hibernate 将 JDBC 进行了很好的封装。Hibernate 的目标是尽量减少与数据库持久化相关的编程任务，以及消除那些针对特定数据库厂商的 SQL 代码。那么 Hibernate 是如何工作的？其原理如图 8-2 所示。

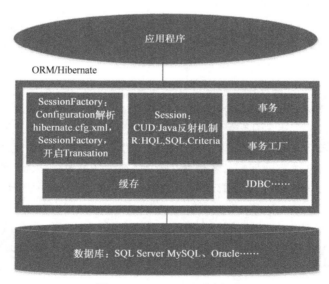

图 8-2　Hibernate 工作原理

- 连接数据库：通过 hibernate.cfg.xml 配置文件中的设置，定义了数据库进行连接所需要的信息，包括 JDBC 驱动、用户名、密码和数据库方言。Configuration 类借助 dom4j 的 XML 解析器解析设置环境，然后使用这些环境属性来创建 sessionFactory。使用 sessionFactory 生成的 session 可以成功连接数据库。
- 操作数据库：数据库的写操作，如保存、更新和删除，通过在保存一个 POJO 持久对象时触发 Hibernate 的保存事件监听器进行处理。Hibernate 利用映射文件确定对象对应数据库表名以及属性所对应的表中的列名，然后通过反射机制持久化对象（实体对象）的各个属性，最终组织成向数据库插入新对象功能的 SQL insert 语句。调用 session.save()方法后，对象会被标识成持久化状态存放在 Session 中。对于 Hibernate 来说它就是一个持久化了的对象，但这个时候 Hibernate 还不会真正执行 insert 语句。在 Session 刷新或事务提交时，Hibernate 会把 Session 缓存中的所有 SQL 语句一起执行，对于更新、删除操作也是采用类似的机制。然后，提交事务且提交成功后，这些写操作就会被永久地保存进数据库中，所以，使用 Session 对数据库操作还依赖于 Hibernate 事务的处理。如果设置了二级缓存，那么这些操作会被同步到二级缓存中。Hibernate 对数据库的操作是依赖于底层 JDBC 技术来实现的。

- **查询数据**：Hibernate 提供 SQL、HQL 和 Criteria 查询方式。其中，HQL 是运用最广泛的查询方式。用户使用 session.createQuery()方法，以一条 HQL 语句为参数，创建 Query 查询对象后，Hibernate 会使用 Antlr 库把 HQL 语句解析成 JDBC 可以识别的 SQL 语句，如果启用了查询缓存，那么当执行 Query.list()时，Hibernate 会先在缓存中进行查询，如果查询缓存的结果是不存在，再使用 select 语句查询数据库。

在使用 Hibernate 框架时，通常会用到下面 5 个主要接口：Configuration、sessionFactory、Session、Transaction 和 Query。通过这些接口可以对持久化对象进行操作，还可以进行事务控制。Hibernate 的执行工作流程离不开这些核心接口。

Hibernate 工作过程如图 8-3 所示。

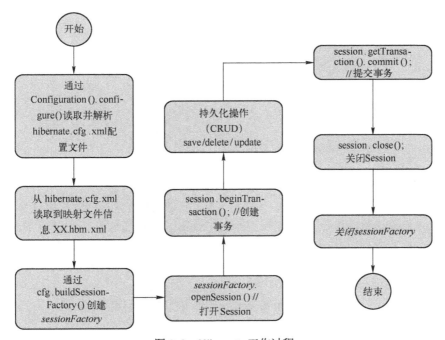

图 8-3　Hibernate 工作过程

1）应用程序先调用 Configuration 类，实例化 Configuration 类，该类读取 Hibernate 的核心配置文件 hibernate.cfg.xml 及映射文件 XX.hbm.xml 中的信息。

2）创建 sessionFactory。通过 Configuration 对象读取配置文件信息，并创建 sessionFactory，并将 Configuration 对象中的所有配置文件信息存入 sessionFactory 中。

3）创建 Session 对象。Session 是通过 sessionFactory 对象的 openSession()方法创建 Session，这样就相当于创建了一个数据库连接的 Session。

4）创建 Transaction 实例，即开启一个事务。通过 Session 对象的 beginTransaction()方法即可开启一个事务，利用这个开启的事务，便可以对数据库进行各种持久化操作。

5）利用 Session 对象通过增删改查等方法对数据库进行各种持久化操作。

6）提交事务。将第（4）步打开的事务通过 session.getTransaction.commit()方法，进行事务的提交。

7）关闭 Session。断开与数据库的连接。

8）关闭 sessionFactory。

注意：Hibernate 的事务不是默认开启的，如果进行增删改的操作，需要手动开启事务。如果只是进行查询操作，可以不开启事务。

8.3　Hibernate 的核心组件

在 Hibernate 框架使用过程中，用户调用 Hibernate API 操作持久化对象时，使用最多的 6 个核心组件是：Configuration 接口、sessionFactory 接口、Session 接口、Transaction 接口、Query 接口和 Criteria 接口。Hibernate 核心组件的关系如图 8-4 所示。

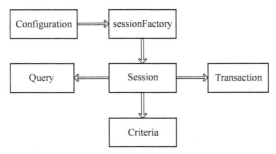

图 8-4　Hibernate 核心组件的关系

8.3.1　Configuration 接口

Configuration 类负责管理 Hibernate 的配置信息。在应用程序刚开始运行加载 Hibernate 框架时，由 Configuration 类负责启动、加载、管理 Hibernate 的配置信息。在启动 Hibernate 过程中，Configuration 首先确定 Hibernate 配置文件的位置，然后读取相关配置信息，最后创建唯一的一个 sessionFactory 实例。Configuration 只存在于系统初始化阶段，它将 sessionFactory 创建完成后，就完成了自己的使命。

Hibernate 通常会使用 new Configuration().configure()方式来创建实例，此种方式默认会去 src 文件夹下读取 hibernate.cfg.xml 配置文件。如果不想使用默认路径的配置文件，也可读取指定路径目录的配置文件，将路径以参数形式传递到 configure()方法，具体代码如下。

```
Configuration cfg = new Configuration();
cfg.configure("xml 文件位置");//读取指定的主配置文件
```

例如要想使用 src→config 文件夹下的 hibernate.cfg.xml，只需要将文件位置添加到 configure()方法参数即可，如下面代码所示。

```
Configuration configure = new Configuration().configure("/config/hibernate.cfg.xml");
```

8.3.2 sessionFactory 接口

Configuration 对象根据当前的配置信息生成 sessionFactory 对象。sessionFactory 接口负责 Hibernate 的初始化和建立 Session 对象，sessionFactory 对象一旦构造完毕，即被赋予特定的配置信息（sessionFactory 对象中保存了当前的数据库配置信息和所有映射关系以及预定义的 SQL 语句。同时，sessionFactory 还负责维护 Hibernate 的二级缓存）。主要代码如下：

```
Configuration cfg = new Configuration().configure();
sessionFactory sessionFactory = cfg.buildsessionFactory();
```

sessionFactory 具有下面几个特点：
1）线程安全。它的同一个实例可供多个线程共享。
2）它是重量级的，不可以随意创建和销毁。

由于 sessionFactory 有以上特点，因此在实际项目开发过程中，为了防止开发者随意实例化 sessionFactory，通常采用 sessionFactory 的单例模式，即将 sessionFactory 对象放到一个类中，并且将其定为私有成员，再定义一个公有的 get 成员方法来返回 sessionFactory 对象。如果需要 sessionFactory 对象，只需要调用这个公有的 get 方法，从而保证了对象的唯一性，如下面代码所示。

```
public class HibernateUtils {
    //全局只需要一个sesssionFactory 就可以了
    private static sessionFactory sessionFactory;
    //初始化session
    static{
        Configuration cfg=new Configuration();
        sessionFactory=cfg.configure().buildsessionFactory();
    }
    /**
     * 获取全局唯一sessionFactory
     * @return sessionFactory
     */
    public static sessionFactory getsessionFactory()
    {
        return sessionFactory;
    }
    public static Session openSession()
    {
        return sessionFactory.openSession();
    }
}
```

在上面的代码中，首先声明一个私有静态变量 sessionFactory 对象，然后定义两个公有静态方法：getsessionFactory()和 openSession()，分别用来获取 sessionFactory 对象和 Session 对象，这样就保证了可以通过 HibernateUtils.getsessionFactory()获得唯一的 sessionFactory 对象，并且通过 HibernateUtils.openSession()获取 session 连接。

8.3.3 Session 接口

Session 是应用程序与数据库之间交互操作的一个单线程对象，是 Hibernate 运作的中心，所有持久化对象必须在 session 的管理下才可以进行持久化操作，为持久化对象提供创建、增加、删除、修改等操作功能。

创建 SessionFactory 对象后，就可以通过它来获取 Session 实例。获取 Session 实例有两种方法，一种是通过 openSession()方法，另一种是通过 getCurrentSession()方法，如下面代码所示。

```
//采用openSession方法创建session
Session session = sessionFactory.openSession();
//采用getCurrentSession方法创建session
Session session = sessionFactory.getCurrentSession();
```

这两种方式创建 session 对象的区别如下。
- 使用 openSession 方法获取 Session 实例时，SessionFactory 会直接创建一个新的 Session 实例，并且在使用完以后需要使用 close 方法手动关闭。
- 使用 getCurrentSession()方法创建的 Session 实例会被绑定在当前线程中，它在提交或者回滚时候会自动关闭。
- Session 是线程不安全的，多个并发线程在操作一个 Session 实例时，就可能导致 Session 数据存取混乱。因此设计软件架构时，应该尽量避免多个线程共享一个 Session 实例。同时 Session 是轻量级的，因此创建和销毁对象不需要消耗太多资源。

Session 有一些常用的方法，具体说明如下。

1）**获取持久化对象的方法**：get()和 load()方法，例如通过 Object get(Class class，Serializable arg)方法可以获取指定 arg（主键）的持久化对象的记录。如下面代码所示。

```
Session session=sessionFactory.openSession();
Transaction tx=session.beginTransaction();
User user=(User) session.get(User.class, 1);//获取主键id为1的user对象
System.out.println(user.getName());
tx.commit();
session.close();
```

2）**更新、保存和删除持久化对象的方法**：save(),update(),saveOrUpdate(),delete()，如下面代码所示。

```
User user=new User();
user.setName("张三");
Session session=sessionFactory.openSession();//打开session
Transaction tx=session.beginTransaction();//开始事务
session.save(user);//更新用户
tx.commit();//提交事务
session.close();
```

3）**持久化对象的查询方法**：createQuery()，createSQLQuery()，createCriteria()。

4）**开启事务的方法**：beginTransaction()，要操作持久化对象就必须开启和提交事务，下面的代码开启一个事务。

```
Transaction tx=session.beginTransaction();
```

5）**管理 Session 的方法**：isOpen(),flush(), clear(), evict(), close()等。

8.3.4 Transaction 接口

Hibernate 是对 JDBC 的轻量级对象封装，Hibernate 本身是不具备 Transaction 处理功能的，

Hibernate 的 Transaction 实际上是底层的 JDBC Transaction 的封装，或者是 JTA（Java Transaction API）的封装。

该接口提供了一种标准化的方式定义工作单元，同时又可调用 JTA 或 JDBC 执行事务管理。它的运行与 Session 接口相关，可调用 Session 的 beginTransaction()方法生成一个 Transaction 实例。Transaction 接口常用如下方法。

1）commit()：提交相关联的 Session 实例。
2）rollback()：撤销事务操作。
3）wasCommitted()：事务是否提交。

Session 执行完对持久化对象的操作后，要想让这些操作起作用，就必须对事务进行提交。只有使用 Transaction 接口的 commit()方法进行事务的提交，才能真正地将数据操作同步到数据库中。当数据操作发生异常时，需要使用 rollback()方法进行事务回滚，以免数据发生错误，因此在持久化操作后，就必须调用 Transaction 接口的 commit()方法和 rollback()方法。如果没有开启事务，那么每个 Session 操作都相当于一个独立的操作。

8.3.5 Query 接口

Query 接口是 Hibernate 的查询接口，用于在数据库中查询对象，以及控制执行查询的过程。Query 实例包装了一个 HQL（Hibernate Query Language）查询语句。HQL 查询语句和 SQL 查询语句有些相似，但 HQL 查询语句是面向对象的，它引用类句及类的属性句，而不是表句及表的字段句。

1. HQL 语句

Criteria 查询对查询条件进行了面向对象封装，符合编程人员的思维方式，不过 HQL(Hibernate Query Language)查询提供了更加丰富的和灵活的查询特性，因此 Hibernate 将 HQL 查询方式立为官方推荐的标准查询方式，HQL 查询在涵盖 Criteria 查询的所有功能的前提下，提供了类似标准 SQL 语句的查询方式，同时也提供了更加面向对象的封装。完整的 HQL 语句形式如下：

```
Select/update/delete…… from …… where …… group by …… having …… order by …… asc/desc
```

其中的 update/delete 为 Hibernate3 中新添加的功能，可见 HQL 查询非常类似于标准 SQL 查询。例如要查询 User 表中所有的用户，就可以执行下面代码：

```
String HQL="FROM User";
Query query = session.createQuery(HQL);
List<User> list = query.list();
```

其中 session.createQuery("FROM User")的"FROM User"就是 HQL 语句，通过 session.createQuery()方法得到 Query 对象，然后调用 list()方法执行查询。并且，这里是无条件查询（即查询所有 User）。

2. Query 执行流程

在 Hibernate 框架中使用 Query 的具体步骤如下。

（1）获取 Hibernate 中的 Session 对象。
（2）编写 HQL 语句。

（3）调用 session.createQuery()方法创建查询 Query 对象。
（4）如果 Query 包含参数则可以调用 Query 的 setXxx()方法来设置参数。
（5）调用 Query 对象的 list()或者 uniqueResult()方法执行查询。

下面将在一个 Person 表中，利用 Query 接口查询数据，具体代码如下。

```java
public void queryTest()
{
    User user = new User();
    Session session = HibernateUtils.opennSession();

    Query query = session.createQuery("from User");
    List list = query.list();
    for(int i = 0 ; i <list.size(); i++)
    {
        user = (User)list.get(i);
        System.out.println(user.getId());
        System.out.println(user.getName());
    }
}
```

从上面代码可以知道，首先需要得到 Session 对象，然后调用 session.createQuery()方法创建查询对象，再使用 query.list()方法进行数据查询，并且将查询的数据放入 List 集合中，最后通过循环 List 集合，得出查询结果。这里首先插入三条数据，因此这里在控制台打印输出了三个 id 和 name，如图 8-5 所示。图 8-6 显示 JUnit 测试结果状态。

```
Hibernate: insert into t_user (name) values (?)
Hibernate: select user0_.id as id0_0_, user0_.name as name0_0_ from t_user user0_ where user0_.id=?
张三
Hibernate: select user0_.id as id2_, user0_.name as name2_ from t_user user0_
1
张三
2
张三
3
张三
```

图 8-5　Query 对象查询结果

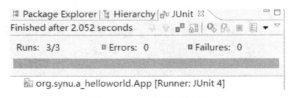

图 8-6　JUnit 测试结果

注意：JUnit 测试出现一条绿条说明测试通过，如果出现暗红色条，则表示测试失败，有错误。

Query 接口除了可以使用 list()方法进行全部数据查询以外，还有一些其他常用的方法如下所示。

- Query 的 executeUpdate()方法用于更新或删除语句。它常用于批量删除或批量更新操作，是 Hibernate 3.0 版本的新特性，并且支持 HQL 语句。

```java
Query q = session.createQuery("delete from User");
q.executeUpdate();//删除对象
```

- Query 的 setXxx()方法用于设置查询语句中的参数，针对不同数据类型的参数，主要有两种重载方法。

1）setString(int position,String value)：用于设置 HQL 中"?"的值。其中 position 表示"?"的位置，而 value 是值。代码如下：

```
Query query = session.createQuery("from User user where user.id>? and user.name like ?");//生成一个 Query 实例
query.setInteger(0, 20);//设置第一个问号的值为 20
query.setString(1, "张%");//设置第二个问题的值为张%
```

2）setString(String paraName,String value);用于设置 HQL 中":"后跟变量的值；其中 paraName 代表 HQL 中":"后跟变量名称，value 为该变量设置的值。代码如下：

```
Query query = session.createQuery("from User user where user.id>:minId and user.name like :userName");//生成一个 Query 实例
query.setInteger("minId", 2);//设置 minId 的值为 2
query.setString("userName", "张%");//设置 userName 的值为张%
```

- uniqueResult()方法：用于从查询操作中获取唯一的结果，确保使用该方法前，查询条件能够保证返回的结果具有唯一性。代码如下：

```
Query query = session.createQuery("from Student s where s.id=?");
query.setString(0, "2");
Student student = (Student)query.uniqueResult(); //当确定返回的实例只有一个或者
                                                //null 时用 uniqueResult()方法
```

8.3.6 Criteria 接口

Criteria 是一种比 HQL 更面向对象的查询方式，它是 Hibernate 的核心查询对象。Criteria 查询又称为 QBC 查询（Query By Criteria），它是 Hibernate 的另一种对象检索方式。以下是一段 Hibernate Criteria 查询的示例代码：

```
List list = session.createCriteria(User.class)
    .add( Restrictions.like("name", "张%") )
    .add( Restrictions.between("id", 2, 5) )
    .list();
```

org.hibernate.Criteria 接口表示特定持久类的一个查询。Session 是 Criteria 实例的工厂。使用 Criteria 对象查询数据的主要步骤如下：

1）获得 Hibernate 的 Session 对象。
2）通过 Session 的 createCriteria()方法获得 Criteria 对象。
3）使用 Restrictions 的静态方法创建 Criteria 查询条件。Criteria 的 add()方法用于添加查询条件，addOrder()用于进行结果排序。
4）执行 Criteria 的 list()或者 uniqueResult()获得结果。

Criteria 的实例可以通过 Restrictions 工具类来创建，Restrictions 提供了大量的静态方法，即 QBC 查询常用的方法，如下所示。

- Restrictions.eq 表示 equal，等于。
- Restrictions.allEq 表示参数为 Map 对象，使用 key/value 进行多个等于的比对，相当于多个 Restrictions.eq 的效果。

- Restrictions.gt 表示 great-than > 大于。
- Restrictions.ge 表示 great-equal >= 大于或等于。
- Restrictions.lt 表示 less-than，< 小于。
- Restrictions.le 表示 less-equal <= 小于或等于。
- Restrictions.between 表示对应 SQL 的 between 子句。
- Restrictions.like 表示对应 SQL 的 like 子句。
- Restrictions.in 表示对应 SQL 的 in 子句。
- Restrictions.and 表示 and 关系。
- Restrictions.or 表示 or 关系。
- Restrictions.isNull 表示判断属性是否为空，为空则返回 true，相当于 SQL 的 is null。
- Restrictions.isNotNull 表示与 isNull 相反，相当于 SQL 的 is not null。
- Restrictions.sqlRestriction 表示 SQL 限定的查询。
- Order.asc 表示根据传入的字段进行升序排序。
- Order.desc 表示根据传入的字段进行降序排序。
- MatchMode.EXACT 表示字符串精确匹配，相当于"like 'value'"。
- MatchMode.ANYWHERE 表示字符串在中间匹配，相当于"like '%value%'"。
- MatchMode.START 表示字符串在最前面的位置，相当于"like 'value%'"。
- MatchMode.END 表示字符串在最后面的位置，相当于"like '%value'"。

下面通过一个 Criteria 来看一下如何使用进行查询条件设置、排序等操作的主要代码：

```
@Test
public void criteriaTest()
{
    Session session=sessionFactory.openSession();//打开 session
    Transaction tx=session.beginTransaction();//开始事务
    List<User> list = session.createCriteria(User.class)
    //查询条件设置姓名为张三
    .add( Restrictions.eq("name", "张三") )
    //设置查询条件为 id>1
    .add(Restrictions.gt("id", 1))
    //按照 ID 的降序进行排序
    .addOrder(Order.desc("id"))
    .list();
    for (User u : list) {
        System.out.println(u);
    }
    tx.commit();//提交事务
    session.close();
}
```

该示例使用 Criteria 的静态方法进行查询条件的设置，结果按 id 降序显示姓名为张三且 id 大于 1 的数据，在 JUnit 测试中运行结果如图 8-7 所示。

```
Hibernate: select this_.id as id0_0_,
张三:3
张三:2
```

图 8-7　Criteria 运行结果

8.4 Hibernate 框架的配置过程

通过对 8.2 节和 8.3 节的学习，读者已经对 Hibernate 有了初步的了解，知道 Hibernate 的工作流程和核心接口，那么在实际 Web 开发过程中，如何使用 Hibernate 来对数据库表进行各种操作？本节将通过具体示例来进行详细说明。总体而言，配置 Hibernate 框架主要有下面六个步骤：导入相关 Hibernate 的 jar 包、创建数据库及表、创建实体类（持久化类）、配置映射文件 XX.hbm.xml、设置主配置文件 hibernate.cfg.,xml、编写数据库操作（增删改查）。

8.4.1 导入相关 jar 包

在 MyEclipse 中新建 Java 项目，然后新建用于导入 jar 包的 lib 文件夹，将 Hibernate 的核心 jar 包和相关 jar 包导入 lib 后，将 lib 下的 jar 包全部 "Add to Build Path"。这样就可以将 jar 包导入项目，如图 8-8 所示。

导入的 jar 包中除了有 Hibernate 3 的核心 jar 包以外还会有别的相关 jar 包，下面将对导入的 jar 包进行简单说明。

- Hibernate3.jar：Hibernate 核心类库，必选包。
- commons-collections.jar：Apache Commons 包中的一个工具类，包含了一些 Apache 开发的集合类，功能比 java.util.*强大，必选包。
- antlr-2.7.jar：语言转换工具，Hibernate 利用它实现 HQL 到 SQL 的转换。

图 8-8 Hibernate 项目工程结构图

- dom4j-1.6.1.jar：一个 Java 的 XML API，类似于 jdom，用来读写 XML 文件。
- javassist-3.12.0.GA.jar：一个开源的分析、编辑和创建 Java 字节码的类库。
- jta-1.1.jar：标准 Java 事务（跨数据库）处理接口。
- slf4j-api-1.6.1.jar：一个用于整合 log4j 的接口。
- hibernate-jpa-2.0-api-1.0.0.Final.jar：JPA 接口开发包。
- log4.j-1.2.9.jar：log4j 库，Apache 的日志工具。
- mysql-connector-j-8.2.0.jar：是 JDBC 的 MySQL 8.2.0 版本数据库驱动程序。

可以看出，除了 Hibernate 3 的核心 JAR 和 JPA（Java Persistence API）接口开发包外，由于 Hibernate 并没有提供对日志的实现，所以需要 log4j 和 slf4j 开发包整合 Hibernate 的日志系统到 log4j。

8.4.2 创建数据库及表

本书中使用的数据库是开源数据库 MySQL 8.2.0。新建一个名为 hibernateDemo 的数据库，在此数据库中创建一张名为 t_student 的表，主要 SQL 语句如下所示。

```
mysql> create database hibernateDemo default character set utf8;
Query OK, 1 row affected (0.03 sec)
mysql> use hibernateDemo
Database changed
mysql> create table t_student( id int primary key auto_increment, name varchar
```

```
(20),age int);
    Query OK, 0 rows affected (0.13 sec)
```

数据表 t_student 的结构如图 8-9 所示。

```
mysql> desc t_student;
+-------+-------------+------+-----+---------+----------------+
| Field | Type        | Null | Key | Default | Extra          |
+-------+-------------+------+-----+---------+----------------+
| id    | int         | NO   | PRI | NULL    | auto_increment |
| name  | varchar(20) | YES  |     | NULL    |                |
| age   | int         | YES  |     | NULL    |                |
+-------+-------------+------+-----+---------+----------------+
3 rows in set (0.02 sec)
```

图 8-9　数据表 t_student 结构

8.4.3　创建实体类（持久化类）

实体类即 Hibernate 中的持久化类，即用来实现业务问题实体的类。顾名思义，持久化就是把缓存中的内容放到数据库中使之持久。对于需要持久化的对象，它的生命周期分为三个状态。

- 临时状态：刚刚用 new 语句创建，没有被持久化，不处于 Session 的缓存中。这种处于临时状态的 java 对象被称为临时对象。
- 持久化状态：已经被持久化，并被加入到 Session 的缓存中。处于持久化的 java 对象被称为持久化对象。
- 游离状态：已经被持久化，但不处于 Session 的缓存中。处于游离状态的 java 对象被称为游离对象。

持久化类具有下面几个特征。

- 持久化对象和数据库中的相关记录对应。
- Session 在清理缓存时，会根据持久化对象的属性变化来同步更新数据库。
- Session 的 save()方法把临时状态变为持久化状态。
- Session 的 update()，saveOrUpdate()和 lock()方法使游离状态变为持久化状态。

持久化类实际上就是需要被 Hibernate 持久化到数据库中的类。持久化类符合 JavaBean 的规范，包含一些属性，以及与之对应的 getXxx()和 setXxx()方法。在本项目中就创建了一个名为 Student（对应数据库表的 t_student）的实体类，该类有 3 个属性：id、name、age 分别对应于表 t_student 中的 3 个字段，以及相应的 getter 和 setter 方法，Student.java 代码如下：

```java
package cn.hibernate.demo;
public class Student {
    /*
     * student 实体
     */
    private int id;
    private String name;
    private int age;
    public int getAge() {
        return age;
    }
    public void setAge(int age) {
        this.age = age;
    }
```

```java
public int getId() {
    return id;
}
public void setId(int id) {
    this.id = id;
}
public String getName() {
    return name;
}
public void setName(String name) {
    this.name = name;
}
public String toString()
{
    return name+":"+id+":"+age;
}
}
```

8.4.4 配置映射文件

在 8.4.3 节中创建了实体类。由于实体类以及实体类的属性与数据表一一对应，那么在 Hibernate 框架中就要指出这种一一对应关系：如哪一个实体类与哪一张表对应，类中的哪个属性与表中的哪个字段对应，这些都需要在映射文件中指出。

通常在使用 Hibernate 框架中将会创建一个名为 XX.hbm.xml 的映射文件，其中 XX 名和实体类名保持一致，这样可以很清楚地知道映射文件是哪个实体类的映射文件。本示例中就在实体类所在包下创建一个 Student.hbm.xml 文件，代码如下：

```xml
<?xml version="1.0"?>
<!DOCTYPE hibernate-mapping PUBLIC
    "-//Hibernate/Hibernate Mapping DTD 3.0//EN"
        "http://www.hibernate.org/dtd/hibernate-mapping-3.0.dtd">

<hibernate-mapping package="cn.hibernate.demo">
<!--
    class 属性：实体类
    table 属性：哪个表，可以省略，如果不写表名默认就是类的简单名称，一般都会写
-->
    <class name="Student" table="t_student">
        <id name="id" type="int" column="id">
        <!-- 主键生成策略 -->
            <generator class="native" />
        </id>
        <!-- 普通属性（数据库中的值类型）-->
        <property name="name" type="string" column="name" />
        <property name="age" type="int" column="age" />
    </class>
</hibernate-mapping>
```

根据上面的 XML 配置文件，对本 XML 配置文件中出现的一些主要节点的简单说明如下。

- class 节点：用于配置一个实体类的映射信息，其中 name 属性是表示这个实体的类名，table 属性表示这个实体类对应的数据库的表名。

- id 节点：用于指定实体类的标识属性，即主键字段，对应数据表中的主键列。<generator> 子节点用于指定主键的生成策略，一般会选择 native。
- property 子节点：用于映射实体类的普通属性到数据库表的列。name 属性对应实例类的属性名，type 属性定义了其属性类型，column 属性指定了数据表中的普通字段（主键以外的其他字段）。

8.4.5 配置主配置文件

Hibernate 的映射文件用于标识持久化类和数据库表的对应关系，可以让应用程序通过映射文件找到持久化类和数据表的对应关系。主配置文件 hibernate.cfg.xml 主要用于配置数据库连接以及 Hibernate 运行时所需要的各个属性的值，就像 JDBC 的配置文件 jdbc.properties 那样。在本示例项目的 src 文件夹下创建名称为 hibernate.cfg.xml 的主配置文件，代码如下：

```xml
<!DOCTYPE hibernate-configuration PUBLIC
    "-//Hibernate/Hibernate Configuration DTD 3.0//EN"
    "http://www.hibernate.org/dtd/hibernate-configuration-3.0.dtd">

<hibernate-configuration>
    <session-factory name="mark">
    <!-- 配置数据库信息 -->
        <property name="dialect">org.hibernate.dialect.MySQLDialect</property>
        <property name="connection.driver_class">com.mysql.jdbc.Driver</property>
        <property name="connection.url">jdbc:mysql://localhost:3306/hibernateDemo</property>
        <property name="connection.username">root</property>
        <property name="connection.password">root</property>

        <!-- 其他配置 -->
        <property name="hibernate.format_sql">true</property>
        <property name="show_sql">true</property>
        <!--hibernate.hbm2ddl.auto：如果没有表就自动创建表
            create 先删除，再创建
            update 如果表不存在就创建，不一样就更新，一样就什么都不做
            create-drop：初始化创建表，sessionFactory 执行 close()时删除表
            validate：验证表结构是否一致，如果不一致就抛出异常
        -->
        <property name="hibernate.hbm2ddl.auto">update</property>
        <!-- 导入映射关系文件 -->
        <mapping resource="cn/hibernate/demo/Student.hbm.xml"/>
    </session-factory>
</hibernate-configuration>
```

Hibernate 的配置文件的根元素 hibernate-configuration 包含子元素 session-factory，在 session-factory 的元素又包含了 property 元素，用于对 Hibernate 连接数据库的一些重要信息进行配置。配置文件使用 property 元素配置了数据库的方言、驱动、URL、用户名、密码等信息。最后通过 mapping 元素的配置，加载映射文件的信息，见表 8-1。

表 8-1　hibernate.cfg.xml 配置文件常用属性

名称	描述
dialect	指定数据库方言
connection.driver_class	指定连接数据库所用的驱动
connection.url	指定连接数据库的 url，即 Hibernate 连接的数据库名
connection.username	指定连接数据库的用户名
connection.password	指定连接数据库的密码
hibernate.format_sql	将 SQL 脚本进行格式化后再输出
hibernate.hbm2ddl.auto	根据定义好的实体，自动创建、更新和验证数据表
show_sql	在控制台显示 Hibernate 持久化操作所生成的 SQL

8.4.6　编写数据库操作

下面将创建一个测试类并且使用 Hibernate 搭建好的框架对数据库进行操作。本示例将对创建的数据表 t_student 进行增删改查的测试操作。

1．添加数据

创建一个包名为 cn.hibernate.test 的 HibernateTest 测试类，在这个类中创建添加数据的操作。下面通过 save()方法进行数据表数据查询，主要代码如下：

```java
package cn.hibernate.test;
import org.hibernate.Session;
import org.hibernate.SessionFactory;
import org.hibernate.Transaction;
import org.hibernate.cfg.Configuration;
import org.junit.Test;
import cn.hibernate.demo.Student;
public class HibernateTest {
    //初始化
    private static SessionFactory sessionFactory=null;
    static
    {
        Configuration cfg=new Configuration();
        //读取指定的主配置文件
        cfg.configure("hibernate.cfg.xml");
        //根据主配置文件生成session工厂
        sessionFactory = cfg.buildSessionFactory();
    }
    //添加操作
    @Test
    public void saveTest()
    {
        //保存
        Student student=new Student();
        student.setName("李刚");
        student.setAge(22);
        //打开session
        Session session=sessionFactory.openSession();
        //开始事务
```

```
        Transaction tx=session.beginTransaction();
        //将数据存储到数据表中
        session.save(student);
        //提交事务
        tx.commit();
        //关闭session
        session.close();
    }
}
```

用于添加数据的测试方法 saveTest()运行结果如图 8-10 所示。

图 8-10 saveTest()方法保存数据测试运行结果

2. 查询数据

使用 Hibernate 框架查询数据，主要有几种方式：一种是 get 和 load 方式，一种是使用 Query 对象和 HQL 语句进行查询，一种是使用 Criteria 进行查询。

1) get 和 load 方法获取。

查询数据表中的某条数据，可以通过 Session 的 get 方法。如需要获取 id=1 的数据，可按照下面的代码完成数据获取功能。

```
@Test
public void testGet()
{
    Session session=sessionFactory.openSession();
    Transaction tx=session.beginTransaction();
    //获取 id 为 1 的 student 对象
    Student student=(Student) session.get(Student.class, 1);
    System.out.println(student.getName());
    tx.commit();
    session.close();
}
```

查询数据表中 session.get(Student.class, 1)方法的第一个参数表示获取实体类的类型，第二个参数表示数据表主键值。通过这种方式就可以索引到这条数据，因此通过 student 实体对象的 getName()方法就可以获取 id 为 1 的人的姓名，运行结果如图 8-11 所示。

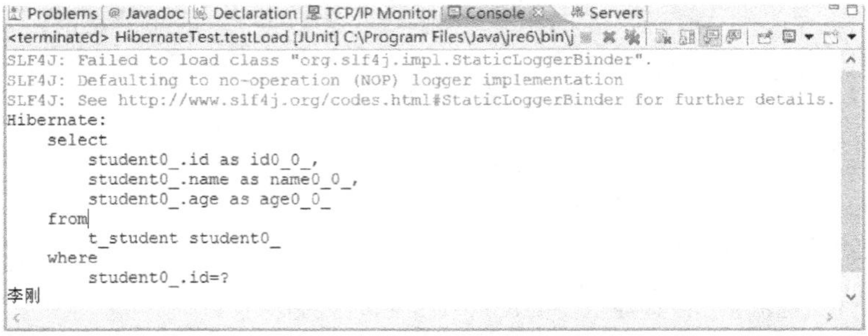

图 8-11 testGet 方法查询数据测试运行结果

从运行结果可以看到控制台开始有三行"SLF4J"开头的警告内容，这是由于没有设置 log4j 配置文件，影响了显示结果。警告信息下面有一些 Hibernate 自动生成的 SQL 语句，这是由于在主配置文件 hibernate.cfg.xml 中增加了显示 SQL 语句和格式化 SQL 的配置信息，才会显示这些 SQL 语句信息。最后一行才是真正的查询结果。

查询还可以通过 load()方法进行，使用 load 方式的代码和 get 几乎一样，即将 get 方法改为 load 方法，其他都是一样的。主要代码如下：

```java
@Test
public void testLoad()
{
    Session session=sessionFactory.openSession();
    Transaction tx=session.beginTransaction();
    //获取 id 为 1 的 student 对象
    Student student=(Student) session.get(Student.class, 1);
    System.out.println(student.getName());
    tx.commit();
    session.close();
}
```

运行结果也和 get()方法一样，如图 8-11 所示。Session 实例提供了 get 和 load 两种加载数据方式，两者的主要区别是：如果 load 方式检索不到的话会抛出 org.hibernate.ObjectNotFoundException 异常；而 get 方法检索不到的话会返回 null。本质上来说，Hibernate 对于 load 方法，认为要检索的数据在数据库中一定存在，可以放心地使用代理来延迟加载，而如果在使用过程中发现了问题，只能抛出异常；而对于 get 方法，Hibernate 一定要获取真实的数据，否则返回 null。

2）Query 方式获取。

查询还可以通过 Query 对象和 HQL 语句进行。HQL 语句前面小节已经提及，此处为了查询，需要将示例的数据再添加几条后，再使用 Query 对象和 HQL 语句进行条件查询，代码如下：

```java
@Test
public void queryTest()
{
    Student student = new Student();
    Session session = sessionFactory.openSession();
    Query query = session.createQuery("from Student");
    List list = query.list();
    for(int i = 0 ; i <list.size(); i++)
    {
        student = (Student)list.get(i);
        System.out.println(student.getId());
        System.out.println(student.getName());
    }
}
```

查询完成后可以看到，现在新的表中有 6 条数据。前面几行依然是 Hibernate 框架中自动产生的 SQL 语句信息，最下面 6 行是运行结果。由于实体类中重写了 toString 方法，因此最后是按照 name+id+age 的形式进行显示，运行结果如图 8-12 所示。

```
Probe  @ Javad  Declara  TCP/IP  Consol  Server
<terminated> HibernateTest [JUnit]
Hibernate:
    select
        student0_.id as id0_,
        student0_.name as name0_,
        student0_.age as age0_
    from
        t_student student0_
张红:1:28
张强:2:33
李红:3:28
王丽:4:18
周敏:5:39
周春:6:25
```

图 8-12 Query 查询方法查询测试运行结果

注意：这里 HQL 语句 createQuery("from Student")中 from 后面跟的是实体类名，而不是表名。

Query 查询方式也可以添加查询条件，如本示例中添加 age 大于 25 的查询条件，主要代码如下：

```
@Test
public void queryConTest()
{
    Student student = new Student();
    Session session = sessionFactory.openSession();
    Query query = session.createQuery("from Student st where st.age>:age");
    query.setInteger("age", 25);
    List list = query.list();
    for(int i = 0 ; i <list.size(); i++)
    {
        student = (Student)list.get(i);
        System.out.println(student);
    }
}
```

可以看出 HQL 语句查询条件中需添加查询变量。这里 Query 查询条件可以通过 set 的两种方式来设置，设置方式前面小节讲解 Query 时候已经提及，不再赘述。运行结果如图 8-13 所示。

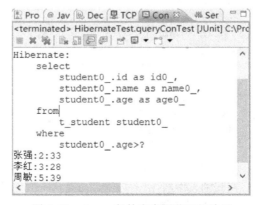

图 8-13 Query 条件查询测试运行结果

3）Criteria 查询。

Criteria 查询通过 Restrictions 类提供的一系列静态方法来实现查询限制。在前面小节中，已经讲解了 Criteria 查询的基础。本示例主要演示如何查询条件 name 为 "李"、id 大于等于 1 的数据，并且将结果按 id 降序排列。主要代码如下：

```java
@Test
public void criteriaTest()
{
    Session session=sessionFactory.openSession();//打开 session
    Transaction tx=session.beginTransaction();//开始事务
    List<Student> list = session.createCriteria(Student.class)
    //查询条件设置为姓名为 "李"
    .add( Restrictions.like("name", "李%"))
    //设置查询条件为 id>1 的
    .add(Restrictions.ge("id", 1))
    //按照 ID 的降序进行排序
    .addOrder(Order.desc("id"))
    .list();

    for (Student u : list) {
        System.out.println(u);
    }
    tx.commit();//提交事务
    session.close();
}
```

使用 Criteria 查询结果如图 8-14 所示。

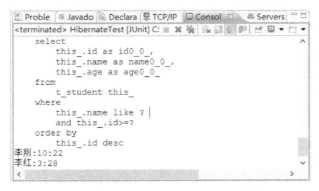

图 8-14　Criteria 方法查询测试运行结果

3. 更新数据

更新数据也可以通过 Hibernate 框架来完成。下面将修改 t_student 表中 id=1 的数据，将其 name 和 age 字段值都进行修改，主要代码如下：

```java
@Test
    public void testUpdate()
    {
        //保存
```

```
        Student student=new Student();
        student.setId(1);
        student.setName("张红");
        student.setAge(28);
        //打开 session
        Session session=sessionFactory.openSession();
        //开始事务
        Transaction tx=session.beginTransaction();
        //将数据更新到数据表中
        session.update(student);
        //提交事务
        tx.commit();
        //关闭 session
        session.close();
    }
```

从上面代码可以看出 update 更新方法和 save 添加方法非常相像，只是通过 Session 执行的方法不一样。save 是添加新数据，而 update 是对原有数据进行更新操作。运行结果如图 8-15 所示。

```
mysql> select * from t_student;
+----+--------+------+
| id | name   | age  |
+----+--------+------+
|  1 | 张红   |   28 |
|  2 | 张强   |   33 |
|  3 | 李红   |   28 |
|  4 | 王丽   |   18 |
|  5 | 周敏   |   39 |
|  6 | 周春   |   25 |
| 10 | 李刚   |   22 |
+----+--------+------+
7 rows in set (0.00 sec)
```

图 8-15　update 方法更新数据测试运行结果

从上面的运行结果可以看出，id 为 1 的数据已经更新姓名为张红，年龄为 28。

注意：*对于更新数据，setId()方法是必不可少的，否则程序将无法知道更新哪条数据，而且会抛出异常。*

4．删除数据

删除数据表中的某条数据需要知道这条语句的主键 id 对应的实体类对象，然后通过 session.delete()方法来进行数据的删除，主要代码如下：

```
@Test
public void deleteTest()
{
    Session session = sessionFactory.openSession();
    Transaction tx=session.beginTransaction();//开始事务
    Student student=(Student) session.get(Student.class, 1);
    session.delete(student);
    System.out.println(student);
    tx.commit();//提交事务
    session.close();
}
```

运行结果如图 8-16 所示。

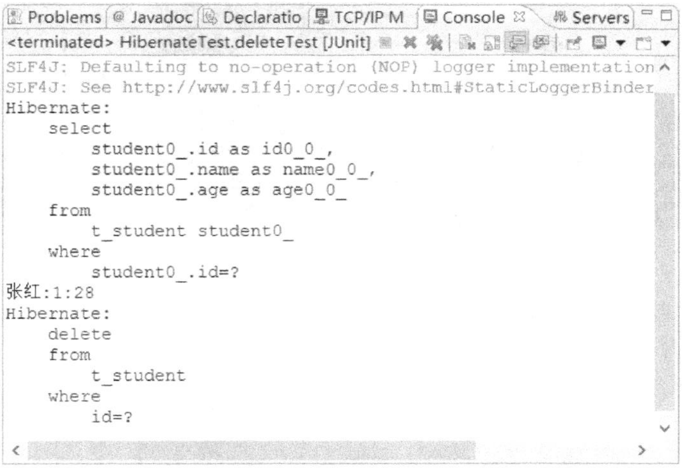

第 8 章 Hibernate 框架

图 8-16 删除数据运行结果

从 Hibernate 的 SQL 语句信息可以看出，程序先执行了查询，然后执行了删除语句，最后在数据库中查询，结果如图 8-17 所示。

图 8-17 执行删除后查询数据表结果

删除语句也可以通过创建新的实体实例进行修改。如果将代码 get()查询方法去掉，通过 id 得到实例化 Student 实体，也同样可以删除相应 id 对应的数据，修改后的语句如下：

```
//Student student=(Student) session.get(Student.class, 1);
Student student=new Student();
student.setId(2);
session.delete(student);
```

通过上面的删除语句，将 id 为 2 的 Student 数据从表中删除了，删除操作后控制台运行结果如图 8-18 所示，查询数据表结果如图 8-19 所示。

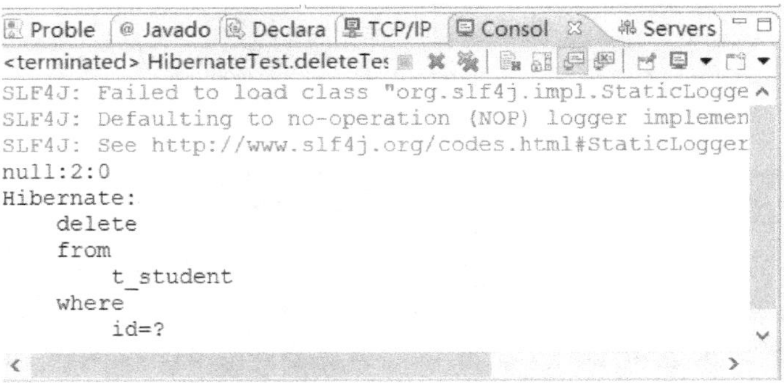

图 8-18 删除操作后控制台运行结果

图 8-19 删除操作后查询数据表结果

注意：删除数据时一定要通过 id 来进行数据删除，如果通过别的字段进行数据删除，则会报缺少关键标识符错误。

当然也可以用 HQL 语句进行批量删除操作。如删除大于 22 岁的所有 Student 的数据，就可以执行下面代码：

```java
@Test
public void deleteHQLTest()
{
    Session session = sessionFactory.openSession();
    Transaction tx=session.beginTransaction();//开始事务
    String hql = "delete Student where age>22";
    Query query = session.createQuery(hql);
    int ref = query.executeUpdate();
    System.out.println(ref);
    tx.commit();//提交事务
    session.close();
}
```

批量删除运行结果如图 8-20 所示。

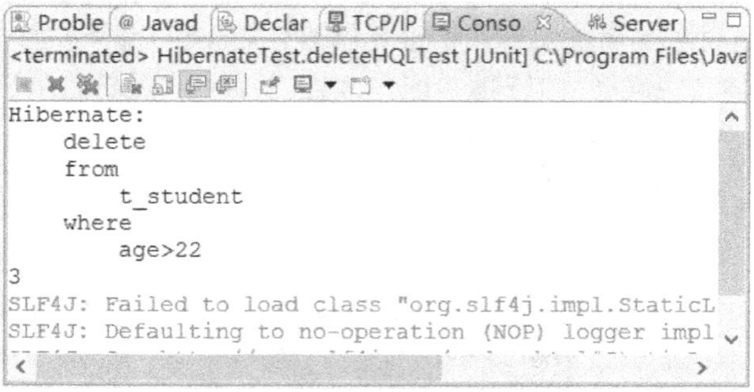

图 8-20 批量删除运行结果

执行批量删除操作后，将年龄大于 22 岁的所有学生数据都删除了，数据表查询结果如图 8-21 所示。

图 8-21 批量删除后数据表查询结果

8.5 Hibernate 的关系映射

Hibernate 框架实现了 ORM（Object Relation Mapping）思想，将关系型数据库中的表数据映射成对象，并且在映射文件 XX.hbm.xml 中配置数据表与持久化（实体）对象的对应关系，这样可以实现关系表之间的数据同步。本节将对 Hibernate 的关联关系映射进行说明。

数据库中的表存在三种关系，也就是系统设计中的三种实体关系：一对一、一对多、多对多关系。三种实体关系在实际开发中，一对一使用较少，大部分都是后两种。

1．一对多关系

一对多的关系例如部门和员工之间的关系，以部门和员工为例，创建一对多关系的实体类，其中员工实体类（省略 get 和 set 方法）如下：

```java
//员工实体类
public class Employee {
    private Integer id;
    private String name;
    private Department department;
}
```

在一对多关系的对象模型中，应在"一"的一端定义一个 Set 集合，这个集合包含了与之关联的"多"的一端的所有对象。本示例就是在部门实体类中添加员工集合，部门的实体类如下：

```java
//部门实体类
public class Department {
    private Integer id;
    private String name;
    private Set<Employee> employee=new HashSet<Employee>();
}
```

映射文件也需要进行相应的配置，即需要对部门实体类和员工实体类两个实体进行映射配置，在"多"的一端加入 <many-to-one name=""一"的表名" class=""一"的实体类名" column=""一"的主键">。员工 Employee.hbm.xml 配置文件如下：

```xml
<class name="Employee" table="employee">
    <id name="id">
        <generator class="native" />
    </id>
    <property name="name"></property>
    <!--
    department 的属性，表示多对一的关系
    class 属性：代表关联的实体内容
    column 属性：代表外键列，表示引用关联对象的主键
    -->
    <many-to-one name="department" class="Department" column="departmentId">
    </many-to-one>
</class>
```

上面的员工映射文件中 class 属性代表实体类，table 属性代表数据库表名。在一对多的关系中，"一"的一方配置文件需要增加<set>、<one-to-many>和<key>标签并配置"多"的一方信息，表示"一"的一方指向"多"的一方。部门 Department.hbm.xml 配置文件如下：

```xml
<class name="Department" table="department">
    <id name="id">
        <generator class="native" />
    </id>
    <set name="employee" inverse="false" cascade="delete">
    <key column="departmentId"></key>
    <one-to-many class="Employee"/>
    </set>
</class>
```

- Employee 属性中的 Set 集合，表达的是 Department 类与 Employee 的一对多的关系。
- class 属性：代表关联的实体内容。
- key：对方表中的外键列（代表"多"的表）。
- inverse="false"：默认为 false，表示本方维护关联关系；为 true 则表示本方不维护关联关系，表示由对方维护关联关系，但这个设置不会影响"一"的一方获取"多"的一方的信息。
- cascade：默认为 none，代表不级联，可设为 delete，表示在删除主对象时，关联对象也做相同（删除）操作，即级联删除，删除部门数据的同时也会删除员工数据，也可设为 save-update，delete，all，none，多个关系时候可以使用逗号。

完成上面配置文件后，还要在 hibernate.cfg.xml 主配置文件的 mapping 中配置映射文件的位置，如下所示：

```xml
<mapping resource="cn/hibernate/oneToMany/Employee.hbm.xml"/>
<mapping resource="cn/hibernate/oneToMany/Department.hbm.xml"/>
```

在一对多关系的数据表中进行增删改查操作和在单一数据表中有所不同，要考虑到外键的影响，例如插入两个员工的主要代码如下：

```java
// 构建对象
Department department = new Department();
department.setName("开发部");
Employee employee1 = new Employee();
employee1.setName("张三");
Employee employee2 = new Employee();
employee2.setName("李四");
// 建立双向关联。设置员工的所属部门
employee1.setDepartment(department);
employee2.setDepartment(department);
//部门添加员工到其员工集合
department.getEmployee().add(employee1);
department.getEmployee().add(employee2);
Session session = sessionFactory.openSession();// 打开 session
Transaction tx = session.beginTransaction();// 开始事务
// 两者都要保存。保存的时候，应先保存被依赖的对象（部门），再保存依赖它的对象（员工），这样可以提高效率
session.save(department);
session.save(employee1);
session.save(employee2);
tx.commit();// 提交事务
session.close();
```

一对多的关系中需要删除一个表数据时需要注意下面几点。

- 删除员工（"多"的一方）对对方没有影响，可以直接删除，代码如下：

```
Employee employee = (Employee) session.get(Employee.class, 4);
session.delete(employee);
```

- 删除部门（"一"的一方），如果没有关联的员工，则可以直接删除；如果有关联员工且 inverse=true，由于不能维护关系，因此直接执行删除就会有异常。
- 如果有关联员工且 inverse=false，由于可以维护关联关系，因此应先把关联的员工的外键列设为 null，再执行删除命令，这样就不会出现异常，例如：

```
Department department = (Department) session.get(Department.class, 1);
session.delete(department);
```

2．多对多关系

多对多的关系例如老师和学生之间的关系。以老师和学生为例，创建多对多关系的实体类。此种关系的对象模型是将双方都加入 set 集合，其中学生实体类（省略 get 和 set 方法）如下：

```java
public class Student {
    /**
     * 学生
     */
    private Long id;
    private String name;
    // 关联的老师
    private Set<Teacher> teachers = new HashSet<Teacher>();
}
```

多对多的老师实体类（省略 get 和 set 方法）如下：

```java
public class Teacher {
    /**
     * 老师
     */
    private Long id;
    private String name;
    // 关联的学生
    private Set<Student> students = new HashSet<Student>();
}
```

映射文件也需要进行相应的配置，需要对老师实体类和学生实体类两个实体进行映射配置，双方也都用 set 标签和 many-to-many 标签。学生 Student.hbm.xml 配置文件如下：

```xml
<class name="Student" table="student">
    <id name="id">
        <generator class="native" />
    </id>
    <property name="name"></property>
    <!-- Teacher 属性，Set 集合
    表达的是 Department 类与 Teaher 多对多的关系
    table 属性：中间表
    key 子元素：集合外键，引用当前表主键的那个外键
     -->
    <set name="teachers" table="t_teacher_student" inverse="false">
        <key column="studentId"></key>
```

```xml
        <many-to-many class="Teacher" column="teacherId" ></many-to-many>
    </set>
</class>
```

在上面的学生映射文件多对多的关系中,和一对一不同的是,多对多关系需要一张中间表,这张中间表就是关联学生和老师的纽带,这张表会自动生成。老师 Teacher.hbm.xml 配置文件如下:

```xml
<class name="Teacher" table="teacher">
    <id name="id">
        <generator class="native" />
    </id>
  <property name="name"></property>
    <!-- Student 属性,set 集合
    表达的是 Department 类与 student 多对多关系
-->
<set name="students" table="t_teacher_student">
<key column="teacherId"></key>
<many-to-many class="Student" column="studentId"></many-to-many>
</set>
</class>
```

注意:老师和学生之间的关联必须通过一个共同的中间表实现,其表名必须一致,而且两个实体都必须配置 set 标签和 many-to-many 标签,表示两者关系是多对多。

在多对多关系的增删改查中,当执行修改和删除操作时,需要注意外键关系。

3. 一对一关系

一对一的关系在实际开发中遇到的并不多,例如公民和身份证之间的关系,以公民和身份证为例,创建一对一关系的实体类,在对象模型中是将双方都加入对方对象,其中身份证实体类(省略 get 和 set 方法)如下:

```java
public class IdCard {
    private Integer id;
    private String number;
    private Person person; // 关联的公民
}
```

一对一的公民实体类需要包含身份证对象(省略 get 和 set 方法),如下:

```java
public class Person {
    private Integer id;
    private String name;
    private IdCard idCard; // 关联的身份证
}
```

映射文件也需要进行相应的配置,需要对公民实体类和身份证实体类两个实体进行映射配置,其中公民(主表)Person.hbm.xml 配置文件如下:

```xml
<class name="Person" table="person">
    <id name="id">
        <generator class="native"></generator>
    </id>
    <property name="name"/>
```

```xml
<!-- idCard 属性，IdCard 类型。
    表达的是 Department 类与 IdCard 的一对一。
    采用基于外键的一对一映射方式，本方无外键方。
    property-ref 属性：写的是对方映射中外键列对应的属性名。
-->
<one-to-one name="idCard" class="IdCard" property-ref="person"/>
</class>
```

在上面的一对一关系中，需要将关系中的表分成主表和从表两张，主表必须配置<one-to-one>标签和 property-ref 属性。从表身份证表的 IdCard.hbm.xml 配置文件如下：

```xml
<class name="IdCard" table="idCard">
    <id name="id">
        <generator class="native"></generator>
    </id>
    <property name="number"/>

    <!-- person 属性，Person 类型。
        表达的是 Department 类与 Person 的一对一。
        采用基于外键的一对一映射方式，本方有外键方。-->
    <many-to-one name="person" class="Person" column="personId" unique="true">
    </many-to-one>
</class>
```

一对一实际上就是一对多的一个特例，所以可以将一个一对多的情况转换成多个一对一的情况，只需要在从表中的<many-to-one>中配置一个 unique 属性并设为 true，再指定一个属性作为外键，这个外键通过 column 属性来指定。在 Hibernate 的三种关联关系中，有两点需要注意：

1）对于新的实体类，通常需要在主配置文件的<map source=" ">中添加映射文件路径。如果在测试过程中需要在同一个主配置文件下创建多张表和多个实体，为简化操作，可以在初始化 configuration 时通过 addClass()方法来包含映射文件，如下面代码所示。使用 addClass()方法后，不应在主配置文件中重复添加映射信息，否则会报错。

```java
// 初始化
private static SessionFactory sessionFactory = null;
static {
    Configuration cfg = new Configuration();
    cfg.configure()// 读取指定的主配置文件
        .addClass(Student.class)//
        .addClass(Teacher.class);//
    sessionFactory = cfg.buildSessionFactory();// 根据主配置文件生成 session 工厂
```

2）在多对多关系中，无论是新增还是维护数据，"多"的两边关联关系都必须正确配置。如在刚才的例子 teacher 和 student 中，两边关联关系 inverse 都设置为 false，表示将关系两端操作都写入中间表；也可以只设置一边，维护中间表，将另一端的 set 属性中的 inverse 值设为 true，表示当前表操作不会被写入中间表；但不要将两端的 inverse 同时为 true，否则会导致任何操作都不触发对中间表的操作。

8.6 案例：人事管理系统数据库

需求说明：现有一家企业因业务需要，要创建一个人事管理系统，该系统需要使用 Hibernate 框架通过持久化对象来对数据库进行操作,数据库采用开源的 MySQL 数据库。本案例需要完成数据库的设计,实现持久化对象操作数据库并完成 JUnit 测试工作。数据库测试可采用测试数据。

为简化起见,本系统数据库设计仅将系统中涉及的主要的三张表拿出来分析。本系统数据库设计需要定义以下三张表:员工表 user,部门表 department 和角色表 role,首先要明确这三个表对应的实体类的管理关系,它们应该是:部门和员工是一对多关系,员工和角色是多对多关系,这三张表对应的实体类的关系如图 8-22 所示。

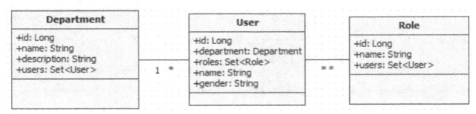

图 8-22 对应的实体类的关系

1. 员工表

员工表结构见表 8-2。

表 8-2 user 表结构

字段名	数据类型	允许空	约束	描述
id	Long	Not Null	主键,自动增量	员工工号
name	varchar	Null		姓名
gender	varchar	Null		性别
departmentId	Department	Null		部门编号

2. 部门表

部门表结构见表 8-3。

表 8-3 department 表结构

字段名	数据类型	允许空	约束	描述
id	Long	Not Null	主键,自动增量	部门编号
name	varchar	Null		姓名
description	varchar	Null		部门描述

3. 角色表

角色表结构见表 8-4。

表 8-4 role 表结构

字段名	数据类型	允许空	约束	描述
id	Long	Not Null	主键,自动增量	角色编号
name	varchar	Null		角色名称

4. 用户-角色表

用户-角色表结构见表 8-5。

表 8-5　user_role 表结构

字段名	数据类型	允许空	约束	描述
userId	Long	Not Null	主键	用户编号
roleId	Long	Not Null	主键	角色编号

创建表对应实体类，其中 user 表对应的实体类（省略了 get 和 set 方法）如下：

```java
public class User {
    private Long id;
    private Department department;
    private Set<Role> roles = new HashSet<Role>();
    private String name; // 真实姓名
    private String gender; // 性别
    @Override
    public String toString() {
        return "id+name="+id+name;
    }
}
```

department 表对应的实体类（省略了 get 和 set 方法）如下：

```java
public class Department {
    private Long id;
    private Set<User> users = new HashSet<User>();
    private Set<Department> children = new HashSet<Department>();
    private String name;
    private String description;
    @Override
    public String toString() {
        return "id+name="+id+name;
    }
}
```

role 表对应的实体类（省略了 get 和 set 方法）如下：

```java
public class Role {
    private Long id;
    private String name;
    private Set<User> users = new HashSet<User>();
    @Override
    public String toString() {
        return "id+name="+id+name;
    }
}
```

创建相应的映射文件，User.hbm.xml 如下：

```xml
<hibernate-mapping package="cn.hibernate.Case">
    <class name="User" table="user">
        <id name="id">
            <generator class="native"/>
        </id>
        <property name="name" />
        <property name="gender" />
```

```xml
            <!-- department 属性,Department 类与 Department 的多对一 -->
            <many-to-one name="department" class="Department" column="departmentId"></many-to-one>
            <!-- roles 属性,Department 类与 Role 的多对多 -->
            <set name="roles" table="user_role" lazy="false">
                <key column="userId"></key>
                <many-to-many class="Role" column="roleId"></many-to-many>
            </set>
        </class>
</hibernate-mapping>
```

创建相应的映射文件,Department.hbm.xml 如下:

```xml
<hibernate-mapping package="cn.hibernate.Case">
    <class name="Department" table="department">
        <id name="id">
            <generator class="native" />
        </id>
        <property name="name" />
        <property name="description" />
        <!-- users 属性,Department 类与 User 的一对多 -->
        <set name="users">
            <key column="departmentId"></key>
            <one-to-many class="User" />
        </set>
    </class>
</hibernate-mapping>
```

创建相应的映射文件,Role.hbm.xml 如下:

```xml
<hibernate-mapping package="cn.hibernate.Case">
    <class name="Role" table="role">
        <id name="id">
            <generator class="native"/>
        </id>
        <property name="name" />
        <!-- users 属性,Department 类与 User 的多对多 -->
        <set name="users" table="user_role">
            <key column="roleId"></key>
            <many-to-many class="User" column="userId"></many-to-many>
        </set>
    </class>
</hibernate-mapping>
```

主配置文件 hibernate.cfg.xml 和之前示例一样,这里不再赘述,只是映射文件路径不在主配置文件的<map>标签中声明,会在代码中添加,前面已经提及。

下面进行数据库表的持久化对象操作。首先进行 Hibernate 的初始化操作,这里创建一个静态代码块来保证程序一启动就会执行,代码如下:

```java
// 初始化
private static SessionFactory sessionFactory = null;
static {
    Configuration cfg = new Configuration();
    cfg.configure()// 读取指定的主配置文件
```

```
            .addClass(Role.class)//
            .addClass(Department.class)//
            .addClass(User.class);
    sessionFactory = cfg.buildSessionFactory();// 根据主配置文件生成 session 工厂
}
```

初始化完成后程序就会读取三个映射文件来建表,并进行插入数据的操作,代码如下:

```
@Test
public void testSave() throws Exception {
    Session session = sessionFactory.openSession();// 打开 session
    Transaction tx = session.beginTransaction();// 开始事务
    // 创建对象
    User user1 = new User();
    user1.setName("王刚");
    user1.setGender("男");

    User user2 = new User();
    user2.setName("李红");
    user2.setGender("女");

    Department department1=new Department();
    department1.setName("销售部");
    department1.setDescription("负责销售和客户关系维护");

    Department department2=new Department();
    department2.setName("研发部");
    department2.setDescription("负责产品开发");

    Role role1=new Role();
    role1.setName("部门经理");
    Role role2=new Role();
    role2.setName("工程师");
    department1.getUsers().add(user1);
    department1.getUsers().add(user2);

    role1.getUsers().add(user1);
    role2.getUsers().add(user2);

    // 保存
    session.save(user1);
    session.save(user2);
    session.save(department1);
    session.save(department2);
    session.save(role1);
    session.save(role2);

    tx.commit();// 提交事务
    session.close();
}
```

执行插入语句后,程序将首先创建下面四张表,并创建表之间的关联关系,最后插入数据。四张表查询结果如图 8-23 所示。

```
mysql> select * from user;
+----+------+--------+--------------+
| id | name | gender | departmentId |
+----+------+--------+--------------+
|  1 | 王刚 | 男     |            1 |
|  2 | 李红 | 女     |            1 |
+----+------+--------+--------------+
2 rows in set (0.00 sec)
```

a) user 表查询结果

```
mysql> select * from department;
+----+--------+----------------------------+
| id | name   | description                |
+----+--------+----------------------------+
|  1 | 销售部 | 负责销售和客户关系维护     |
|  2 | 研发部 | 负责产品开发               |
+----+--------+----------------------------+
2 rows in set (0.00 sec)
```

b) department 表查询结果

c) role 表查询结果   d) user_role 表查询结果

图 8-23　四张表的查询结果

通过一个表数据获取其他关联表数据，可以通过 session.get()获取，具体代码如下：

```
@Test
    public void testGet() {
        Session session = sessionFactory.openSession();
        Transaction tx = session.beginTransaction();
        // 通过员工获取部门信息
        User user = (User) session.get(User.class, 1L);
        System.out.println(user);
        System.out.println("通过员工获取部门信息"+user.getDepartment());
        // 通过部门获取员工信息
        Department department = (Department) session.get(Department.class, 1L);
        System.out.println(department);
        System.out.println("通过部门获取员工信息:"+department.getUsers());
        // 通过员工获取角色信息
        User user1 = (User) session.get(User.class, 1L);
        User user2 = (User) session.get(User.class, 2L);
        System.out.println(user1);
        System.out.println(user2);
        System.out.println("通过员工 1 获取角色信息:"+user1.getRoles());
        System.out.println("通过员工 2 获取角色信息:"+user2.getRoles());
        // 通过角色获取员工信息
        Role role1 = (Role) session.get(Role.class, 1L);
        Role role2 = (Role) session.get(Role.class, 2L);
        System.out.println(role1);
        System.out.println(role2);
        System.out.println("通过角色 1 获取员工信息:"+role1.getUsers());
        System.out.println("通过角色 2 获取员工信息:"+role2.getUsers());
```

```
        tx.commit();
        session.close();
    }
```

程序运行结果在控制台的显示如图 8-24 所示。

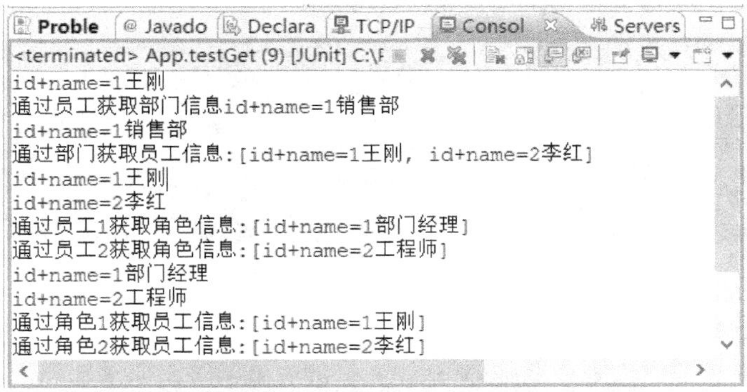

图 8-24　程序运行结果在控制台的显示

由于三个实体类之间有关联关系，有时候需要解除这种关联关系。如员工不在原来部门了，就需要解除员工和原来部门的关系；或员工角色从一个角色转化成另一个角色等情况。如果从"一"的一方进行关系解除，即解除 department 部门表下面所有员工的关联关系。这种需要解除关联关系的示例代码如下：

```
Department department = (Department) session.get(Department.class, 1L);
department.getUsers().clear();
tx.commit();// 提交事务
session.close();
```

程序运行后查询数据表 user 的结果如图 8-25 所示。

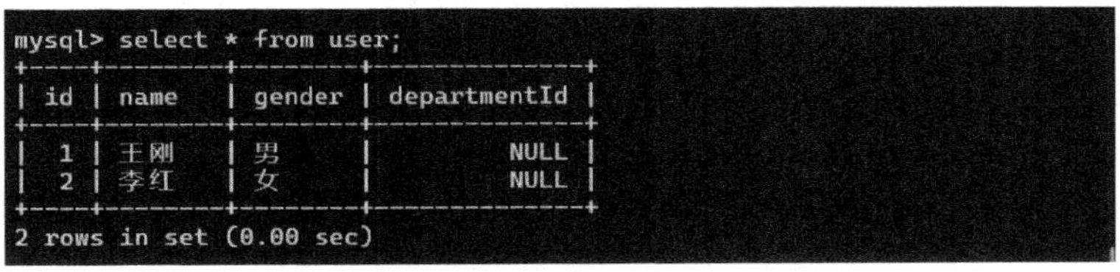

图 8-25　程序运行后查询数据表 user 的结果

如果从"多"的一方进行关系解除，即解除某个员工与所在部门的关联关系，示例代码如下：

```
User user1 = (User) session.get(User.class, 1L);
user1.setDepartment(null);
```

注意：如果 inverse=true，则不能解除关联关系。

如果彻底删除关联表中的某条数据，这时候就要注意它们具体的关联关系是怎样的，删除关联关系表的数据的示例代码如下：

```
@Test
public void testDelete() throws Exception {
    Session session = sessionFactory.openSession();// 打开 session
    Transaction tx = session.beginTransaction();// 开始事务
    User user1 = (User) session.get(User.class, 1L);
```

```
        session.delete(user1);
        tx.commit();// 提交事务
        session.close();
    }
```

执行删除操作后，id 为 1 的 user 被删除，查询数据表运行结果如图 8-26 所示。

```
mysql> select * from user;
+----+--------+--------+--------------+
| id | name   | gender | departmentId |
+----+--------+--------+--------------+
|  2 | 李红   | 女     |         NULL |
+----+--------+--------+--------------+
1 row in set (0.00 sec)
```

图 8-26　查询数据表运行结果

删除关联关系的数据需要注意的两点如下。

- 一对多和多对多关联关系：删除部门（“一”的一方）时，如果部门下没有关联的员工，则可以删除；如果有关联员工且 inverse 为 false，由于可以维护关联关系，可以先删除中间表中的关联记录，再删除部门本身；如果有关联员工且 inverse 为 true，由于不能由“一”方维护关联关系，因此直接执行删除就会有异常。
- 一对多关联关系：删除员工（多的一方）对“一”方没有影响。

本章小结

本章首先介绍了 Hibernate 框架，这是一种对象关系映射（Object Relational Mapping，简称 ORM）的基本概念和工作原理，然后介绍了 Hibernate 的工作流程，分析了流程中的每个步骤的注意事项，进一步介绍了 Hibernate 的核心 API，并且对每个核心 API 给出了应用的场景和示例核心代码，然后介绍了利用实体类和映射文件自动建立多个表，并且展示了多个表之间的一对一、一对多、多对多的关系，这些关系是学习 Hibernate 框架的核心和难点。最后，通过一个实例，进一步详细阐述了 Hibernate 框架的应用。

实践与练习

一、选择题

1．下面不属于持久化对象的状态的是（　　）。

A．临时状态　　B．独立状态　　C．游离状态　　D．持久化状态

2．下面对 Hibernate 描述正确的是（　　）。

A．是 ORM 的一种实现方式　　B．不需要 JDBC 的支持

C．属于控制层　　D．属于数据持久层

3．在 Hibernate 中，（　　）不属于 session 的方法。

A．update　　B．open　　C．delete　　D．save

4．以下对 Hibernate 中的 load 和 get 方法描述正确的是（　　）。

A．这两个方法不一样，load()先找缓存，再找数据库

B．这两个方法不一样，get()先找缓存，再找数据库

C．load()和 get()都是先找缓存，再找数据库

D．load()是延迟检索，先返回代理对象，访问对象时再发出 sql 命令，get()是立即检索，直接发出 SQL 命令，返回对象

5．在 Hibernate 中修改对象的说法错误的是（　　）。

A．只能利用 update 方法来修改　　　　B．可以利用 saveOrUpdate 方法来修改

C．可以利用 HQL 语句来修改　　　　　D．不能利用 HQL 语句来修改

6．从 sessionFactory 中得到 Session 的方法是（　　）。

A．getSession　　　　　　　　　　　B．openSession

C．currentSession　　　　　　　　　　D．get

7．Hibernate 配置文件中不包含（　　）。

A．对象-关系映射信息　　　　　　　　B．实体关联配置信息

C．show_sql 等参数的配置　　　　　　D．数据库配置信息

8．在 Hibernate 关系映射配置中，inverse 属性的含义（　　）。

A．定义在<one-to-many>节点上，声明要负责关联的维护

B．声明在<set>节点上，声明要对方负责关联的维护

C．定义在<one-to-many>节点上，声明对方要负责关联的维护

D．声明在<set>节点上，声明是否要负责关联的维护

9．在 Hibernate 中，事务提交的方法是（　　）。

A．get　　　　　B．submit　　　　　C．commit　　　　　D．close

10．在 Hibernate 关系映射配置中，代表多对多关系的是（　　）。

A．<many-to-many>　　　　　　　　B．<many-to-one>

C．<one-to-many>　　　　　　　　　D．<one-to-one>

二、简答题

1．描述 Hibernate 工作流程。

2．简述 Hibernate 持久化操作的主要步骤。

3．举例说明 Hibernate 的检索方式。

实验指导：Hibernate 框架的持久层数据操作

题目 1　Hibernate 框架配置

1．任务描述

掌握 Hibernate 环境配置过程。

2．任务要求

（1）下载并导入 Hibernate 的核心 JAR 包。

（2）创建数据库。

（3）编写实体类（持久化类）。

（4）编写实体类对应的映射文件。

（5）编写核心配置文件。

（6）编写测试类进行增删改查操作的测试。

3. 操作步骤提示

(1) 在 Hibernate 官方网站（http://hibernate.org/orm/downloads/）下载最新的 Hibernate 核心包和相关 JAR 包，并将所需的全部核心 JAR 包导入项目。

(2) 利用 Navicat 可视化工具进行数据库建库操作。

(3) 创建持久化的实体类，包含 get/set 方法、构造方法、重写 toString() 方法等。

(4) 配置映射文件，明确实体类之间的关联关系，根据关联关系进行关联信息的配置。

(5) 编写核心配置文件 hibernate.cfg.xml，将数据库连接信息、参数配置信息、映射文件路径等信息配置到主配置文件中。

(6) 编写测试方法，对每一个持久化操作进行 JUnit 测试。

题目 2 Hibernate 框架设计数据库：父子关联关系设计

1. 任务描述

(1) 完成父亲和儿子系统设计：一对多的关联关系。

(2) 理解一对多关系中的数据映射关联关系。

(3) 理解数据库设计外键的制约关系。

2. 任务要求

(1) 完成 Hibernate 框架所需要的核心 JAR 包下载并将其导入到项目中。

(2) 创建数据库。

(3) 完成父亲 Father 和儿子 Son 两个实体类的设计。

(4) 完成映射文件的配置，按照一对多的关联关系对两边映射文件分别进行配置。

(5) 完成核心配置文件的创建。

(6) 完成持久化对象的增删改查操作，并完成 JUnit 测试工作。

3. 操作步骤提示

(1) 导入 Hibernate 核心 JAR 包、Hibernate 依赖包以及 MySQL 驱动包。

(2) 创建数据库，代码如下所示。

```
mysql> create database hibernateDemo default character set utf8;
Query OK, 1 row affected (0.03 sec)
```

(3) 分别创建 Father 和 Son 的实体类，实体类中有 id、name 属性以及相应的 get/set 方法。

(4) 配置两个实体类的映射文件，Son 的映射文件 Son.hbm.xml 参考代码如下：

```xml
<class name="Son" table="son" >
<id name="id">
<generator class="native"></generator>
</id>
<property name="name" type="string"></property>
<many-to-one name="father" class="Father" column="fatherId">
</many-to-one>
```

Father 的映射文件 Father.hbm.xml 参考代码如下：

```xml
<class name="Father" table="father">
<id name="id">
<generator class="native"></generator>
```

```xml
</id>
<property name="name" type="string"></property>
<set name="son">
<key column="fatherId"></key>
<one-to-many class="Son"/>
</set>
</class>
```

(5) 配置核心文件 hibernate.cfg.xml，完成数据库配置、参数配置以及映射文件路径配置等操作。

(6) 对持久类进行操作，参考代码如下：

```java
@Test
public void testSave() throws Exception
{
    //构建对象
    Father father=new Father();
    father.setName("张某某");
    Son son1=new Son();
    son1.setName("张三");
    Son son2=new Son();
    son2.setName("张四");
    //关联起来
    son1.setFather(father);
    son2.setFather(father);
    father.getSon().add(son1);
    father.getSon().add(son2);
    Session session=sessionFactory.openSession();//打开session
    Transaction tx=session.beginTransaction();//开始事务
    //保存
    session.save(father);
    session.save(son1);
    session.save(son2);

    tx.commit();//提交事务
    session.close();
}
//可以获取关联的对方
@Test
public void testGet()
{
    Session session=sessionFactory.openSession();
    Transaction tx=session.beginTransaction();
    //获取一方
    Father father=(Father) session.get(Father.class, 1);
    System.out.println(father);
    System.out.println(father.getSon());
    //显示另一方信息
    Son son=(Son) session.get(Son.class, 2);
    System.out.println(son);
    System.out.println(son.getFather());
    tx.commit();
    session.close();
}
```

第 9 章 事件和数据管理

学习目标

- 了解事件的概念。
- 掌握事件的创建、修改和删除。
- 掌握数据库的备份与还原。
- 掌握数据库用户管理。
- 掌握用户权限设置。

素养目标

- 授课知识点：事件的应用、数据库备份与还原、用户管理及权限设置。
- 素养提升：通过让学生学习数据库备份与还原的知识点，培养学生的实践和创新精神。
- 预期成效：鼓励学生通过实践来掌握事件以及多种数据库备份与还原的方法。通过使用事件实现数据库定时备份，让学生在解决实际问题的过程中锻炼自己的实践能力和创新思维。同时，可以引导学生关注数据库备份与还原的最新发展，激发他们的创新精神和求知欲。

本章介绍数据库事件、数据库备份与还原、数据库用户管理及权限设置相关的基础知识，包括事件的创建、修改与删除，数据库备份与还原的多种方式，以及数据库用户的创建、修改与删除等。最后通过案例实现数据库的备份与恢复。

9.1 事件概述

事件（event）是根据指定时间表执行的任务，称为计划事件。事件包含一个或多个 SQL 语句的对象。一个事件可调用一次，也可周期性地启动。因为它们是由时间触发的，所以 MySQL 事件也称为时间触发器，但是它与触发器又有所区别，触发器只针对某张数据表产生的事件（INSERT、UPDATE 和 DELETE 操作）执行特定的任务，而事件调度器则是根据时间周期来触发设定的任务，且操作对象可以是多张数据表。

事件表是一张用来记录数据库事件的表，其中包含了事件的类型、发生时间、操作表名等信息。例如，在 MySQL 中，可以通过触发器实现事件表的记录。当数据库中发生一个事件时，触发器会将事件的相关信息记录在事件表中。对于每个事件，事件表会记录以下信息。

事件类型：包括了表的创建、删除、记录的插入、更新和删除等。

发生时间：事件的发生时间，通常以日期时间的形式进行记录。

操作表名：事件发生的关联表名。

事件触发方式：事件的触发方式，例如是由用户的操作引起的，还是由程序中的操作引起的。

事件触发者：事件的触发者，例如某个特定的用户或程序。

事件取代了原先只能由操作系统的计划任务来执行的工作，而且 MySQL 的事件调度器可以精确到每秒钟执行一个任务，这在一些对实时性要求较高的环境下是非常实用的，数据库事件的应用场景如下。

1．数据库安全监测

数据库事件表可以用来跟踪和记录数据库的操作，通过信息的记录和追溯，检测到各种异常事件，以便及时反应和处置。同时通过事件追踪记录来回看所有人的数据库操作，可以有效地避免人员不当操作，降低数据损失出现、数据泄露等问题的概率。

2．数据库性能监控

在面对高并发和大数据环境时，数据库的读写操作变得非常频繁。对于企业应用而言，数据库的性能监控非常关键。事件表可以帮助企业实时监测数据库中的所有操作，了解数据库的使用情况和各种操作的耗时情况，及时地进行调整和优化。

3．数据库修复和回滚

在数据库操作中，重要的数据可能会被误删或是被恶意攻击者修改，这些问题都会对数据库的正常使用造成影响。事件表可以用于记录删除某一条数据或是修改某一条数据的事件，并且可以通过事件表中记录的时间和操作者信息来追溯到误删或是被篡改的数据，及时地进行修复或是进行回滚操作。

4．数据库备份

数据库的备份是数据库管理中非常重要的一项工作。数据库事件表可以帮助管理员实时备份数据库中的所有操作。并且该备份可以随时使用，以重新恢复所需要的数据，备份数据将根据数据库恢复的需求而定期进行更新。

9.1.1 查看事件是否开启

事件由一个特定的线程来管理。启用事件调度器后，拥有 SUPER 权限的账户执行 SHOW PROCESSLIST 命令就可以看到这个线程了，也可以通过对全局变量 event_scheduler 的查看，掌握事件调度器的状态。其值为 OFF 表示关闭，其值为 ON 表示开启。查询事件调度状态有以下三种方式：

1．使用 SHOW 命令查看 event_scheduler

例如：

```
SHOW VARIABLES LIKE 'event_scheduler';
```

结果如图 9-1 所示。

```
mysql> SHOW VARIABLES LIKE 'event_scheduler';
+-----------------+-------+
| Variable_name   | Value |
+-----------------+-------+
| event_scheduler | ON    |
+-----------------+-------+
1 row in set, 1 warning (0.01 sec)
```

图 9-1　使用 SHOW 命令查看事件调度器状态

2. 使用 SELECT 命令查看 event_scheduler

例如：

```
SELECT @@event_scheduler;
```

结果如图 9-2 所示。

```
mysql> SELECT @@event_scheduler;
+-------------------+
| @@event_scheduler |
+-------------------+
| ON                |
+-------------------+
1 row in set (0.00 sec)
```

图 9-2　使用 SELECT 命令查看事件调度器状态

3. 查看事件计划表 PROCESSLIST

例如：

```
SHOW PROCESSLIST;
```

结果如图 9-3 所示。

图 9-3　查看事件计划表

这里可以看到有一个 event_scheduler 事件调度器，如果事件未开启，则看不到 event_scheduler 事件调度器。

9.1.2　开启事件

MySQL 数据库的事件调度器功能默认是开启的，如果需要手动开启或关闭事件调度器，可以使用以下命令：

```
SET GLOBAL event_scheduler = ON | OFF | DISABLED;
SHOW VARIABLES LIKE 'event_scheduler';
```

结果如图 9-4 所示。

```
mysql> SET GLOBAL event_scheduler = OFF;
Query OK, 0 rows affected (0.00 sec)

mysql> SHOW VARIABLES LIKE 'event_scheduler';
+-----------------+-------+
| Variable_name   | Value |
+-----------------+-------+
| event_scheduler | OFF   |
+-----------------+-------+
1 row in set, 1 warning (0.00 sec)
```

图 9-4　使用 SET 命令修改事件调度器状态

或者在 MySQL 配置文件 my.ini 中添加以下行，并重启 MySQL 服务：

```
[mysqld]
event_scheduler = ON | OFF | DISABLED
```

结果如图 9-5 所示。

图 9-5　使用配置文件修改事件调度器状态

取值为 ON 表示开启事件调度，OFF 表示关闭事件调度，DISABLED 表示禁用事件调度器。此外，使用 skip-grant-tables 启动数据库也会禁用事件调度器。

9.1.3　创建事件

MySQL 事件信息保存在 mysql.event 表中。虽然可以直接操作该表，但是这样做容易出现不可预知的错误。因此，建议使用 CREATE EVENT 语句，在指定的数据库中创建事件，以避免潜在的风险。语法格式如下：

```
CREATE
    [DEFINER = user]
    EVENT
    [IF NOT EXISTS]
    event_name
    ON SCHEDULE schedule
    [ON COMPLETION [NOT] PRESERVE]
    [ENABLE | DISABLE | DISABLE ON SLAVE]
    [COMMENT 'string']
    DO event_body;
schedule:
    AT timestamp [+ INTERVAL interval] ...
    | EVERY interval
    [STARTS timestamp [+ INTERVAL interval] ...]
    [ENDS timestamp [+ INTERVAL interval] ...]
interval:
    quantity {YEAR | QUARTER | MONTH | DAY | HOUR | MINUTE |
              WEEK | SECOND | YEAR_MONTH | DAY_HOUR | DAY_MINUTE |
              DAY_SECOND | HOUR_MINUTE | HOUR_SECOND |
              MINUTE_SECOND}
```

该语句中 event_name 是新建事件的名称，事件名称必须符合标识符命名规则，且名称必须唯一。新创建的事件默认属于当前数据库，若要在指定数据库中创建事件，创建时应将名称指定为 db_name.event_name。

DEFINER=user 是可选选项，用于定义事件创建者，省略表示当前用户。

IF NOT EXISTS 是可选选项。添加该选项，表示指定的事件不存在时执行创建事件操作，否则忽略此操作。

ON SCHEDULE schedule 表示触发点，用于定义执行的时间和时间间隔，包括 2 种选项：AT timestamp，一般只在指定时间执行一次，其中，timestamp 用于指定具体时间。Interval 系列关键字，可以用于设置时间间隔，可以直接与日期、时间进行计算；EVERY interval 用于设置事件的周期性执行频率，STARTS timestamp 是可选项，用于设定事件开始时间；ENDS timestamp 也是可选选项，用于设定事件结束时间。

ON COMPLETION ［NOT］ PRESERVE 是可选选项，用于定义事件执行完毕后是否保留事件，默认为 NOT PRESERVE（不保留），即删除事件。

ENABLE | DISABLE | DISABLE ON SLAVE 是可选选项，用于指定事件的属性，包括 3 种选项：ENABLE 表示该事件创建以后是开启的，也就是系统将执行这个事件，为默认选项；DISABLE 表示该事件创建以后是关闭的，也就是将事件的声明存储到目录中，但是不执行这个事件；DISABLE ON SLAVE 表示事件在从属服务器中是关闭的，只有设置了 MySQL 主从数据库才会用得上这个参数，指该事件已在主服务器上创建并复制到从属服务器，但在从属服务器上是关闭的。

COMMENT 'comment'是可选选项，用于定义事件的注释。

DO event_body 用于指定事件启动时所要执行的代码，可以是任何有效的 SQL 语句、存储过程或一个计划执行的事件。如果包含多条语句，可以使用 BEGIN…END 复合结构。

【例 9-1】 自定义事件的创建。

（1）创建一个名为 myEvent 的事件，使其在当前时间（CURRENT_TIMESTAMP）累加 1 分钟后，执行一次更新操作，将 8.4.2 节创建的 hibernatedemo.t_student 表中所有学生的年龄加 1。SQL 语句为：

```
CREATE EVENT myEvent
    ON SCHEDULE AT CURRENT_TIMESTAMP + INTERVAL 1 MINUTE
    DO
      UPDATE hibernatedemo.t_student SET age= age+ 1;
```

结果如图 9-6 所示。

```
mysql> CREATE EVENT myEvent
    ->     ON SCHEDULE AT CURRENT_TIMESTAMP + INTERVAL 1 MINUTE
    ->     DO
    ->       UPDATE hibernatedemo.t_student SET age= age+ 1;
Query OK, 0 rows affected (0.02 sec)

mysql> select * from  hibernatedemo.t_student;
+----+--------+------+
| id | name   | age  |
+----+--------+------+
|  4 | 王丽   |   18 |
| 10 | 李刚   |   22 |
+----+--------+------+
2 rows in set (0.00 sec)

mysql> select * from  hibernatedemo.t_student;
+----+--------+------+
| id | name   | age  |
+----+--------+------+
|  4 | 王丽   |   19 |
| 10 | 李刚   |   23 |
+----+--------+------+
2 rows in set (0.00 sec)
```

图 9-6 创建单次执行事件

（2）创建一个名为 backup_database 的事件，每天凌晨 1 时对 hibernatedemo 数据库进行备份操作，SQL 语句为：

```
use hibernatedemo;
delimiter //
CREATE EVENT backup_database
ON SCHEDULE EVERY 1 DAY
    STARTS DATE_ADD(CURDATE(), INTERVAL 1 DAY)
DO
  BEGIN
    SET @backup_command = CONCAT('mysqldump -uroot -password123456 hibernatedemo > d:\test.sql', DATE_FORMAT(NOW(), '%Y%m%d%H%i%s'), '.sql');
    PREPARE stmt FROM @backup_command;
    EXECUTE stmt;
    DEALLOCATE PREPARE stmt;
  END; //
```

结果如图 9-7 所示。

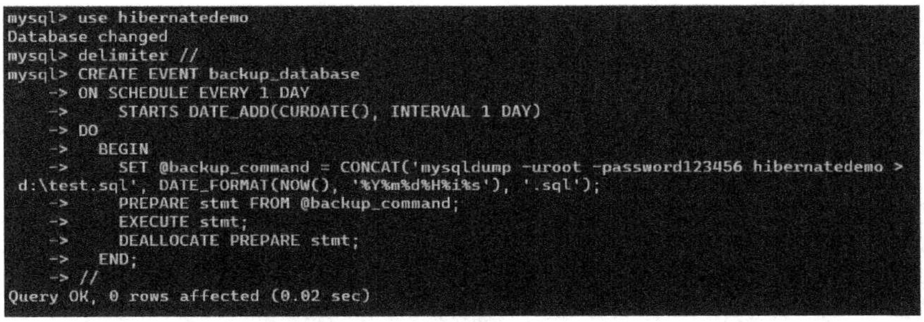

图 9-7 创建重复执行事件

9.1.4 查看事件

MySQL 中的事件存储在 information_schema.EVENTS 表中，可以通过查询命令获取事件表中全部事件，也可以查看特定的事件。

【例 9-2】 自定义事件的查看。

（1）创建一个名为 myEvent 的事件，使其在当前时间（CURRENT_TIMESTAMP）累加 1 天后，执行一次更新操作。SQL 语句为：

```
CREATE EVENT myEvent
    ON SCHEDULE AT CURRENT_TIMESTAMP + INTERVAL 1 DAY
    DO
      UPDATE hibernatedemo.t_student SET age= age+ 1;
SELECT
    EVENT_SCHEMA as '数据库',
    EVENT_NAME as '事件名',
    EXECUTE_AT as '执行时间',
    STATUS as '状态',
    EVENT_DEFINITION as '事件定义'
FROM
    information_schema.EVENTS;
```

结果如图 9-8 所示。

图 9-8　使用 EVENTS 表查看事件列表

（2）通过 show EVENTS\G 获取当前数据库中事件列表，其中，\G 是一个可选的参数。使用 \G 参数可以将结果以更易读的方式显示，每个属性占据一行，方便阅读和解析，语法格式如下：

```
use hibernatedemo;
show EVENTS\G
```

结果如图 9-9 所示。

图 9-9　使用 show EVENTS 查看事件列表

（3）通过 show CREATE EVENT event_name 获取当前事件完整的创建信息。语法格式如下：

```
show CREATE EVENTS myEvent \G
```

结果如图 9-10 所示。

图 9-10　查看事件完整创建信息

9.1.5　修改事件

在 MySQL 8 中，修改事件通常是指调整事件的定时策略或者是对事件的状态进行更改。语法格式如下：

```
ALTER EVENT event_name
    ON SCHEDULE schedule
ENABLE | DISABLE;
```

其中 schedule 格式为：

```
schedule:
    AT timestamp [+ INTERVAL interval] ...
    | EVERY interval
    [STARTS timestamp [+ INTERVAL interval] ...]
    [ENDS timestamp [+ INTERVAL interval] ...]
```

ON SCHEDULE schedule 与创建事件相同，表示触发点，用于定义执行的时间和时间间隔，包括 2 种选项：AT timestamp，一般只在指定时间执行一次，其中，timestamp 用于指定具体时间。Interval 系列关键字可以用于设置时间间隔，可以直接与日期、时间进行计算；EVERY interval 用于设置事件的周期性执行频率，STARTS timestamp 是可选项，用于设定事件开始时间；ENDS timestamp 也是可选项，用于设定事件结束时间。

【例 9-3】 修改事件的状态或定时策略。

（1）创建一天后执行的事件，将事件状态修改为 DISABLE。SQL 语句为：

```
CREATE EVENT myEvent
    ON SCHEDULE AT CURRENT_TIMESTAMP + INTERVAL 1 DAY
    DO
        UPDATE hibernatedemo.t_student SET age= age+ 1;
ALTER EVENT myEvent DISABLE;
show EVENTS \G
```

结果如图 9-11 所示。

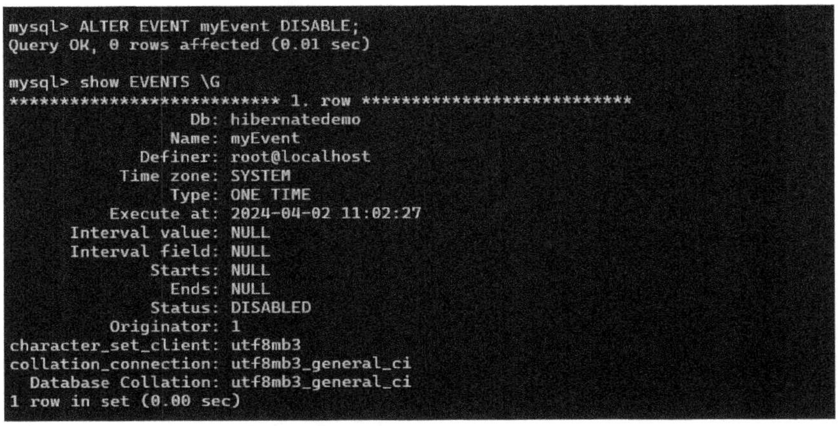

图 9-11 修改事件状态

（2）修改事件的定时策略，将事件执行周期改为每天执行一次，从当前时间开始执行，同时修改事件状态改为 ENABLE。SQL 语句如下：

```
ALTER EVENT myEvent
    ON SCHEDULE EVERY 1 DAY
    STARTS CURRENT_TIMESTAMP
```

```
    ENABLE;
show CREATE EVENT myEvent \G
```

结果如图 9-12 所示。

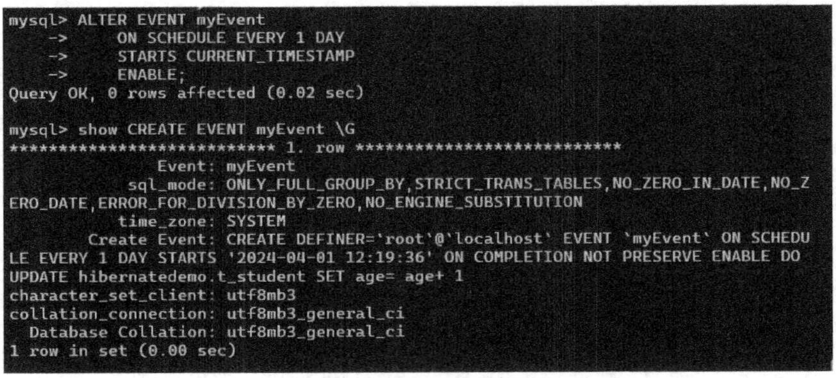

```
mysql> ALTER EVENT myEvent
    ->     ON SCHEDULE EVERY 1 DAY
    ->     STARTS CURRENT_TIMESTAMP
    ->     ENABLE;
Query OK, 0 rows affected (0.02 sec)

mysql> show CREATE EVENT myEvent \G
*************************** 1. row ***************************
               Event: myEvent
            sql_mode: ONLY_FULL_GROUP_BY,STRICT_TRANS_TABLES,NO_ZERO_IN_DATE,NO_Z
ERO_DATE,ERROR_FOR_DIVISION_BY_ZERO,NO_ENGINE_SUBSTITUTION
           time_zone: SYSTEM
        Create Event: CREATE DEFINER=`root`@`localhost` EVENT `myEvent` ON SCHEDU
LE EVERY 1 DAY STARTS '2024-04-01 12:19:36' ON COMPLETION NOT PRESERVE ENABLE DO
 UPDATE hibernatedemo.t_student SET age= age+ 1
character_set_client: utf8mb3
collation_connection: utf8mb3_general_ci
  Database Collation: utf8mb3_general_ci
1 row in set (0.00 sec)
```

图 9-12　修改事件定时策略

MySQL 中的事件调度器（Event Scheduler）允许创建定时任务，但是事件的执行顺序并不是由创建时间决定的，而是由它们的间隔和上一次执行的时间决定的。

如果想要改变事件的执行顺序，需要先停止事件，然后根据新的执行顺序调整它们的间隔和开始时间。SQL 语句如下：

```
ALTER EVENT myEvent
    ON SCHEDULE EVERY 1 DAY
    STARTS CURRENT_TIMESTAMP + INTERVAL 1 DAY
```

在执行这些操作之前，需要确保有足够的权限来修改事件，并且要注意修改事件可能会影响到已经安排好的事件执行计划。

9.1.6　删除事件

事件表中包含所有未完成事件，包括数据库名、事件名、创建者、执行时间、时间间隔、开始时间、结束时间等。如果事件已经执行结束，该事件会自动从事件表中移除，也可使用 drop 命令手动删除事件。

【例 9-4】删除指定名称的事件。

删除 myEvent 事件，SQL 语句如下：

```
drop EVENT myEvent;
show EVENTS;
```

结果如图 9-13 所示。

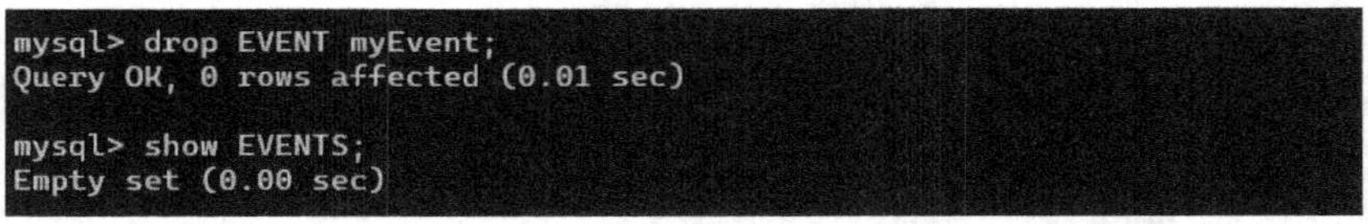

```
mysql> drop EVENT myEvent;
Query OK, 0 rows affected (0.01 sec)

mysql> show EVENTS;
Empty set (0.00 sec)
```

图 9-13　删除事件

9.2 数据库备份与还原

数据是数据库管理系统的核心,为了避免数据丢失,或者在发生数据丢失后将损失降到最低,需要定期对数据库进行备份。如果数据库中的数据出现了错误,需要使用备份好的数据进行数据还原,数据的还原是以备份为基础的。

9.2.1 数据的备份

为了保证数据库的可靠性和完整性,数据库管理系统通常会采取各种有效的措施进行维护,但是在数据库的使用过程中,还是可能由于多种原因,比如计算机硬件故障、计算机软件故障、病毒、人为误操作、自然灾害以及盗窃等,而造成数据丢失或破坏。因此,数据库系统提供了备份和恢复策略来保证数据库中数据的安全性。

实现备份数据库的方法主要有以下几种。

(1)完全备份

完全备份指将数据库中的数据及所有对象全部备份,实现完全备份的最快速方式之一是复制数据库文件,只要数据库服务器不进行更新,就可以复制所有文件以获取其最新副本。对于 InnoDB 表,可以进行在线备份,而且不需要对表进行锁定。

(2)表备份

表备份就是仅备份一张或者多张表中的数据。

(3)增量备份

增量备份是在某次完全备份的基础上,只备份完成备份后的数据的变化,可以用于定期备份和自动恢复。通过增量备份,当出现操作系统崩溃或者电源故障时,InnoDB 可以完成所有数据恢复的工作。

Mysql 提供了多种数据库备份方法,常见方法如下。

1. 使用 SQL 语句备份

用户可以使用 select into…outfile 语句把表数据导出到一个文本文件中,并使用 load data…infile 语句恢复数据。但是该方法只能导出或导入数据内容,不包括表的结构,如果表的结果文件损坏,则必须先恢复原来的表的结构。例如:

```
select into outfile 'file_name'export_options|dumpfile' file_name'
```

其中 export_options 为:

```
[fileds
    [terminated by 'string']
    [[optionally] enclosed by 'char']
    [escaped by 'char']
]
[lines terminated by 'string']
```

该语句的作用是将表中 select 语句选中的行写入到一个文件中,file_name 是文件的名称。文件默认在服务器主机上创建,并且文件名不能是已经存在的,以防将原文件覆盖。如果要将该文件写入到一个指定的位置,则要在文件名前加上具体路径。

使用 outfile 时,可以在 export_options 中加入以下两个自选的子句,来决定数据行在文件中存放的格式。

fields 子句：在 fields 子句中有三个亚子句，分别是 terminated by、enclosed by、escaped by。如果指定了 fields 子句，那么三个亚子句中至少要指定一个。

terminated by 用来指定字段值之间的符号；enclosed by 子句用来指定包裹输出到文件中字符值的符号；optionally 则表示所有值都放在双引号之间；escaped by 子句用来指定转义字符。

lines 子句：在 lines 子句中使用 terminated by 指定一行结束的标志。

2. 使用 mysqldump 程序备份

MySQL 提供了许多免费的客户端实用程序，并存放在 MySQL 安装目录下的 bin 子目录中。这些客户端实用程序可以连接到 MySQL 服务器进行数据库的访问，或者对 MySQL 进行不同的管理任务，其中 mysqldump 程序常用于实现数据库的备份。

可以使用 MySQL 客户端实用程序 mysqldump 来实现 MySQL 数据库的备份，这样的备份方式既备份文件，也同时备份表结构。采用 mysqldump 进行备份可以在导出的文件中包含表结构的 SQL 语句，因此可以备份数据库表的结构，从而可以备份一个数据库，甚至整个数据库系统。

（1）备份数据表

mysqldump 程序可以将一个或多个数据表备份到已知文件中，语法格式如下。

```
mysqldump [options] database [tables]>filename;
```

参数说明如下。

options：mysqldump 命令支持的选项，可以通过执行 mysqldump --help 命令得到 mysqldump 选项表及更多帮助信息。

database：指定数据库的名称，其后可以加上需要备份的表名。如果在命令中没有指定表名，则该命令会备份整个数据库。

filename：指定最终备份的文件名，如果该命令语句中指定了需要备份的多个表，那么备份后都会保存在这个文件中。

与其他 MySQL 客户端实用程序一样，使用 mysqldump 备份数据时，需要使用一个用户账号连接到 MySQL 服务器，这可以通过用户手工提供参数或者在选项文件中修改有关值来实现。

options 参数格式：

```
-h[hostname] -u[username] -p[password]
```

其中-h 后面是主机名，如果是本地服务器，则-h 选项可以省略；-u 后面是用户名，-p 后面是用户密码，-p 选项与密码之间不允许出现空格。

【例 9-5】 使用 mysqldump 备份数据库 test 中的表 course。

```
Mysqldump -hlocalhost -uroot -p123456 test course > c:\backup\file.sql;
```

命令执行完成后会在指定的目录 c:\backup\file\sql 下生成一个表 course 的备份文件 file.sql，在文件中存储了创建表 course 的一系列 SQL 语句，以及该表中所有的数据。

（2）备份数据库

mysqldump 程序还可以将一个或多个数据库备份到已知文件中，其语法格式如下：

```
mysqldump [options] --databases [options] db1 [db2 db3…] >filename;
```

【例 9-6】 使用 mysqldump 备份数据库 test 和数据库 MySQL 到 C: 盘 backup 目录下。

```
Mysqldump -hlocalhost -uroot -p123456 -databases test MySQL > c:\backup\data.sql;
```

命令执行完成后，会在指定的目录 c:\backup 下生成一个包含两个数据库 test 和 MySQL 的备份文件 data.sql，文件中存储了创建这两个数据库及其内部数据表的全部 SQL 语句，以及两个数据库中所有的数据。

（3）备份数据库系统

mysqldump 程序还能够备份整个数据库系统，其语法格式如下：

```
mysqldump [options] -all-databases [options] > filename;
```

【例 9-7】 使用 mysqldump 备份 MySQL 服务器上的所有数据库。

```
mysqldump -u root -p123456 -all-databases > c:\backup\alldata.sql;
```

需要注意的是，尽管使用 mysqldump 程序可以导出表的结构，但是在恢复数据时，如果需要恢复的数据量很大，备份文件中众多的 SQL 语句会使得恢复效率降低。在这样的情况下，可以使用--tab=选项，将数据和创建表的 SQL 语句分开。--tab=选项会在选项中"="后面指定的目录里分别创建用于存储数据内容的 txt 格式文件和包含创建表结构的 SQL 语句的.sql 格式文件。该选项不能与--databases 或者--all-databases 同时使用，并且 mysqldump 必须运行在服务器主机上。

【例 9-8】 使用 mysqldump 将 test 数据库中所有表的表结构和数据都备份到 D: 盘 file 文件夹下。

```
mysqldump -uroot -p123456 --tab = D:/file/test;
```

9.2.2 数据的还原

数据库的恢复也称为数据库的还原，是将数据库从某种"错误"状态恢复到某一已知的"正确"状态。数据库的恢复是以备份为基础的、与备份相对应的系统维护和管理操作。系统进行恢复操作时，先执行一些系统安全的检查，包括检查所要恢复的数据库是否存在、数据库是否变化以及数据库文件是否兼容等，然后根据所采用的数据库备份类型采取相应的恢复操作。

1. 使用 SQL 语句恢复

用户可以使用 load data…infile 语句把一个文件中的数据导入到数据库中。语法格式如下。

```
load data[low_priority|concurrent][local]infile'file_name.txt'
   [replace|ignore]
   Into table tb_name
[fields
   [terminated by'string']
   [[optionally]enclosed by'char']
   [escaped by 'char']
]
[lines
   [starting by'string']
   [terminated by 'string']
]
[ignore number lines]
[(col_name_or_user_var,…)]
]
[lgnore number lines]
[(col_name_or_user_var,…)]
[set (col_name=expr,…)]
```

说明如下。

low_priority|concurrent：如果指定 low_priority，那么延迟语句的执行。如果指定 concurrent，那么当 load data 正在执行的时候，其他线程可以同时使用该表的数据。

local：如果指定了 local，那么可以指定客户端本地文件，并由客户端将其上传到服务器。文件会被给予一个完整的路径名称，来指定确切的位置。如果给定的是一个相对路径名称，那么该名称会被理解为相对于启动客户端程序所在的目录。如果没有指定 local，那么文件必须位于服务器主机上，并且被服务器直接读取。

file_name：等待载入的文件名，文件中保存了待存入数据库的数据行。输入文件可以手动创建，也可以使用其他的程序创建。加载文件时，若指定了文件的绝对路径，服务器根据该路径搜索文件，若不指定路径，则服务器会在默认数据库的数据库目录中读取。

tb_name：需要导入数据的表名，该表在数据库中必须存在，表结构必须与导入文件的数据行一致。

replace|ignore：如果指定了 replace，那么当文件中出现与原有行相同的唯一关键字时，输入行会替换原有行。如果指定了 ignore，则把原有行有相同的唯一关键字值的输入行跳过。

fields 子句：此处的 fields 子句和 select...into outfile 语句类似，用于判断字段之间和数据行之间的符号。

lines 子句：terminated by 亚子句用来指定一行结束的标志。starting by 亚子句用来指定已给前缀，并且在导入数据行时，忽略行中的该前缀和前缀之前的内容。如果某行不包括该前缀，那么整行被跳过。

ignore number lines：这个选项可以用于忽略文件的前几行。

col_name_or_user_var：如果需要载入一个表的部分列或文件中字段值顺序与表中列的顺序不同，则需要指定一个列清单，其中可以包含列名或者用户定义的变量。

set 子句：set 子句可以在导入数据时修改表中列的值。

2．使用 mysql 命令恢复数据

可以使用 mysql 命令将 mysqldump 程序备份的文件中的全部 SQL 语句还原到 MySQL 中。

【例 9-9】 假设数据库 test 损坏，请使用该数据库的备份文件 test.sql 将其恢复。

```
mysql -u root -p123456 test<test.sql ;
```

【例 9-10】 假设数据库 test 的 course 表结构损坏，备份文件存放在 D: 盘 file 目录下，现需要将包含 course 表结构的.sql 文件恢复到服务器中。

```
mysql -u root -p123456 test < D:/file/course.sql ;
```

3．使用命令 mysqlimport 恢复数据

使用命令 mysqlimport 恢复数据的语法格式如下。

```
mysqlimport [options] database filename
```

其中，options 是 mysqlimport 命令的选项，使用 mysqlimport --help 即可查看这些选项的内容和作用，常用的选项如下。

-d，--delete：在导入文本文件前清空表格。

-l，--lock-tables：在处理任何文本文件之前锁定所有的表，以保证所有的表在服务器上同步，对于 innoDB 类型的表则不必进行锁定。

--low-priority，--local，--replace，--ignore：分别对应 load data infile 语句的 low_priority，local，replace，ignore 关键字。

database：指定想要恢复的数据库名称。

filename：存储备份数据的文本文件名。

对于在命令行上命名的每个文本文件，mysqlimport 不会使用文件名的扩展名，而是仅使用文件名来确定向数据库中哪个表导入文件的内容。例如，file.txt，file.sql，file 都会被导入名为 file 的表中，因此备份文件名应和需要恢复的目标表名一致。

使用 mysqlimport 恢复数据时，还需要提供-h（主机名），-u（用户名），-p（密码）选项来连接 MySQL 服务器。

【例 9-11】 使用存放在 C:盘 backup 目录下的备份数据文件 course.txt，恢复数据库 text 中表 course 的数据。

```
mysqlimport -hlocalhost -uroot -p123456 -low-priority-replace test < c:\backup\course.txt;
```

9.3 MySQL 的用户管理

为了保证数据库的安全，MySQL 数据库提供了完善的管理机制和操作手段。MySQL 数据库中的用户分为普通用户和 root 用户。用户类型不同，其具体的权限也不同。root 用户是超级管理员，拥有所有的权限；而普通用户只能拥有创建用户时赋予的权限。

9.3.1 数据库用户管理

MySQL 用户账号和信息存储在名为 mysql 的数据库中，这个数据库中有一个名为 user 的数据表，包含所有用户的账号，该数据库用一个名为 user 的列存储用户的登录名。

1. 添加用户

系统新安装时，只有一个名为 root 的用户，该用户是在成功安装 MySQL 服务器后，由系统创建的，并且被赋予了操作和管理 MySQL 的所有权限。因此，root 用户具有对整个 MySQL 服务器完全控制的权限。

为了避免恶意用户冒名使用 root 账号操控数据库，通常需要创建一系列具备适当权限的账号，尽可能地不用或者少用 root 账号登录系统，以便确保数据的安全访问，因此，管理 MySQL 时需要对用户账号进行管理。

可以使用 create user 语句创建一个或者多个 MySQL 账户，并设置密码，语法格式如下。

```
CREATE USER 'user_name'@'host name'  IDENTIFIED BY 'password';
```

user_name：是用户名。

host name：是主机名，即用户连接 MySQL 时所在主机的名字。如果在创建的过程中只给出了账号中的用户名，而没有指定主机名，那么主机名会默认为是"%"，表示一组主机。

IDENTIFIED BY 子句：用于指定用户账号对应的口令，如果该用户账号无口令，那么可以省略该句。

password：指令用户账号的口令，在 identified by 关键字之后。给定的口令值可以是由字母和数字组成的明文。

【例 9-12】 在 MySQL 服务器中添加新的用户，其用户名为 king，主机名为 localhost，口令设置为明文"queen"。

```
create user'king'@'localhost' identified by 'queen';
```

注意：

在用户名的后面添加了通配符 localhost，指定了用户创建的 MySQL 连接来自的主机。如果一个用户名和主机名中包含特殊符号例如"-"，或者通配符例如"%"，那么需要用单引号将其括起来。"%"表示一组主机。

使用 create 语句，必须拥有向 MySQL 数据库中插入记录的权限，通常是 insert 权限或者全局 create user 权限。

使用 create user 语句创建一个用户账号后，会在系统自身的 MySQL 数据库的 user 表中添加一条新记录。如果创建的账户已经存在，那么语句执行会出现错误。

如果两个用户具有相同的用户名和不同的主机名，MySQL 会将其视为不同的用户，并允许为这两个用户分配不同的权限集合。

如果在 create user 语句的使用中，没有为用户指定口令，那么 MySQL 允许该用户可以不使用口令登录系统，但是从安全的角度出发不推荐这样做。

新创建的用户拥有的权限很少，他们可以登录到 MySQL，但只允许进行不需要权限的操作，例如，使用 show 语句查询所有存储引擎和字符集的列表等操作，而不能使用 use 语句让其他用户已经创建的任何数据库成为当前数据库。

2. 查看用户

查看用户的语法格式如下：

```
select * from mysql.user where host='host_name' and user='user_name'
```

其中，"*"代表 MySQL 数据库中 user 表的所有列，也可以指定特定的列。常用的列名有：host、user、authentication_string、select_priv、index_priv 等。在 MySQL 8 中使用 authentication_string 替代旧版本中使用的 password 字段。where 后紧跟的是查询条件。

【例 9-13】 查看本地主机上的所有用户名。

```
select host,user,authentication_string from mysql.user;
```

结果如图 9-14 所示。

```
mysql> select host,user,authentication_string from mysql.user;
+-----------+------------------+-------------------------------------------------------------------------+
| host      | user             | authentication_string                                                   |
+-----------+------------------+-------------------------------------------------------------------------+
| localhost | king             | *2A032F7C5BA932872F0F045E0CF6B53CF702F2C5                               |
| localhost | mysql.infoschema | $A$005$THISISACOMBINATIONOFINVALIDSALTANDPASSWORDTHATMUSTNEVERBRBEUSED  |
| localhost | mysql.session    | $A$005$THISISACOMBINATIONOFINVALIDSALTANDPASSWORDTHATMUSTNEVERBRBEUSED  |
| localhost | mysql.sys        | $A$005$THISISACOMBINATIONOFINVALIDSALTANDPASSWORDTHATMUSTNEVERBRBEUSED  |
| localhost | root             | *81F5E21E35407D884A6CD4A731AEBFB6AF209E1B                              |
+-----------+------------------+-------------------------------------------------------------------------+
5 rows in set (0.00 sec)
```

图 9-14 查看本机所有用户名

3. 修改用户账号

使用 rename user 语句修改一个或者多个已经存在的 MySQL 用户账号。如果指定的账户在系统中不存在，或者新的用户名已被占用，执行该语句将会出现错误。要成功执行 rename user 语句，必须拥有对 MySQL 数据库的 update 权限或者全局 create user 权限。语法格式如下：

```
rename user old_user to new_user[,old_user to new_user]…
```

old_user：系统中已经存在的 MySQL 用户账号。

new_user：新的 MySQL 用户账号。

【例 9-14】 将前面例子中用户 king 的名字修改成 queen。

```
rename user 'king'@'localhost' to 'queen'@'localhost';
```

结果如图 9-15 所示。

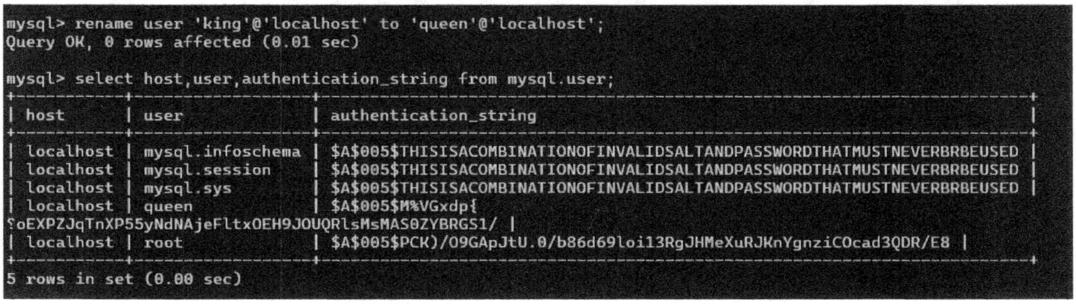

图 9-15　将本机 king 用户名修改为 queen

4．修改用户口令

MySQL 8 之后推荐用 ALTER USER 语句来修改密码，语法规则如下：

```
ALTER USER 'username'@'localhost' IDENTIFIED BY 'new_password';
```

结果如图 9-16 所示。

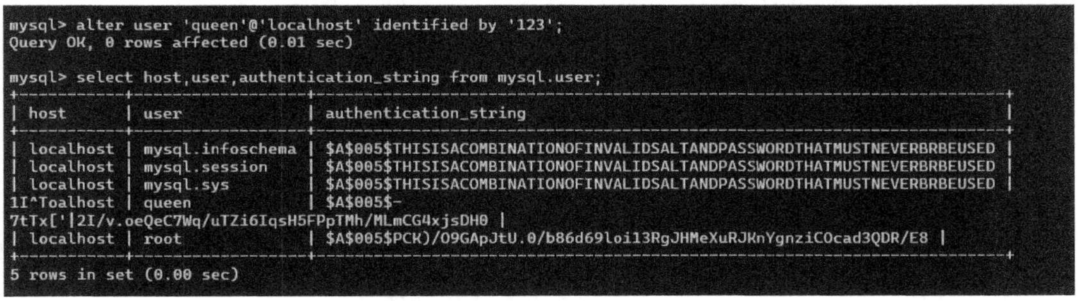

图 9-16　修改本机 queen 用户口令结果

5．删除用户

使用 drop user 语句可以删除普通用户。使用 drop user 语句删除用户必须有 drop user 权限。语法规则如下：

```
drop user user[,user]…
```

其中，user 参数是需要删除的用户，由用户名和主机组成。drop user 语句可以同时删除多个用户，各个用户用逗号隔开。

【例 9-15】 删除 queen 用户，主机名为 localhost。

```
drop user 'queen'@'localhost';
```

结果如图 9-17 所示。

```
mysql> drop user 'queen'@'localhost';
Query OK, 0 rows affected (0.02 sec)

mysql> select host,user,authentication_string from mysql.user;
+-----------+------------------+-------------------------------------------------------------------------+
| host      | user             | authentication_string                                                   |
+-----------+------------------+-------------------------------------------------------------------------+
| localhost | mysql.infoschema | $A$005$THISISACOMBINATIONOFINVALIDSALTANDPASSWORDTHATMUSTNEVERBRBEUSED   |
| localhost | mysql.session    | $A$005$THISISACOMBINATIONOFINVALIDSALTANDPASSWORDTHATMUSTNEVERBRBEUSED   |
| localhost | mysql.sys        | $A$005$THISISACOMBINATIONOFINVALIDSALTANDPASSWORDTHATMUSTNEVERBRBEUSED   |
| localhost | root             | $A$005$PCK)/O9GApJtU.0/b86d69loi13RgJHMeXuRJKnYgnziC0cad3QDR/E8          |
+-----------+------------------+-------------------------------------------------------------------------+
4 rows in set (0.00 sec)
```

图 9-17　删除本机 queen 用户

9.3.2　用户权限设置

1．权限授予

新建的 SQL 用户默认不允许访问属于其他 SQL 用户的表，也不能立即创建自己的表，除非被授权。可以授予的权限主要有以下几种。

列权限：和表中的特定列相关。

表权限：和特定表中的所有数据相关。

数据库权限：和特定数据库中的所有表相关。

用户权限：和 MySQL 服务器上所有的数据库相关。

可以使用 grant 语句给予用户授权，语法格式如下。

```
grant
priv_type[(column_list)][,priv_type[(column_list)]]…
on[object_type]priv_level
to user_specification[,user_specification]…
[with with_option…]
```

说明如下。

priv_type：用于指定权限的类型，例如，select、update、delete 等数据库操作。

column_list：用于指定权限授予的特定列。

on 子句：用于指定权限授予的对象和作用域，例如，可以在 on 关键字后面给出要授予权限的数据库名或者表名等。

object_type：可选项，用于指定权限授予的对象类型，包括表、函数和存储过程，分别用关键字 table、function、procedure 标识。

priv_level：用于指定权限的级别即操作的作用域。

to 子句：用来指定要向其授予权限的用户。如果在 to 子句中给系统中存在的用户指定口令，那么新密码会将原密码覆盖；如果权限被授予给一个不存在的用户，MySQL 会自动执行一条 create user 语句来创建这个用户，但是同时必须为该用户指定口令。

user_specification：to 子句中的具体描述部分，格式为 user [IDENTIFIED BY [PASSWORD] 'password']。

with 子句：grant 语句的最后可以使用 with 子句，为可选项，用于实现权限的转移或者限制。

（1）授予表权限和列权限

授予表权限时，priv_type 可以是以下值。

- select：给予用户使用 select 语句访问特定表的权力。用户也可以在视图中包含表，但是要求用户必须对视图中指定的每个表或者视图都有 select 权限。
- insert：给予用户使用 insert 语句向特定表中添加行的权限。
- delete：给予用户使用 delete 语句向特定表中删除行的权限。
- update：给予用户使用 update 语句修改特定表中值的权限。
- references：给予用户创建外键来参照特定的表的权限。
- create：给予用户使用特定的名字创建新表的权限。
- alter：给予用户使用 alter table 语句修改表的权限。
- index：给予用户在表上定义索引的权限。在 MySQL 8 中已废弃，若使用则会报错。
- drop：给予用户删除表的权限。
- all 或者 all privileges：表示所有可用的权限。

【例 9-16】 授予用户 king 在 course 表上的 select 权限。

```
use test;
grant select
    on course
    to king@localhost;
```

【例 9-17】 用户 liu 和 qu 不存在，授予它们在 course 表上的 select 和 update 权限。

```
grant select,update
    on course
    to liu@localhost identified by'lpwd',
        qu@localhost identified by'zpwd';
```

如果权限授予了一个不存在的用户，MySQL 会自动执行一条 create user 语句来创建这个用户，但必须为该用户指定密码。

【例 9-18】 授予 king 在 course 表上的学号列和姓名列的 update 权限。

```
grant update(姓名,学号)
    on course
    to king@localhost;
```

（2）授予数据库权限

表权限适用于一个特定的表，MySQL 还支持针对整个数据库的权限。例如，在一个特定的数据库中创建表和视图的权限。

授予数据库权限时，priv_type 可以是以下值。

- select：给予用户使用 select 语句访问特定数据库中所有表和视图的权限。
- insert：给予用户使用 insert 语句向特定数据库中所有表添加行的权限。
- delete：给予用户使用 delete 语句从特定数据库中所有表删除行的权限。
- update：给予用户使用 update 语句修改特定数据库中所有表中值的权限。
- references：给予用户创建特定的数据库中的表外键的权限。
- create：给予用户使用 create table 语句在特定数据库中创建新表的权限。
- alter：给予用户使用 alter table 语句修改特定数据库中所有表的权限。
- index：给予用户在特定数据库中的所有表上定义和删除索引的权限。在 MySQL 8 中已废弃，若使用则会报错。
- drop：给予用户删除特定数据库中所有表和视图的权限。

- create temporary tables：给予用户在特定数据库中创建临时表的权限。
- create view：给予用户在特定数据库中创建新的视图的权限。
- show view：给予用户查看特定数据库中已有视图的视图定义的权限。
- creat routine：给予用户为特定的数据库创建存储过程和存储函数等权限。
- alter routine：给予用户更新和删除数据库中已有的存储过程和存储函数等权限。
- execute routine：给予用户调用特定数据库的存储过程和存储函数的权限。
- lock tables：给予用户锁定特定数据库的已有表的权限。
- all 或者 all privileges：表示以上所有权限。

【例 9-19】 授予 king 在 test 数据库中的所有表的 select 权限。

```
grant select
    on test.*
    to king@localhost;
```

说明：

test.*表示 test 数据库中的所有表。例题中的权限适用于所有已有的表，以及此后添加到 test 数据库中的任何表。

grant 语法格式中，授予数据库权限时 on 关键字后面可以使用 "*" "db_name.*"，"*" 表示当前数据库中的所有表，"db_name.*" 表示某个数据库中的所有表，如例 9-19 中的 test.*表示 test 数据库中的所有表。

（3）授予用户权限

授予数据库权限时，可以定义在数据库级别或用户级别。最有效率的权限管理是授予用户权限。例如在用户级别上授予某人 create 权限，则该用户可以创建新的数据库，也可以在所有的数据库中创建新表。

MySQL 授予用户权限时 priv_type 可以是以下值。

- create user：给予用户创建和删除新用户的权限。
- show databases：给予用户使用 show databases 语句查看所有已有的数据库的定义的权限。

在 grant 语法格式中，授予用户权限时 on 子句中使用 "*.*"，表示所有数据库的所有表。

【例 9-20】 授予 Linda 创建新用户的权限。

```
grant create user
    on *.*
    to Linda@localhost;
```

2. 权限的转移和限制

（1）转移权限

如果将 with 子句指定为 with grant option，那么表示 to 子句中所指定的所有用户都具有把自己所拥有的权限授予其他用户的权限，无论其他用户是否拥有该权限。

【例 9-21】 授予当前系统中一个不存在的用户 qu 在数据库 test 的表 course 上拥有 select 和 update 的权限，并允许 qu 可以将自身的这个权限授予其他用户。

```
grant select,update
on test.course
to 'qu'@'localhost'identified by'abc'
with grant option;
```

语句执行结束后会在系统中创建一个新的用户账号 qu，其口令为"abc"。以该账户登录 MySQL 服务器就可以根据需要将自身的权限授予其他指定的用户。

（2）限制权限

在 with 子句中，如果 with 关键字后面紧跟的是 max_queries_per_hour count、max_updates_per_hour count、max_connections_per_hour count 或者 max_user_connections count 中的某一项，那么该 grant 语句可以用于限制权限。其中，max_queries_per_hour count 表示限制每小时可以查询数据库的次数；max_updates_per_hour count 表示限制每小时可以修改数据库的次数；max_connections_per_hour count 表示限制每小时可以连接数据库的次数；max_user_connections count 表示限制同时连接 MySQL 的最大用户数。这里的 count 用于设置一个数值；对于前三者指定为，count 如果为 0 则表示不起限制作用。

【例 9-22】 授予系统中的用户 qu 在数据库 test 的表 course 上每小时只能处理一条 delete 语句的权限。

```
grant delete ontest.course to 'qu'@'localhost'
with max_queries_per_hour 1;
```

（3）权限的撤销

若需要撤销一个用户的权限，但不从 user 表中删除该用户，可以使用 revoke 语句，语法格式如下：

```
revoke priv_type[(column_list)] [,priv_type[(column_list)]]…
   on [object_type]priv_level
   from user[,user]…
```

或

```
revoke all privileges,grant option
   from user[,user]…
```

说明：

revoke 语句和 grant 语句的语法格式相似，但是具有相反的效果。

第一种语法格式用于回收某些特定的权限；

第二种语法用于回收特定用户的所有权限；

如果要使用 revoke 语句，必须拥有 MySQL 数据库的全局 create user 权限或者 update 权限。

9.4 案例：数据库备份与恢复

1．案例要求

数据库初始化脚本如下（main.sql）：

```
#为了测试第5章各个语句内容，创建该sql文件，用于创建目标数据库与部分表
drop database if exists student_info;
create database student_info;
use student_info;
#创建老师表
create table teacher(
    tno varchar(20) not null,
    tname varchar(20) not null,
```

```sql
    ttel varchar(20) not null
);
#创建学生表
create table student(
    sno int not null AUTO_INCREMENT PRIMARY KEY,
    sname varchar(20) not null,
    ssex varchar(2) not null,
    sage int not null,
    inf varchar(225) default null
);
#创建选修表
create table sc(
    sno int not null,
    cno int not null,
    grade float default 0,
    stime datetime not null
);
#创建课程表
create table course(
    cno int not null AUTO_INCREMENT PRIMARY KEY,
    cname varchar(20) not null,
    up_limit int default 0,
    inf varchar(225) not null,
    state varchar(20) not null,
    semester varchar(20) not null,
    credit float not null
);
#插入部分默认数据
#学生表
insert into student(sname,ssex,sage,inf) values ('张三','M',21,'15884488547');
insert into student(sname,ssex,sage,inf) values ('李四','F',20,'15228559623');
insert into student(sname,ssex,sage,inf) values ('王五','M',19,'19633521145');
insert into student(sname,ssex,sage,inf) values ('赵六','F',22,'15623364524');
insert into student(sname,ssex,sage,inf) values ('钱七','M',24,'15882556263');
insert into student(sname,ssex,sage,inf) values ('孙八','F',22,'15225856956');
insert into student(sname,ssex,sage,inf) values ('周九','M',20,'12552569856');
#课程表
insert into course(cname,up_limit,inf,state,semester,credit) values ('C 语言程序设计',20,'...','正在选课','2015-2016',4);
insert into course(cname,up_limit,inf,state,semester,credit) values ('MySQL 数据库设计',20,'...','正在选课','2015-2016',4);
insert into course(cname,up_limit,inf,state,semester,credit) values ('软件工程',20,'...','正在选课','2015-2016',4);
insert into course(cname,up_limit,inf,state,semester,credit) values ('Java 程序设计',20,'...','正在选课','2015-2016',4);
insert into course(cname,up_limit,inf,state,semester,credit) values ('计算机组成原理',20,'...','正在选课','2015-2016',4);
insert into course(cname,up_limit,inf,state,semester,credit) values ('操作系统原理',20,'...','正在选课','2015-2016',4);
insert into course(cname,up_limit,inf,state,semester,credit) values ('数据库概述',20,'...','正在选课','2015-2016',4);
insert into course(cname,up_limit,inf,state,semester,credit) values ('计算机网络概述',20,'...','正在选课','2015-2016',4);
```

```
    insert into course(cname,up_limit,inf,state,semester,credit) values ('UML 语言简介',
20,'...','正在选课','2015－2016',4);
    #选修表
    insert into sc(sno,cno,stime,grade) values(1,1,now(),80);
    insert into sc(sno,cno,stime,grade) values(2,1,now(),92);
    insert into sc(sno,cno,stime,grade) values(3,2,now(),45);
    insert into sc(sno,cno,stime,grade) values(5,1,now(),77);
    insert into sc(sno,cno,stime,grade) values(4,2,now(),66);
    insert into sc(sno,cno,stime,grade) values(6,1,now(),59);
    insert into sc(sno,cno,stime,grade) values(7,2,now(),82);
    insert into sc(sno,cno,stime,grade) values(2,1,now(),64);
    insert into sc(sno,cno,stime,grade) values(3,4,now(),98);
    insert into sc(sno,cno,stime,grade) values(2,5,now(),92);
    insert into sc(sno,cno,stime,grade) values(2,4,now(),81);
```

由于系统升级，现需将数据备份，要求备份数据与结构，并且在数据库备份结束后再将数据库恢复。

2．导入数据库建表

运行结果如图 9-18 所示。

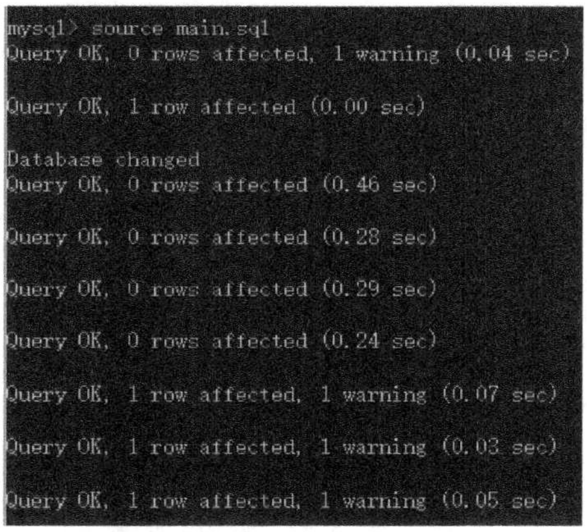

```
mysql> source main.sql
Query OK, 0 rows affected, 1 warning (0.04 sec)

Query OK, 1 row affected (0.00 sec)

Database changed
Query OK, 0 rows affected (0.46 sec)

Query OK, 0 rows affected (0.28 sec)

Query OK, 0 rows affected (0.29 sec)

Query OK, 0 rows affected (0.24 sec)

Query OK, 1 row affected, 1 warning (0.07 sec)

Query OK, 1 row affected, 1 warning (0.03 sec)

Query OK, 1 row affected, 1 warning (0.05 sec)
```

图 9-18　导入数据库建表

3．备份前逐一查看各基本表数据

```
select * from student;
```

运行结果如图 9-19 所示。

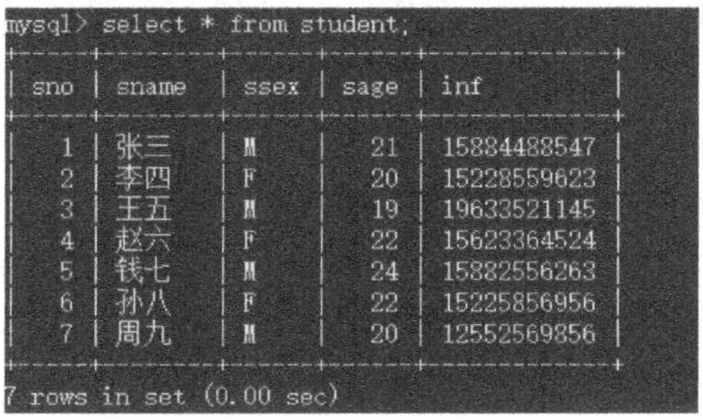

```
mysql> select * from student;
+-----+-------+------+------+-------------+
| sno | sname | ssex | sage | inf         |
+-----+-------+------+------+-------------+
|   1 | 张三  | M    |   21 | 15884488547 |
|   2 | 李四  | F    |   20 | 15228559623 |
|   3 | 王五  | M    |   19 | 19633521145 |
|   4 | 赵六  | F    |   22 | 15623364524 |
|   5 | 钱七  | M    |   24 | 15882556263 |
|   6 | 孙八  | F    |   22 | 15225856956 |
|   7 | 周九  | M    |   20 | 12552569856 |
+-----+-------+------+------+-------------+
7 rows in set (0.00 sec)
```

图 9-19　查看 student 表结果

```
select * from course;
```

运行结果如图 9-20 所示。

```
mysql> select * from course;
+-----+------------------+----------+-----+----------+-----------+--------+
| cno | cname            | up_limit | inf | state    | semester  | credit |
+-----+------------------+----------+-----+----------+-----------+--------+
|   1 | C语言程序设计    |       20 | ... | 正在选课 | 2015-2016 |      4 |
|   2 | MySQL数据库设计  |       20 | ... | 正在选课 | 2015-2016 |      4 |
|   3 | 软件工程         |       20 | ... | 正在选课 | 2015-2016 |      4 |
|   4 | Java程序设计     |       20 | ... | 正在选课 | 2015-2016 |      4 |
|   5 | 计算机组成原理   |       20 | ... | 正在选课 | 2015-2016 |      4 |
|   6 | 操作系统原理     |       20 | ... | 正在选课 | 2015-2016 |      4 |
|   7 | 数据库概述       |       20 | ... | 正在选课 | 2015-2016 |      4 |
|   8 | 计算机网络概述   |       20 | ... | 正在选课 | 2015-2016 |      4 |
|   9 | UML语言简介      |       20 | ... | 正在选课 | 2015-2016 |      4 |
+-----+------------------+----------+-----+----------+-----------+--------+
9 rows in set (0.03 sec)
```

图 9-20　查看 course 表结果

```
select * from sc;
```

运行结果如图 9-21 所示。

```
mysql> select * from sc;
+-----+-----+-------+---------------------+
| sno | cno | grade | stime               |
+-----+-----+-------+---------------------+
|   1 |   1 |    80 | 2016-09-07 13:21:46 |
|   2 |   1 |    92 | 2016-09-07 13:21:46 |
|   3 |   2 |    45 | 2016-09-07 13:21:46 |
|   5 |   1 |    77 | 2016-09-07 13:21:46 |
|   4 |   2 |    66 | 2016-09-07 13:21:46 |
|   6 |   1 |    59 | 2016-09-07 13:21:46 |
|   7 |   2 |    82 | 2016-09-07 13:21:46 |
|   2 |   1 |    64 | 2016-09-07 13:21:46 |
|   3 |   4 |    98 | 2016-09-07 13:21:47 |
|   2 |   5 |    92 | 2016-09-07 13:21:47 |
|   2 |   4 |    81 | 2016-09-07 13:21:47 |
+-----+-----+-------+---------------------+
11 rows in set (0.00 sec)
```

图 9-21　查看 sc 表结果

4．备份

进行备份，操作如图 9-22 所示。

```
D:\Program Files\mysql-8.0.32-winx64\bin>mysqldump -uroot -p student_info > student_info.sql
Enter password: ****

D:\Program Files\mysql-8.0.32-winx64\bin>
```

图 9-22　备份操作

备份的文本（student_info.sql）数据如下：

```
-- MySQL dump 10.13  Distrib 8.0.32, for Win64 (x86_64)
--
-- Host: localhost    Database: student_info
-- ------------------------------------------------------
-- Server version   8.2.0

/*!40101 SET @OLD_CHARACTER_SET_CLIENT=@@CHARACTER_SET_CLIENT */;
```

```sql
/*!40101 SET @OLD_CHARACTER_SET_RESULTS=@@CHARACTER_SET_RESULTS */;
/*!40101 SET @OLD_COLLATION_CONNECTION=@@COLLATION_CONNECTION */;
/*!50503 SET NAMES utf8 */;
/*!40103 SET @OLD_TIME_ZONE=@@TIME_ZONE */;
/*!40103 SET TIME_ZONE='+00:00' */;
/*!40014 SET @OLD_UNIQUE_CHECKS=@@UNIQUE_CHECKS, UNIQUE_CHECKS=0 */;
/*!40014 SET @OLD_FOREIGN_KEY_CHECKS=@@FOREIGN_KEY_CHECKS, FOREIGN_KEY_CHECKS=0 */;
/*!40101 SET @OLD_SQL_MODE=@@SQL_MODE, SQL_MODE='NO_AUTO_VALUE_ON_ZERO' */;
/*!40111 SET @OLD_SQL_NOTES=@@SQL_NOTES, SQL_NOTES=0 */;


--
-- Table structure for table `course`
--

DROP TABLE IF EXISTS `course`;
/*!40101 SET @saved_cs_client     = @@character_set_client */;
/*!50503 SET character_set_client = utf8mb4 */;
CREATE TABLE `course` (
  `cno` int NOT NULL AUTO_INCREMENT,
  `cname` varchar(20) NOT NULL,
  `up_limit` int DEFAULT '0',
  `inf` varchar(225) NOT NULL,
  `state` varchar(20) NOT NULL,
  `semester` varchar(20) NOT NULL,
  `credit` float NOT NULL,
  PRIMARY KEY (`cno`)
) ENGINE=InnoDB AUTO_INCREMENT=10 DEFAULT CHARSET=utf8mb4 COLLATE=utf8mb4_0900_ai_ci;
/*!40101 SET character_set_client = @saved_cs_client */;


--
-- Dumping data for table `course`
--

LOCK TABLES `course` WRITE;
/*!40000 ALTER TABLE `course` DISABLE KEYS */;
INSERT INTO `course` VALUES (1,'C 语言程序设计',20,'...','正在选课','2015－
2016',4),(2,'MySQL 数据库设计',20,'...','正在选课','2015－2016',4),(3,'软件工程',
20,'...','正在选课','2015－2016',4),(4,'Java 程序设计',20,'...','正在选课','2015－
2016',4),(5,'计算机组成原理',20,'...','正在选课','2015－2016',4),(6,'操作系统原理',
20,'...','正在选课','2015－2016',4),(7,'数据库概述',20,'...','正在选课','2015－
2016',4),(8,'计算机网络概述',20,'...','正在选课','2015－2016',4),(9,'UML 语言简介',
20,'...','正在选课','2015－2016',4);
/*!40000 ALTER TABLE `course` ENABLE KEYS */;
UNLOCK TABLES;


--
-- Table structure for table `sc`
--

DROP TABLE IF EXISTS `sc`;
/*!40101 SET @saved_cs_client     = @@character_set_client */;
/*!50503 SET character_set_client = utf8mb4 */;
CREATE TABLE `sc` (
```

```sql
  `sno` int NOT NULL,
  `cno` int NOT NULL,
  `grade` float DEFAULT '0',
  `stime` datetime NOT NULL
) ENGINE=InnoDB DEFAULT CHARSET=utf8mb4 COLLATE=utf8mb4_0900_ai_ci;
/*!40101 SET character_set_client = @saved_cs_client */;

--
-- Dumping data for table `sc`
--

LOCK TABLES `sc` WRITE;
/*!40000 ALTER TABLE `sc` DISABLE KEYS */;
INSERT INTO `sc` VALUES (1,1,80,'2024-04-01 14:14:03'),(2,1,92,'2024-04-01 14:14:03'),(3,2,45,'2024-04-01 14:14:03'),(5,1,77,'2024-04-01 14:14:03'),(4,2,66,'2024-04-01 14:14:03'),(6,1,59,'2024-04-01 14:14:03'),(7,2,82,'2024-04-01 14:14:03'),(2,1,64,'2024-04-01 14:14:03'),(3,4,98,'2024-04-01 14:14:03'),(2,5,92,'2024-04-01 14:14:03'),(2,4,81,'2024-04-01 14:14:04');
/*!40000 ALTER TABLE `sc` ENABLE KEYS */;
UNLOCK TABLES;

--
-- Table structure for table `student`
--

DROP TABLE IF EXISTS `student`;
/*!40101 SET @saved_cs_client     = @@character_set_client */;
/*!50503 SET character_set_client = utf8mb4 */;
CREATE TABLE `student` (
  `sno` int NOT NULL AUTO_INCREMENT,
  `sname` varchar(20) NOT NULL,
  `ssex` varchar(2) NOT NULL,
  `sage` int NOT NULL,
  `inf` varchar(225) DEFAULT NULL,
  PRIMARY KEY (`sno`)
) ENGINE=InnoDB AUTO_INCREMENT=8 DEFAULT CHARSET=utf8mb4 COLLATE=utf8mb4_0900_ai_ci;
/*!40101 SET character_set_client = @saved_cs_client */;

--
-- Dumping data for table `student`
--

LOCK TABLES `student` WRITE;
/*!40000 ALTER TABLE `student` DISABLE KEYS */;
INSERT INTO `student` VALUES (1,'张三','M',21,'15884488547'),(2,'李四','F',20,'15228559623'),(3,'王五','M',19,'19633521145'),(4,'赵六','F',22,'15623364524'),(5,'钱七','M',24,'15882556263'),(6,'孙八','F',22,'15225856956'),(7,'周九','M',20,'12552569856');
/*!40000 ALTER TABLE `student` ENABLE KEYS */;
UNLOCK TABLES;

--
```

```
-- Table structure for table `teacher`
--

DROP TABLE IF EXISTS `teacher`;
/*!40101 SET @saved_cs_client     = @@character_set_client */;
/*!50503 SET character_set_client = utf8mb4 */;
CREATE TABLE `teacher` (
  `tno` varchar(20) NOT NULL,
  `tname` varchar(20) NOT NULL,
  `ttel` varchar(20) NOT NULL
) ENGINE=InnoDB DEFAULT CHARSET=utf8mb4 COLLATE=utf8mb4_0900_ai_ci;
/*!40101 SET character_set_client = @saved_cs_client */;

--
-- Dumping data for table `teacher`
--

LOCK TABLES `teacher` WRITE;
/*!40000 ALTER TABLE `teacher` DISABLE KEYS */;
/*!40000 ALTER TABLE `teacher` ENABLE KEYS */;
UNLOCK TABLES;
/*!40103 SET TIME_ZONE=@OLD_TIME_ZONE */;

/*!40101 SET SQL_MODE=@OLD_SQL_MODE */;
/*!40014 SET FOREIGN_KEY_CHECKS=@OLD_FOREIGN_KEY_CHECKS */;
/*!40014 SET UNIQUE_CHECKS=@OLD_UNIQUE_CHECKS */;
/*!40101 SET CHARACTER_SET_CLIENT=@OLD_CHARACTER_SET_CLIENT */;
/*!40101 SET CHARACTER_SET_RESULTS=@OLD_CHARACTER_SET_RESULTS */;
/*!40101 SET COLLATION_CONNECTION=@OLD_COLLATION_CONNECTION */;
/*!40111 SET SQL_NOTES=@OLD_SQL_NOTES */;

-- Dump completed on 2024-04-01 14:19:47
```

5. 删除数据库

```
drop database student_info;
```

运行结果如图 9-23 所示。

```
mysql> drop database student_info;
Query OK, 4 rows affected (0.60 sec)

mysql> show databases;
+--------------------+
| Database           |
+--------------------+
| information_schema |
| mysql              |
| performance_schema |
| test               |
+--------------------+
4 rows in set (0.00 sec)
```

图 9-23 删除数据库运行结果

6. 恢复数据库

恢复数据库操作结果如图 9-24 所示。

```
mysql> use student_info;
Database changed
mysql> source student_info.sql;
Query OK, 0 rows affected (0.00 sec)

Query OK, 0 rows affected (0.00 sec)

Query OK, 0 rows affected (0.00 sec)

Query OK, 0 rows affected (0.00 sec)

Query OK, 0 rows affected (0.00 sec)

Query OK, 0 rows affected (0.00 sec)
```

图 9-24　恢复数据库操作结果

7. 查看恢复后的基本表

使用 select * from 语句查看恢复后的基本表，结果分别如图 9-25～图 9-27 所示。

```
mysql> select * from student;
+-----+-------+------+------+-------------+
| sno | sname | ssex | sage | inf         |
+-----+-------+------+------+-------------+
|   1 | 张三  | M    |   21 | 15884488547 |
|   2 | 李四  | F    |   20 | 15228559623 |
|   3 | 王五  | M    |   19 | 19633521145 |
|   4 | 赵六  | F    |   22 | 15623364524 |
|   5 | 钱七  | M    |   24 | 15882556263 |
|   6 | 孙八  | F    |   22 | 15225856956 |
|   7 | 周九  | M    |   20 | 12552569856 |
+-----+-------+------+------+-------------+
7 rows in set (0.00 sec)
```

图 9-25　恢复后的 student 表

```
mysql> select * from course;
+-----+------------------------+----------+-----+------------+-----------+--------+
| cno | cname                  | up_limit | inf | state      | semester  | credit |
+-----+------------------------+----------+-----+------------+-----------+--------+
|   1 | C语言程序设计          |       20 | ... | 正在选课   | 2015-2016 |      4 |
|   2 | MySQL数据库设计        |       20 | ... | 正在选课   | 2015-2016 |      4 |
|   3 | 软件工程               |       20 | ... | 正在选课   | 2015-2016 |      4 |
|   4 | Java程序设计           |       20 | ... | 正在选课   | 2015-2016 |      4 |
|   5 | 计算机组成原理         |       20 | ... | 正在选课   | 2015-2016 |      4 |
|   6 | 操作系统原理           |       20 | ... | 正在选课   | 2015-2016 |      4 |
|   7 | 数据库概述             |       20 | ... | 正在选课   | 2015-2016 |      4 |
|   8 | 计算机网络概述         |       20 | ... | 正在选课   | 2015-2016 |      4 |
|   9 | UML语言简介            |       20 | ... | 正在选课   | 2015-2016 |      4 |
+-----+------------------------+----------+-----+------------+-----------+--------+
9 rows in set (0.00 sec)
```

图 9-26　恢复后的 course 表

```
mysql> select * from sc;
+-----+-----+-------+---------------------+
| sno | cno | grade | stime               |
+-----+-----+-------+---------------------+
|   1 |   1 |    80 | 2016-09-07 13:21:46 |
|   2 |   1 |    92 | 2016-09-07 13:21:46 |
|   3 |   2 |    45 | 2016-09-07 13:21:46 |
|   5 |   1 |    77 | 2016-09-07 13:21:46 |
|   4 |   2 |    66 | 2016-09-07 13:21:46 |
|   6 |   1 |    59 | 2016-09-07 13:21:46 |
|   7 |   2 |    82 | 2016-09-07 13:21:46 |
|   2 |   1 |    64 | 2016-09-07 13:21:46 |
|   3 |   4 |    98 | 2016-09-07 13:21:47 |
|   2 |   5 |    92 | 2016-09-07 13:21:47 |
|   2 |   4 |    81 | 2016-09-07 13:21:47 |
+-----+-----+-------+---------------------+
11 rows in set (0.00 sec)
```

图 9-27　恢复后的 sc 表

本章小结

本章首先介绍了 MySQL 事件的概念，分别对事件的开启、创建、查看、修改和删除功能进行详细阐述。接着对数据库的备份与还原进行介绍，详细阐述了数据库备份与还原的方法步骤，并以具体例子进行分析。最后介绍了数据库的用户管理，分别从数据库用户管理与用户权限设置两方面进行阐述。

实践与练习

一、填空

1．要使 event 起作用，MySQL 的常量_____必须为 on 或者为 1。
2．对于每隔一段时间就有固定需求的操作，如创建表、删除数据库、备份数据库等，可以使用_____来处理。
3．在 MySQL 中，可以使用_____语句为指定的数据库添加用户。
4．在 MySQL 中，可以使用_____语句实现权限的回收。

二、选择题

1．MySQL 中，预设的、拥有最高权限的超级用户为（　　）。
　　A．Admin　　　B．test　　　　C．root　　　　D．user
2．MySQL 的权限信息存储在数据库（　　）中。
　　A．mysql　　　　　　　　　　B．test
　　C．performance_schema　　　　D．information_schema
3．新建用户的信息保存在（　　）表中。
　　A．tables_priv　B．user　　　C．columns_priv　D．db
4．在 drop user 语句的使用中，若没有明确指定账户的主机名，则该账户的主机名默认为（　　）。
　　A．%　　　　　B．localhost　　C．root　　　　D．super
5．把对 student 表和 course 表的全部操作权授予用户 User1 和 User2 的语句是（　　）。
　　A．GRANT ALL ON Student,Course TO User1,User2;
　　B．GRANT Student,Course ON A TO User1,User2;
　　C．GRANT Student,Course ON User1,User2;
　　D．GRANT ALL TO User1,User2 ON Student,Course;
6．下面哪个不是 MySQL 的权限级别？（　　）。
　　A．全局权限　　B．数据库权限　　C．表权限　　　D．局部权限

三、概念题

1．如何查看和删除用户？
2．如何修改用户密码？
3．如何对权限进行授予？
4．如何对权限进行回收？

四、操作题

使用 root 用户登录 MySQL 客户端，创建一个名为 user1 的用户，初始密码 123456；创建一个名为 user2 的用户，无初始密码。然后，分别使用 user1、user2 登录 MySQL 客户端。

实验指导：数据库安全管理

实验目的和要求

- 理解 MySQL 的权限系统的工作原理。
- 理解 MySQL 账号及权限的概念。
- 掌握管理 MySQL 账户和权限的方法。
- 学会创建和删除普通用户的方法和密码管理的方法。
- 学会如何进行权限管理。

题目1　MySQL 单用户账号及其权限

1．任务要求

（1）使用 root 用户创建 teacher 用户，初始密码设置为 123456。让该用户对所有数据库拥有 select、create、drop、super 权限。

```
grant select,create,drop,super on *.* to teacher @localhost identified by'123456' with grant option;
```

（2）创建 assistant 用户，该用户没有初始密码。

```
create user assistant@localhost;
```

（3）用 assistant 用户登录，将其密码修改为 000000。

```
set password=password('000000');
```

（4）用 teacher 用户登录，为 assistant 用户设置 create 和 drop 权限。

```
grant create,drop on *.* to assistant@localhost;
```

（5）用 assistant 用户登录，验证其拥有的 create 和 drop 权限。

```
create table jxgl.tl(id int);
drop tablejxgl.t1;
```

（6）用 root 用户登录，收回 teacher 用户和 assistant 用户的所有权限（在 workbench 中验证时必须重新打开这两个用户的连接窗口）。

```
revoke all on *.* from teacher@localhost,assistant@localhost;
```

（7）删除 teacher 用户和 assistant 用户。

```
drop user teacher@localhost,assistant@localhost;
```

（8）修改 root 用户的密码。

```
update mysql.user set password=password("000000") where user='root';
```

2．知识点提示

本任务主要用到以下知识点。

（1）在 MySQL 中创建新用户，设置初始密码。
（2）以用户身份登录并修改密码。
（3）为用户设置 create 和 drop 权限。
（4）收回权限。
（5）删除普通用户。
（6）修改 root 用户的密码。

题目 2　MySQL 多用户账号及其权限

1．任务要求

（1）使用 root 用户创建 exam1 用户，初始密码设置为"123456"。让该用户对所有数据库有 select、create、drop、super 和 grant 权限。

（2）创建用户 exam2，该用户没有初始密码。
（3）用 exam2 登录，将其密码设置为"888888"。
（4）用 exam1 登录，为 exam2 设置 create 和 drop 权限。
（5）用 root 用户登录，收回 exam1 和 exam2 的所有权限。
（6）删除 exam1 用户和 exam2 用户。
（7）修改 root 用户的密码。

2．知识点提示

本任务主要用到以下知识点。
（1）在 MySQL 中创建新用户，设置初始密码。
（2）以新建用户身份登录并修改密码。
（3）为用户设置 create 和 drop 权限。
（4）收回权限。
（5）删除普通用户。
（6）修改 root 用户的密码。

第 10 章 常见函数和存储过程

学习目标

- 了解常见函数的定义。
- 掌握常见函数的应用。
- 了解存储过程的优缺点。
- 掌握如何应用存储过程解决实际问题。

素养目标

- 授课知识点：理解并学会使用常用函数；要学会在应用中解释存储过程。
- 素养提升：
  - 在数据库的事务管理中，学生需要了解与数据库相关的法律法规和知识产权方面的知识。
  - 通过介绍数据库内置函数中的安全问题，提升学生对数据，尤其是国家机密数据的安全维护，注意信息安全的意识。
  - 在存储过程中，需要将处理数据的方法封装起来。引导学生学习处理数据的方法，对数据进行封装、隐藏，提升数据安全和爱国意识。
- 预期成效：学生可以通过存储过程的实验，加深对存储过程对于数据封装的作用的理解。

  MySQL 内置了丰富的函数，大大简化了用户对表中的数据进行的操作。这些系统函数可以直接使用，包括数学函数、字符串函数、数据类型转换函数、流程控制函数、系统信息函数以及时间日期函数等。数据是数据库管理系统的核心，为了避免数据丢失，或者使发生数据丢失后将损失降到最低，需要定期对数据库进行备份，如果数据库中的数据出现了错误，可以使用备份好的数据进行数据还原，从而降低损失。

10.1 常见函数

10.1.1 数学函数

  数学函数用于执行一些比较复杂的数学操作，MySQL 常用的数学函数见表 10-1。使用数学函数进行数学运算时，如果发生错误，会返回 NULL。下面结合实例对一些常用的数学函数进行介绍。

表 10-1 常用数学函数

函数名称	函数功能
abs(n)	求 n 的绝对值
sign(n)	求代表参数 n 的符号的值
mod(n,m)	取模运算，返回 n 被 m 除的余数
floor(n)	求小于 n 的最大整数值
ceiling(n)	求大于 n 的最小整数值
round(n)	求参数 n 的四舍五入的整数值
exp(n)	求 e 的 n 次方
log(n,m)	求以 m 为底 n 的对数
log(n)	求 n 的自然对数
pow(n,m)或 power(n,m)	求 n 的 m 次幂
sqrt(n)	求 n 的平方根
pi()	求圆周率
cos(n)	求 n 的余弦值
sin(n)	求 n 的正弦值
tan(n)	求 n 的正切值
acos(n)	求 n 的反余弦值
asin(n)	求 n 的反正弦值
atan(n)	求 n 的反正切值
cot(n)	求 n 的余切值
rand()	求 0 到 1 内的随机值
degrees(n)	求弧度 n 转化为角度的值
radians(n)	求角度 n 转化为弧度的值
truncate(n,m)	保留数字 n 的 m 位小数的值
least(n,m,…)	求集合中最小的值
greatest(n,m,…)	求集合中最大的值
bin()	将十进制数转换为二进制表示
oct()	将十进制数转换为八进制表示
hex()	将十进制数转换为十六进制表示

（1）greatest()和 least()函数

greatest()和 least()函数是数学函数中经常使用的函数，通过它们可以获得一组数据中的最大值和最小值。

例如：

```
select greatest(1,23,456,78);
```

结果如图 10-1 所示。

```
mysql> select greatest(1,23,456,78);
+-----------------------+
| greatest(1,23,456,78) |
+-----------------------+
|                   456 |
+-----------------------+
```

图 10-1　结果（一）

select greatest(−1,2,3,45);

结果如图 10-2 所示。

```
mysql> select greatest(-1,2,3,45);
+---------------------+
| greatest(-1,2,3,45) |
+---------------------+
|                  45 |
+---------------------+
```

图 10-2　结果（二）

select least(1,23,456,78);

结果如图 10-3 所示。

```
mysql> select least(1,23,456,78);
+--------------------+
| least(1,23,456,78) |
+--------------------+
|                  1 |
+--------------------+
```

图 10-3　结果（三）

select least(−1,2,3,45);

结果如图 10-4 所示。

```
mysql> select least(-1,2,3,45);
+------------------+
| least(-1,2,3,45) |
+------------------+
|               -1 |
+------------------+
```

图 10-4　结果（四）

数学函数允许嵌套使用，例如：

select greatest(1,23,least(456,78)), least(1,greatest(−1,−2));

结果如图 10-5 所示。

```
mysql> select greatest(1,23,least(456,78)), least(1,greatest(-1,-2));
+------------------------------+--------------------------+
| greatest(1,23,least(456,78)) | least(1,greatest(-1,-2)) |
+------------------------------+--------------------------+
|                           78 |                       -1 |
+------------------------------+--------------------------+
```

图 10-5　结果（五）

（2）floor()和 ceiling()函数

floor(n)用来求小于 n 的最大整数值，ceiling(n)用来求大于 n 的最小整数值，例如：

```
select floor(-2.3),floor(4.5),ceiling(-2.3),ceiling(4.5);
```

结果如图 10-6 所示。

```
mysql> select floor(-2.3),floor(4.5),ceiling(-2.3),ceiling(4.5);
+-------------+------------+---------------+--------------+
| floor(-2.3) | floor(4.5) | ceiling(-2.3) | ceiling(4.5) |
+-------------+------------+---------------+--------------+
|          -3 |          4 |            -2 |            5 |
+-------------+------------+---------------+--------------+
```

图 10-6　结果（六）

（3）round()和 truncate()函数

round(n)函数用于获得距离 n 最近的整数；round（n,m）用于将 n 四舍五入到小数点后 m 位，若未指定 m，则默认四舍五入到整数；truncate(n,m)函数用于求小数点后保留 m 位的 n（舍弃多余小数位，不进行四舍五入）；format(n,m)函数用于求小数点后保留 m 位的 n（进行四舍五入），例如：

```
select round(6.7),
truncate(4.5566,3),
format(4.5566,3);
```

结果如图 10-7 所示。

```
mysql> select round(6.7),
    -> truncate(4.5566,3),
    -> format(4.5566,3);
+------------+--------------------+------------------+
| round(6.7) | truncate(4.5566,3) | format(4.5566,3) |
+------------+--------------------+------------------+
|          7 |              4.556 | 4.557            |
+------------+--------------------+------------------+
```

图 10-7　结果（七）

（4）abs()函数

abs()函数用于求一个数的绝对值，例如：

```
select abs(-123),abs(1.23);
```

结果如图 10-8 所示。

```
mysql> select abs(-123),abs(1.23);
+-----------+-----------+
| abs(-123) | abs(1.23) |
+-----------+-----------+
|       123 |      1.23 |
+-----------+-----------+
```

图 10-8　结果（八）

（5）sign()函数

sign()函数用于求数字的符号，返回的结果是正数（1）、负数（-1）或者零（0），例如：

```
select sign(-2.3),sign(2.3),sign(0);
```

结果如图 10-9 所示。

```
mysql> select sign(-2.3),sign(2.3),sign(0);
+------------+-----------+---------+
| sign(-2.3) | sign(2.3) | sign(0) |
+------------+-----------+---------+
|         -1 |         1 |       0 |
+------------+-----------+---------+
```

图 10-9　结果（九）

（6）sqrt()函数

sqrt()函数用于求一个数的平方根，例如：

select sqrt(25),sqrt(15);

结果如图 10-10 所示。

```
mysql> select sqrt(25),sqrt(15);
+----------+----------------+
| sqrt(25) | sqrt(15)       |
+----------+----------------+
|        5 | 3.872983346207 |
+----------+----------------+
```

图 10-10　结果（十）

（7）pow()、power()函数

pow()函数是幂运算函数，pow(n,m) 用于求 n 的 m 次幂，power(n,m)与 pow(n,m)功能相同。例如：

select pow(2,3),power(2,3);

结果如图 10-11 所示。

```
mysql> select pow(2,3),power(2,3);
+----------+------------+
| pow(2,3) | power(2,3) |
+----------+------------+
|        8 |          8 |
+----------+------------+
```

图 10-11　结果（十一）

（8）sin()、cos()、tan()函数

sin()、cos()、tan()函数分别用于求一个角度（弧度）的正弦、余弦和正切值。例如：

select sin(1),cos(1),tan(0.5);

结果如图 10-12 所示。

```
mysql> select sin(1),cos(1),tan(0.5);
+-------------------+--------------------+--------------------+
| sin(1)            | cos(1)             | tan(0.5)           |
+-------------------+--------------------+--------------------+
| 0.8414709848079   | 0.54030230586814   | 0.54630248984379   |
+-------------------+--------------------+--------------------+
```

图 10-12　结果（十二）

（9）asin()、acos()、atan()函数

asin()、acos()、atan()函数分别用于求一个角度（弧度）的反正弦、反余弦和反正切值。例如：

```
select asin(1),acos(1),atan(45);
```
结果如图 10-13 所示。

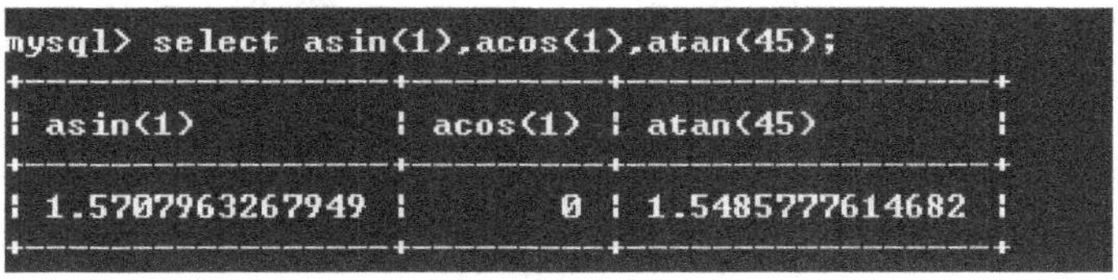

图 10-13　结果（十三）

（10）radians()、degrees()、pi()函数

radians()和 degrees()函数用于角度与弧度互相转换，其中，radians(n)用于将角度 n 转换为弧度，degrees(n)用于将弧度 n 转换为角度。pi()用于获得圆周率的值。例如：

```
select radians(180), degrees(pi());
```
结果如图 10-14 所示。

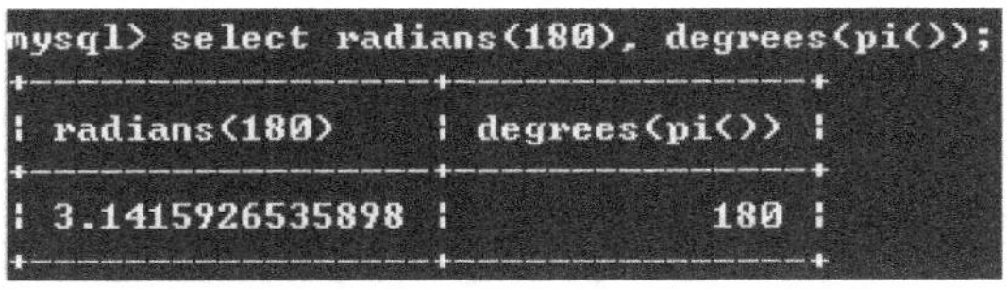

图 10-14　结果（十四）

（11）bin()、oct ()、hex()函数

bin()、oct ()、hex()函数分别用于求一个十进制数的二进制、八进制和十六进制值，例如：

```
select bin(2),oct (12),hex(80);
```
结果如图 10-15 所示。

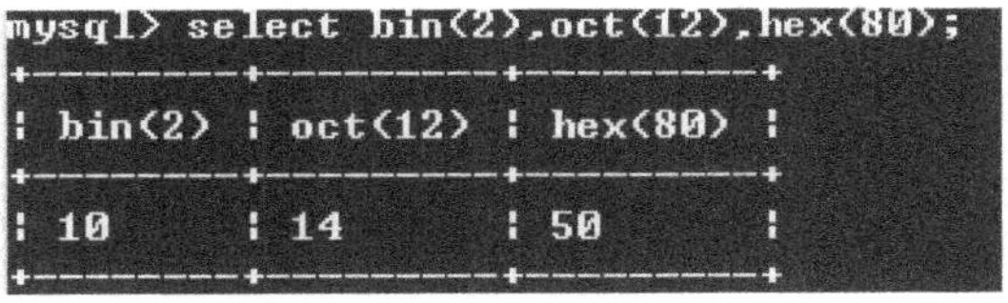

图 10-15　结果（十五）

10.1.2　字符串函数

MySQL 数据库不仅包含数字数据，还包含字符串，因此，MySQL 提供了字符串函数。常用的 MySQL 字符串函数见表 10-2。在字符串函数中，包含的字符串必须用单引号括起来。

表 10-2　常用字符串函数

函数名称	函数功能
ascii(char)	返回字符的 ascii 码值
bit_length(str)	返回字符串的比特长度
concat($s_1,s_2,...,s_n$)	将 s_1，s_2,..., s_n 连接成字符串
concat_ws(sep,$s_1,s_2,...,s_n$)	将 s_1，s_2,..., s_n 连接成字符串，并用 sep 字符间隔

(续)

函数名称	函数功能
insert(str,n,m,instr)	求字符串 str 从第 n 位置开始，m 个字符长的字串替换为字符串 instr，返回结果
find_in_set(str,list)	分析逗号分隔的 list 列表，如果发现 str，返回 str 在 list 列表中的位置
lcase(str)或者 lower(str)	返回将字符串 str 中所有字符改变为小写后的结果
left(str,n)	返回字符串 str 中最左边的 n 个字符
length(str)	返回字符串 str 中的字符数
lpad(str,n,pad)	用字符串 pad 对 str 进行左边填补直至达到 n 个字符长度
ltrim(str)	用于去除字符串左侧的空格
position(substr in str)	返回子串 substr 在字符串 str 中第一次出现的位置
quote(str)	用反斜杠转义 str 中的单引号
repeat(str,n)	返回字符串 str 重复 n 次的结果
replace(str,srchestr,rplcstr)	用字符串 rplcstr 替换字符串 str 中所有出现的字符串 srchstr
reverse(str)	返回颠倒字符串 str 的结果
right(str,n)	返回字符串 str 中最右边的 n 个字符
rpad(str,n,pad)	用字符串 pad 对 str 进行右边填补直至达到 n 个字符长度
rtrim(str)	返回字符串 str 尾部的空格
strcmp(s_1,s_2)	比较字符串 s_1 和 s_2
substring(str,n,m)或者 mid(str,n,m)	返回从字符串 str 的 n 位置起 m 个字符长度的子串
trim(str)	去除字符串首部和尾部的所有空格
ucase(str)或者 upper(str)	返回将字符串 str 中所有字符转换为大写后的结果

（1）ascii()函数

ascii()函数用于返回字符的 ascii 码值。

【例 10-1】 返回字母 A 的 ascii 码值。

```
select ascii('A');
```

结果如图 10-16 所示。

图 10-16 结果（十六）

（2）char()函数

char(s_1,s_2,…, s_n)函数用于将 s_1, s_2,…, s_n 的 ascii 码转换为字符，结果组合成一个字符串。参数 s_1, s_2,…, s_n 是 0～255 之间的整数，返回值为字符型。

【例 10-2】 返回 ascii 码值为 97、98、99 的字符，组成一个字符串。

```
select char(97,98,99);
```

结果如图 10-17 所示。

```
mysql> select char(97,98,99);
+----------------+
| char(97,98,99) |
+----------------+
| abc            |
+----------------+
1 row in set (0.02 sec)
```

图 10-17　结果（十七）

（3）left()和 right()函数

left(str,n)和 right(str,n)分别用于返回字符串 str 中最左边的 n 个字符和最右边的 n 个字符。

【例 10-3】 返回第 5 章所建立的 course 表中课程名最左边的 8 个字符。

```
use test
select left(cname,8)
from course;
```

结果如图 10-18 所示。

```
+---------------+
| left(cname,8) |
+---------------+
| C语言程?      |
| MySQL数?      |
| 软件工程      |
| java程序      |
| 计算机组      |
| 操作系统      |
| 数据库概      |
| 计算机网      |
| UML语言?      |
+---------------+
9 rows in set (0.01 sec)
```

图 10-18　结果（十八）

【例 10-4】 返回第 5 章所建立的 course 表中课程名最右边的 8 个字符。

```
use test
select right(cname,8)
from course;
```

结果如图 10-19 所示。

```
+----------------+
| right(cname,8) |
+----------------+
| 程序设计       |
| 据库设计       |
| 软件工程       |
| 程序设计       |
| 组成原理       |
| 系统原理       |
| 据库概述       |
| 网络概述       |
| 语言简介       |
+----------------+
9 rows in set (0.00 sec)
```

图 10-19　结果（十九）

（4）trim()、ltrim()、rtrim()函数

trim()函数用于删除字符串首部和尾部的所有空格。ltrim(str)、rtrim(str)函数分别用于删除字符串 str 首部和尾部的空格，例如：

```
select ltrim('    MySQL    ');
```

结果如图 10-20 所示。

```
mysql> select ltrim('    MySQL   ');
+----------------------+
| ltrim('    MySQL   ') |
+----------------------+
| MySQL                |
+----------------------+
1 row in set (0.01 sec)
```

图 10-20　结果（二十）

```
select rtrim('    MySQL    ');
```

结果如图 10-21 所示。

```
mysql> select rtrim('    MySQL   ');
+----------------------+
| rtrim('    MySQL   ') |
+----------------------+
|     MySQL            |
+----------------------+
1 row in set (0.00 sec)
```

图 10-21　结果（二十一）

```
select trim('    MySQL    ');
```

结果如图 10-22 所示。

```
mysql> select trim('    MySQL   ');
+---------------------+
| trim('    MySQL   ') |
+---------------------+
| MySQL               |
+---------------------+
1 row in set (0.02 sec)
```

图 10-22　结果（二十二）

（5）rpad()和 lpad()函数

rpad(str,n,pad)用于用字符串 pad 对 str 进行右边填补直至达到 n 个字符长度，然后返回填补后的字符串，例如：

```
select rpad('中国加油',10,'!');
```

结果如图 10-23 所示。

```
mysql> select rpad('中国加油',10,'!');
+--------------------------+
| rpad('中国加油',10,'!') |
+--------------------------+
| 中国加油!!               |
+--------------------------+
1 row in set (0.00 sec)
```

图 10-23　结果（二十三）

但是，如果 str 中的字符数大于 n，则返回 str 的前 n 个字符，例如：

```
select rpad('中国加油',8,'!');
```

结果如图 10-24 所示。

```
+-------------------------+
| rpad('中国加油',8,'!') |
+-------------------------+
| 中国加油                |
+-------------------------+
1 row in set (0.00 sec)
```

图 10-24　结果（二十四）

lpad(str,n,pad)用于用字符串 pad 对 str 左边进行填补直至达到 n 个字符长度，然后返回填补后的字符串，例如：

```
select lpad('中国加油',10,'*');
```

结果如图 10-25 所示。

图 10-25　结果（二十五）

（6）concat()函数

concat($s_1,s_2,\cdots,s_n$)函数用于将 s_1, s_2, …, s_n 连接成一个新字符串，例如：

```
select concat('数据库','你好','!');
```

结果如图 10-26 所示。

图 10-26　结果（二十六）

concat_ws(sep,$s_1,s_2,\cdots,s_n$)函数使用 sep（sep 为特殊字符）将 s_1, s_2, …, s_n 连接成一个新字符串，例如：

```
select concat_ws('*','数据库','你好','!');
```

结果如图 10-27 所示。

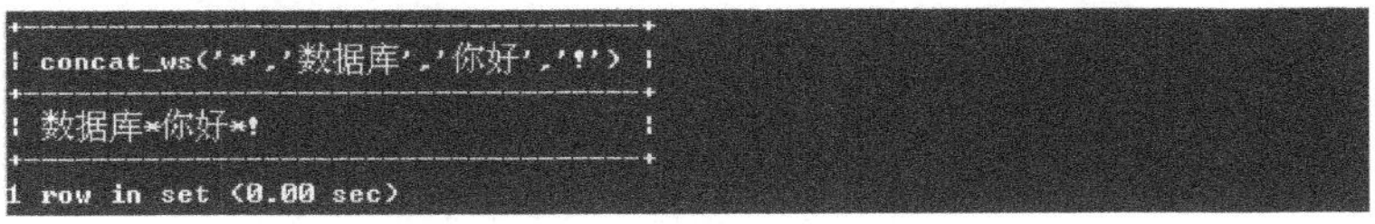

图 10-27　结果（二十七）

（7）substring()、mid()函数

substring(str,n,m)函数用于返回从字符串 str 的 n 位置起 m 个字符长度的子串，mid（str,n,m）函数作用与 substring 函数相同，例如：

```
set @s=' I love China';
select substring (@s,2,4);
```

结果如图 10-28 所示。

图 10-28　结果（二十八）

```
select mid (@s,2,3);
```

结果如图 10-29 所示。

```
mysql> select mid(@s,2,3);
+-------------+
| mid(@s,2,3) |
+-------------+
|  lo         |
+-------------+
1 row in set (0.00 sec)
```

图 10-29　结果（二十九）

（8）locate()、position()、instr()函数

locate(substr,str)、position(substr in str)、instr(str,substr)函数用于返回字符串 substr 在字符串 str 中第一次出现的位置。

```
set @s='love';
set@s2='I love China,love China,love';
select locate(@s,@s2);
```

结果如图 10-30 所示。

```
mysql> select locate(@s,@s2);
+----------------+
| locate(@s,@s2) |
+----------------+
|              3 |
+----------------+
1 row in set (0.00 sec)
```

图 10-30　结果（三十）

```
select position (@s in @s2);
```

结果如图 10-31 所示。

```
mysql> select position(@s in @s2);
+---------------------+
| position(@s in @s2) |
+---------------------+
|                   3 |
+---------------------+
1 row in set (0.00 sec)
```

图 10-31　结果（三十一）

```
select instr (@s2,@s);
```

结果如图 10-32 所示。

```
mysql> select instr(@s2,@s);
+---------------+
| instr(@s2,@s) |
+---------------+
|             3 |
+---------------+
1 row in set (0.00 sec)
```

图 10-32　结果（三十二）

10.1.3　时间日期函数

MySQL 为数据库用户提供的时间日期函数功能强大。时间日期函数允许输入参数是多种类型。接受 date 值作为输入参数的函数通常也接受 datetime 或者 timestamp 值作为参数并忽略其中的时间部分；而接受 time 值作为输入参数的函数通常也接受 datetime 或者 timestamp 值作为输入参数并忽略其中的日期部分。

MySQL 常用的时间日期函数见表 10-3。下面结合实例对一些常用的时间日期函数进行介绍。

表 10-3 常用的时间日期函数

函数名称	函数功能
curdate()或者 current_date()	返回当前的日期
curtime()或者 current_time()	返回当前的时间
date_add(date，inverval int keyword)	返回日期 date 加上间隔时间 int 的结果（int 必须按照关键字进行格式化）
date_format(date,fmt)	依照指定的 fmt 格式格式化日期 date 值
date_sub(date,interval int keyword)	返回日期 date 加上间隔时间 int 的结果（int 必须按照关键字进行格式化）
dayofweek(date)	返回 date 所代表的一星期中的第几天（1~7）
dayofmonth(date)	返回 date 所代表的一个月中的第几天（1~31）
dayofyear(date)	返回 date 所代表的一年中的第几天（1~366）
dayname(date)	返回 date 的星期名
from_unixtime(ts,fmt)	根据指定的 fmt 格式，格式化 UNIX 时间戳 ts
hour(time)	返回 time 的小时值（0~23）
minute(time)	返回 time 的分钟值（0~59）
month(time)	返回 date 的月份值（1~12）
now()	返回当前的日期和时间
quarter(date)	返回 date 在一年中的季度（1~4）
week(date)	返回 date 是一年中的第几周（0~53）
year(date)	返回日期 date 的年份（1000~9999）

（1）curdate()或者 current_date()函数

curdate()或者 current_date()函数用于获取 MySQL 服务器当前日期，例如：

```
select curdate (),current_date();
```

（2）curtime()、current_time()函数

curtime()、current_time()函数用于获取 MySQL 服务器当前时间，例如：

```
select curtime (),current_time();
```

（3）now()、current_timestamp()、localtime()、sysdate()函数

now()、current_timestamp()、localtime()、sysdate()函数用于获取 MySQL 服务器当前时间和日期，这 4 个函数允许传递一个整数值（小于或等于 6）作为函数参数，从而获取更为精确的时间信息。另外，这些函数的返回值与时区设置有关。

```
select @@time_zone;
select curdate(),current_date(), curtime(),current_time(),now(),
current_timestamp(),localtime(),sysdate()\G
```

结果如图 10-33 所示。

a)

图 10-33 结果（三十三）

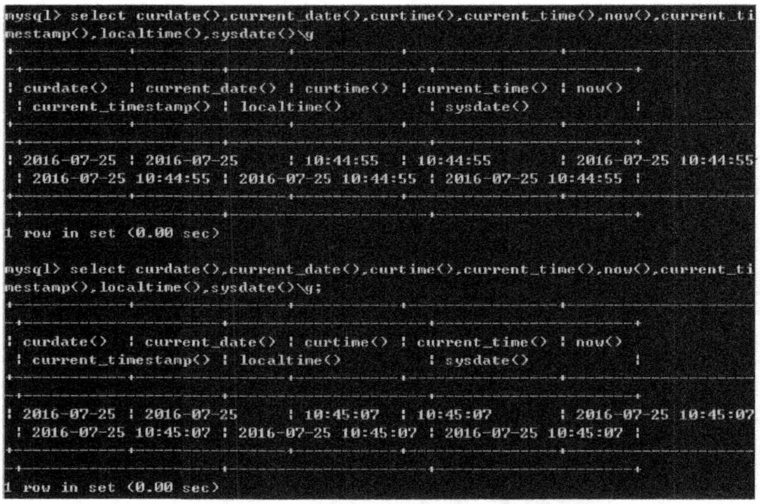

```
mysql> select curdate(),current_date(),curtime(),current_time,now(),current_ti
mestamp(),localtime,sysdate()\g
+------------+----------------+----------+--------------+---------------------+
| curdate()  | current_date() | curtime()| current_time | now()               |
| current_timestamp() | localtime | sysdate() |
+------------+----------------+----------+--------------+---------------------+
| 2016-07-25 | 2016-07-25     | 10:44:55 | 10:44:55     | 2016-07-25 10:44:55 |
| 2016-07-25 10:44:55 | 2016-07-25 10:44:55 | 2016-07-25 10:44:55 |
+------------+----------------+----------+--------------+---------------------+
1 row in set (0.00 sec)

mysql> select curdate(),current_date(),curtime(),current_time,now(),current_ti
mestamp(),localtime,sysdate()\g;
+------------+----------------+----------+--------------+---------------------+
| curdate()  | current_date() | curtime()| current_time | now()               |
| current_timestamp() | localtime | sysdate() |
+------------+----------------+----------+--------------+---------------------+
| 2016-07-25 | 2016-07-25     | 10:45:07 | 10:45:07     | 2016-07-25 10:45:07 |
| 2016-07-25 10:45:07 | 2016-07-25 10:45:07 | 2016-07-25 10:45:07 |
+------------+----------------+----------+--------------+---------------------+
1 row in set (0.00 sec)
```

b)

图 10-33　结果（三十三）（续）

（4）year()

year()函数解析一个日期值并返回其中关于年的部分，例如：

`select year(20160816131425),year('1982-02-28');`

结果如图 10-34 所示。

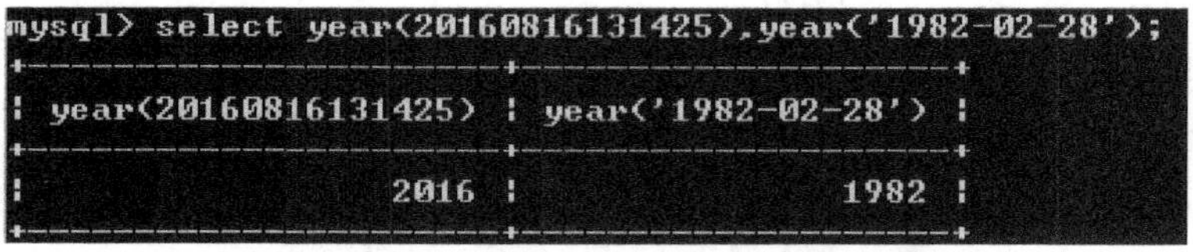

```
mysql> select year(20160816131425),year('1982-02-28');
+----------------------+--------------------+
| year(20160816131425) | year('1982-02-28') |
+----------------------+--------------------+
|                 2016 |               1982 |
+----------------------+--------------------+
```

图 10-34　结果（三十四）

（5）month()和 monthname()

month()和 monthname()函数，前者以数值格式返回月份，后者以字符串格式返回月份，例如：

`select month(20160816131425),monthname('1982-02-28');`

结果如图 10-35 所示。

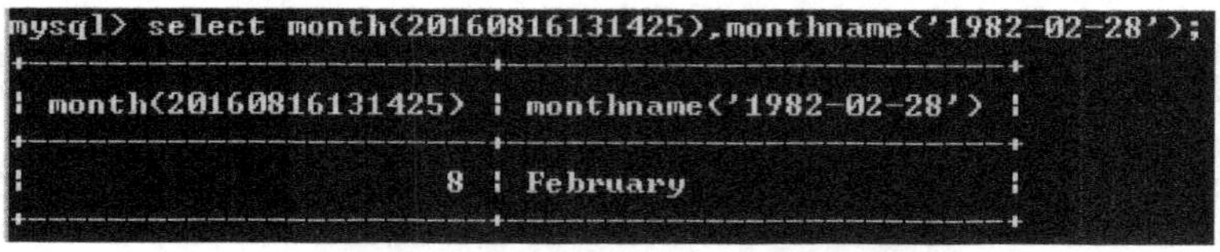

```
mysql> select month(20160816131425),monthname('1982-02-28');
+-----------------------+-------------------------+
| month(20160816131425) | monthname('1982-02-28') |
+-----------------------+-------------------------+
|                     8 | February                |
+-----------------------+-------------------------+
```

图 10-35　结果（三十五）

（6）dayofyear(),dayofweek(),dayofmonth()

dayofyear(),dayofweek(),dayofmonth()这三个函数分别返回某一天在一年、一个星期以及一个月中的序数，例如：

`select dayofyear(20160816),dayofmonth('1982-02-28'),dayofweek(20160816);`

(7) week()、yearweek()

week()返回指定的日期是一年中的第几个星期，yearweek()返回指定的日期是哪一年的哪一个星期，例如：

```
select week('1982-02-28'),yearweek(19820228);
```

结果如图 10-36 所示。

```
mysql> select week('1982-02-28'),yearweek(19820228);
+--------------------+--------------------+
| week('1982-02-28') | yearweek(19820228) |
+--------------------+--------------------+
|                  9 |             198209 |
+--------------------+--------------------+
```

图 10-36　结果（三十六）

(8) date_add()和 date_sub()

date_add()和 date_sub()函数可以对日期和时间进行算术操作，前者用来增加日期值，后者用来减少日期值。

语法格式如下：

```
date_add(date,interval int keyword);
date_sub(date,interval int keyword);
```

例如：

```
select date_add('1982-02-28',interval 20 day);
```

结果如图 10-37 所示。

```
mysql> select date_add('1982-02-28',interval 20 day);
+----------------------------------------+
| date_add('1982-02-28',interval 20 day) |
+----------------------------------------+
| 1982-03-20                             |
+----------------------------------------+
```

图 10-37　结果（三十七）

```
select date_sub('1982-03-20',interval 20 day);
```

结果如图 10-38 所示。

```
mysql> select date_sub('1982-03-20',interval 20 day);
+----------------------------------------+
| date_sub('1982-03-20',interval 20 day) |
+----------------------------------------+
| 1982-02-28                             |
+----------------------------------------+
```

图 10-38　结果（三十八）

10.1.4　数据类型转换函数

MySQL 为数据库用户提供了 convert()、cast()函数用于数据转换。

(1) convert()

convert(n using charset)函数返回 n 的 charset 字符集数据；convert(n,type)函数以 type 数据类型返回 n 数据，其中 n 的数据类型没有变化。例如：

```
set @s1='国';
set @s2=convert(@s1,binary);
select @s1,charset(@s1),@s2,charset(@s2);
```

(2) cast( )

cast(n as type)函数中 n 是 cast 函数需要转换的值，type 是转换后的数据类型。MySQL 支持在 cast()函数中使用 binary、char、date、time、datetime、signed 和 unsigned 类型。

当使用数值操作时，字符串会自动转换为数字，例如：

```
select 2+cast('48'as signed),2+'48';
```

结果如图 10-39 所示。

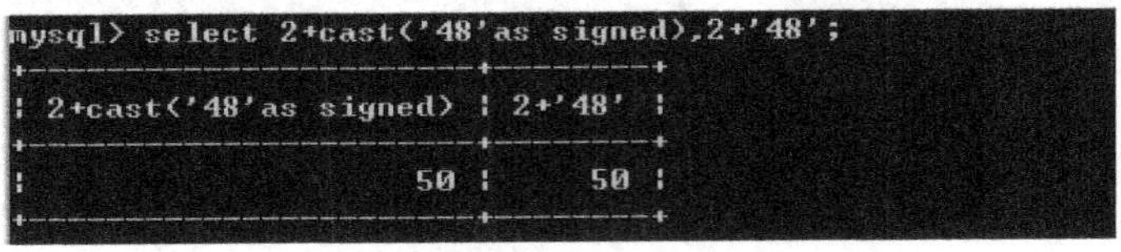

图 10-39　结果（三十九）

当用户需要将数据转移到一个新的数据库管理系统中时，cast()函数作用凸显。cast()函数允许用户将数据的值从旧数据类型转变为新的数据类型，以使其更适合新的数据库管理系统。

10.1.5　流程控制函数

MySQL 中的流程控制函数可以实现 SQL 的条件逻辑，允许开发者将一些应用程序业务逻辑转换到数据库后台。

（1）ifnull()

ifnull(s1,s2)函数的作用是判断参数 s1 是否为 null，当参数 s1 为 null 时返回 s2，否则返回 s1。ifnull 函数的返回值是数字或者字符串。例如：

```
select ifnull(1,2),ifnull(null,'MySQL');
```

结果如图 10-40 所示。

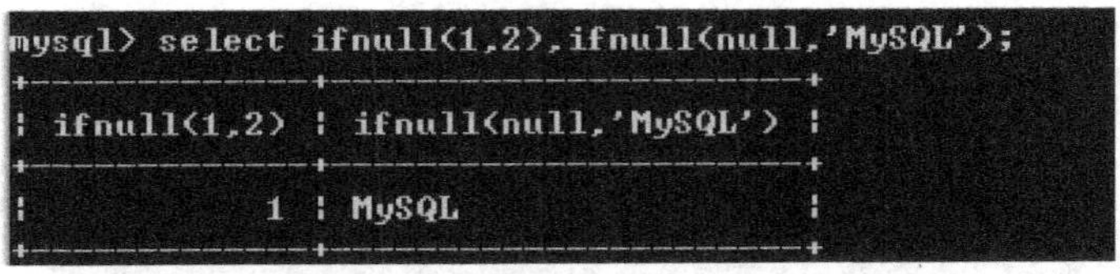

图 10-40　结果（四十）

（2）nullif()

nullif(s1,s2)函数用于检验两个参数是否相等。如果相等，返回 null，否则返回 s1。例如：

```
select nullif (1,1), nullif ('A','B');
```

结果如图 10-41 所示。

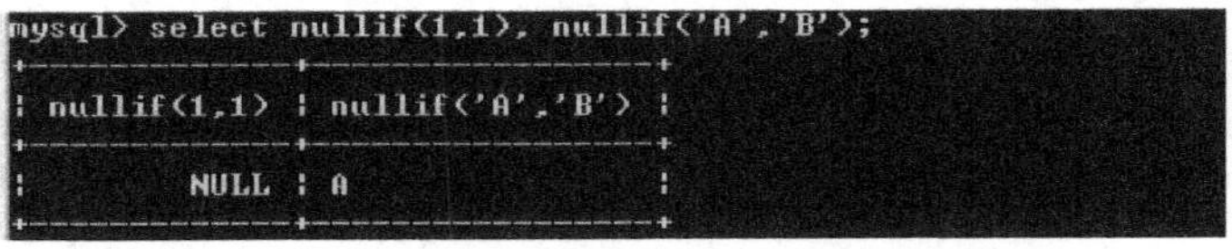

图 10-41　结果（四十一）

（3）if()

if(condition,s1,s2)函数用于判断，其中 condition 为条件表达式，当 condition 为真时，函数返回 s1 的值，否则，返回 s2 的值。

10.1.6 系统信息函数

MySQL 提供的系统信息函数用于获得系统本身的信息，MySQL 常用的系统信息函数见表 10-4。下面结合实例对一些常用的系统信息函数进行介绍。

表 10-4 常用系统信息函数

函数名称	函数功能
database()	返回当前数据库名
benchmark(count,n)	将表达式 n 重复运行 count 次
connection_id()	返回当前客户的连接 ID
found_rows()	返回最后一个 select 查询进行检索的总行数
user()或者 system_user()	返回当前登录用户名
version()	返回 MySQL 服务器的版本

（1）database()、user()和 version()

database()、user()和 version()函数分别用于返回当前数据库、当前用户和 MySQL 版本信息。例如：

```
select database(),user(),version();
```

结果如图 10-42 所示。

图 10-42 结果（四十二）

（2）benchmark(count,n)

benchmark(count,n)函数用于重复执行 count 次表达式 n。可以用于计算 MySQL 处理表达式的速度，结果值通常为零。

10.2 存储过程

存储过程（Stored Procedure）是在大型数据库系统中，一组为了完成特定功能的 SQL 语句集。它存储在数据库中，一次编译后永久有效。用户通过指定存储过程的名字并给出参数（如果该存储过程带有参数）来执行它。存储过程是数据库中的一个重要对象。在数据量特别庞大的情况下利用存储过程能达到倍速的效率提升。

10.2.1 存储过程的优点和缺点

存储过程的优点如下。

（1）**性能提升**：存储过程在首次执行时会被编译并存储在数据库中，后续调用时无须再次编译，从而提高了执行效率。

（2）**代码重用**：存储过程可以被多次调用，实现了代码的重用，减少了冗余代码。

（3）**安全性**：存储过程可以限制对数据的访问和操作，提高数据库的安全性。

（4）**维护方便**：如果需要修改某个功能，只需要修改存储过程即可，而不需要修改所有调用该功能的代码。

同时，存储过程也有一定缺点。

（1）存储过程维护性较差。

（2）对于简单的 SQL 语句，存储过程并没有什么优势。

（3）存储过程在进行调试时比较困难。

10.2.2 存储过程的用法

不同的数据库管理系统（如 MySQL、Oracle、SQL Server 等）对存储过程的语法和支持的功能可能有所不同，因此在实际使用时需要参考相应数据库的文档。

创建存储过程的语法（以 SQL Server 为例）大致如下：

```
CREATE PROCEDURE 存储过程名
        @参数1 数据类型,
        @参数2 数据类型,
        ...
    AS
    BEGIN
       -- SQL 语句集
    END
```

调用存储过程的语法如下：

```
EXEC 存储过程名 @参数1 = 值, @参数2 = 值, ...
```

总之，存储过程是数据库中的一种重要对象，它可以实现代码的封装、重用和高效执行，提高数据库的性能和安全性。

下面用具体实例说明存储过程的用法。

【例 10-5】 假设有一个名为 Employees 的表，其中包含员工的姓名（Name）和薪水（Salary）。以下是创建这个存储过程的 SQL 代码。

```
CREATE PROCEDURE GetEmployeeSalary
     @EmployeeName NVARCHAR(50)
    AS
    BEGIN
    SELECT Salary
    FROM Employees
    WHERE Name = @EmployeeName;
  END
  GO
```

上面的代码描述的存储过程中，有下面几点需要注意。

- GetEmployeeSalary 是存储过程的名称。
- @EmployeeName 是一个输入参数，其数据类型为 NVARCHAR(50)，用于接收传入的员工姓名。

- AS 关键字后面的部分是存储过程的主体，其中包含了查询语句。
- SELECT 语句从 Employees 表中检索与给定姓名匹配的员工的薪水。
- GO 是 SQL Server 中的批处理分隔符，用于标识 SQL 语句的结束。

一旦存储过程被创建，就可以通过以下方式调用它。

```
EXEC GetEmployeeSalary @EmployeeName = N'张三';
```

在这个调用中：
- EXEC 是执行存储过程的命令。
- GetEmployeeSalary 是要执行的存储过程的名称。
- @EmployeeName = N'张三' 是为存储过程的输入参数提供的值。这里为查询名为"张三"的员工的薪水。

注意： 当处理实际数据库时，需要确保表名和列名与数据库结构相匹配，并根据需要调整数据类型和参数名称。此外，如果表中的多个员工具有相同的姓名，这个简单的查询将返回所有这些员工的薪水。在实际应用中，可能需要更复杂的逻辑来对员工进行唯一标识，比如使用员工 ID 而不是姓名。

【例 10-6】 假设有一个名为 Orders 的订单表，包含订单 ID（OrderID）、客户 ID（CustomerID）、订单日期（OrderDate）和订单金额（OrderAmount）。创建一个存储过程，用于插入新的订单记录，并在插入之前检查客户是否存在。如果客户不存在，则不插入订单，并返回相应的错误信息。以下是创建这个存储过程的 SQL 代码。

```sql
CREATE PROCEDURE InsertOrder
    @CustomerID INT,
    @OrderDate DATE,
    @OrderAmount DECIMAL(10, 2),
    @OutputMessage NVARCHAR(100) OUTPUT
AS
BEGIN
  SET NOCOUNT ON; -- 不返回受影响的行数

  -- 检查客户是否存在
  IF NOT EXISTS (SELECT 1 FROM Customers WHERE CustomerID = @CustomerID)
  BEGIN
    SET @OutputMessage = N'客户不存在，无法插入订单。';
      RETURN; -- 退出存储过程
  END

  BEGIN TRY
    -- 开始事务
    BEGIN TRANSACTION

    -- 插入订单记录
    INSERT INTO Orders (CustomerID, OrderDate, OrderAmount)
    VALUES (@CustomerID, @OrderDate, @OrderAmount);

    -- 提交事务
    COMMIT TRANSACTION;

    SET @OutputMessage = N'订单插入成功。';
```

```
      END TRY
      BEGIN CATCH
        -- 如果出现错误，回滚事务并设置错误信息
        IF @@TRANCOUNT > 0
          ROLLBACK TRANSACTION;

        SET @OutputMessage = N'插入订单时发生错误：' + ERROR_MESSAGE();
      END CATCH;
    END
    GO
```

在这个存储过程中：
- 使用了@CustomerID、@OrderDate 和@OrderAmount 作为输入参数，它们分别表示客户ID、订单日期和订单金额。
- @OutputMessage 是一个输出参数，用于返回存储过程的执行结果或错误信息。
- SET NOCOUNT ON;用于禁止返回受影响的行数，这可以提高性能并减少网络流量。
- IF NOT EXISTS 语句用于检查客户是否存在。如果不存在，则设置输出消息为错误信息并退出存储过程。
- BEGIN TRY ... BEGIN CATCH 结构用于捕获并处理在存储过程执行期间可能发生的任何错误。如果发生错误，则会回滚事务并设置相应的错误信息。
- 如果订单成功插入，则提交事务并设置输出消息为成功信息。

要调用这个存储过程并获取输出消息，可以使用以下代码：

```
DECLARE @Message NVARCHAR(100);
    EXEC InsertOrder @CustomerID = 123, @OrderDate = '2023-04-01', @OrderAmount = 100.00, @OutputMessage = @Message OUTPUT;
SELECT @Message AS Message;
```

在这个调用中，声明了一个变量@Message 来接收输出消息，然后执行 InsertOrder 存储过程，并将@Message 作为输出参数传递。最后，选择@Message 变量的值来查看存储过程的执行结果。

本章小结

本章首先介绍了 MySQL 内置的函数，分别从数学函数、字符串函数、时间日期函数、数据类型转换函数、流程控制函数以及系统信息函数的使用和功能进行详细阐述。接着对数据库的存储过程进行介绍，详细阐述了存储过程的优缺点和创建存储过程的方法步骤，并以具体例子进行分析。

实践与练习

一、填空题

1. 在 MySQL 中，可以将数据类型转化的函数是_____。
2. 存储过的优点有：_____、_____、_____、_____。

二、概念题

1. 简要说明 MySQL 是如何定义时间和日期的。
2. 简要阐述存储过程的语法（以 SQL Server 为例）。

三、操作题

创建一个存储过程,查询指定学生平均成绩。

四、选择题

1. 创建存储过程的命令是(   )。(多选)

    A．create proc

    B．create function

    C．create procedure

    D．create view

2. 修改用户自定义存储过程的命令是(   )。

    A．alter table

    B．alter proc

    C．alter function

    D．alter view

3. 删除存储过程的命令是(   )。

    A．drop view

    B．drop function

    C．drop database

    D．drop procedure

4. 存储过程和数据库函数在数据库中的主要区别是(   )。(多选)

    A．存储过程用于执行一系列 SQL 语句,而函数用于返回计算结果

    B．存储过程有返回值,函数没有

    C．存储过程可以被单独调用,而函数只能在查询中使用

    D．存储过程可以修改数据,而函数不能

5. 数据库函数的主要目的是(   )。

    A．执行数据修改操作

    B．返回查询结果集

    C．执行特定的计算或操作,并返回结果

    D．管理和维护数据库结构

6. 存储过程和数据库函数在调用方式上的不同是(   )。

    A．存储过程必须单独调用,而函数可以在查询中直接调用

    B．函数必须单独调用,而存储过程可以在查询中直接调用

    C．存储过程和函数都必须单独调用

    D．存储过程和函数都可以在查询中直接调用

7. 下列(   )选项不是存储过程的特点。

    A．提高代码的可维护性

    B．减少网络流量负载

    C．可以直接修改数据库结构

    D．提高系统执行效率

实验指导：数据库的内置函数和存储过程

实验目的和要求

- 掌握 MySQL 的常用内置函数。
- 理解 MySQL 存储过程原理。
- 掌握管理 MySQL 存储过程创建和执行过程。
- 学会创建存储过程的方法。

题目 1　内置函数的使用

1．任务要求

（1）日期函数：使用数据库的日期函数获取当前日期和时间，并计算从当前日期起 7 天后的日期。

（2）字符串函数：创建一个包含字符串的表，并使用字符串函数实现以下操作。
- 截取字符串的前 N 个字符。
- 替换字符串中的某个子串。
- 将字符串转换为大写或小写。

（3）数值函数：创建一个包含数值的表，并使用数值函数实现以下操作。创建 assistant 用户，该用户没有初始密码。

（4）字符串函数：创建一个包含字符串的表，并使用字符串函数实现以下操作。
- 计算某列数值的平均值。
- 获取某列数值的最大值和最小值。
- 对某列数值进行四舍五入。

（5）转换函数：将不同类型的数据（如字符串和日期）转换为其他类型，并验证转换结果。

2．知识点提示

本任务主要用到以下知识点。
（1）数据库内置函数的基本用法。
（2）存储过程的创建、调用和参数传递。
（3）数据库管理系统（DBMS）中的高级特性。

题目 2　存储过程的创建与调用

1．任务要求

（1）掌握存储过程的创建、调用和参数传递。

（2）无参数存储过程：创建一个无参数的存储过程，该过程从某个表中查询所有数据并返回结果。

（3）带输入参数的存储过程：创建一个带输入参数的存储过程，该过程根据输入的参数值从表中查询数据并返回结果。

（4）调用存储过程：使用 CALL 语句（或等效的命令）调用上述创建的存储过程，并检查返回结果。

（5）创建一个包含员工信息的表，包括员工 ID、姓名、入职日期、工资等字段。

(6）存储过程创建：
- 创建一个存储过程，用于根据员工 ID 查询员工信息。
- 创建一个存储过程，用于计算并返回指定入职年份的员工的平均工资。

函数调用与存储过程调用：
- 使用内置函数计算当前日期与员工入职日期之间的年数差（即工龄）。
- 调用上述创建的存储过程，查询特定员工的信息以及某一年份入职的员工的平均工资。

2．知识点提示

本任务主要用到以下知识点。
（1）使用 DBMS 提供的工具或命令创建存储过程。
（2）存储过程的创建、调用和参数传递。
（3）数据库管理系统（DBMS）中的高级特性。
（4）编写 SQL 语句调用存储过程，并传递必要的参数（如果有）。
（5）执行调用语句，并检查存储过程的执行结果。

3．注意事项

（1）在进行实验前，请确保已经熟悉所使用的数据库系统的基本语法和命令。
（2）不同的数据库系统，内置函数的名称和用法可能有所不同，请参考相应数据库的官方文档。
（3）在创建存储过程时，注意参数的类型、传递方式和返回值的处理。
（4）在调用存储过程时，确保传递正确的参数值，并检查返回结果是否符合预期。

第 11 章 物流管理系统

学习目标

- 了解物流系统业务流程。
- 掌握物流管理系统数据库 E-R 图的画法。
- 掌握物流系统的数据库开发建表方法。
- 掌握物流系统的数据库设计流程。
- 掌握物流管理系统的开发流程。

素养目标

- 授课知识点：数据库的设计方法、系统开发流程、E-R 图的设计方法。
- 素养提升：通过让学生学习综合系统的设计方法，培养学生实践和创新能力。
- 预期成效：鼓励学生通过实践来掌握数据库综合设计的方法。可以设计一些具有挑战性的实践任务，让学生在解决问题的过程中锻炼自己的实践能力和创新思维。同时，也可以引导学生关注实际应用中数据库设计的最新发展，激发他们的创新精神和求知欲。

在经济全球化和电子商务迅速发展的时代，物流业从传统运输方式转向现代物流方式，并成为当前物流业发展的主流。在系统工程思想的指导下，现代物流以信息技术为中心思想，将各种资源整合在一起，将物流全过程优化升级。

本章将使用 MySQL 和 Java Web 技术来实现一个 B/S 结构的物流管理系统。此物流服务交易平台既需要满足物流服务的管理，还需要能够独立服务委托方物流业务需求，以方便对场站内的人工、设备、生产任务进行全程计划、调度、监控、管理，以保证生产任务的高效执行，以及各生产资源能得到最优的调配和使用。

11.1 系统需求分析

本系统从需求入手，介绍相关技术，对系统功能进行详细分析，然后进行系统设计，进而进行原型设计和部署，以完成功能上相对完善、基本能满足企业需求的物流服务信息系统。然后，对系统设计与实现中所用的相关技术进行分析。接着，对系统进行详细的需求分析。最后，介绍系统的总体框架设计、数据表设计和系统功能设计。

11.2 相关技术

数据库技术是信息资源管理最有效的手段，数据库结构设计的好坏将直接对应用系统的效率及实现效果产生影响。合理的数据库结构设计可以提高数据存储效率，保证数据的完整性和一致性。需求分析是用户对系统的行为、特性的规格说明，是在开发过程中对系统的约束。

11.2.1 需求工程

需求工程的目的是确定应用系统的目标，通过与用户进行交流得到相关的系统目标，以"工程化"的方法来提出、分析和组织需求活动。用户能积极参与需求分析活动，并需要参与整个软件生命周期，领域专家需要在整个软件生命周期进行指导，促使本次项目的各应用系统最大限度地满足用户需求。

需求工程是一个不断对需求进行定义、记录、演进的过程，最终达到用户满意的目的。本项目业务范围与部署范围大，需求工作需要总体规划、分步实施，因此，我们将需求工作分为两个部分：总体需求分析和详细需求分析。

（1）总体需求分析负责确定整个系统的目标与范围，确定系统的各个业务系统之间的关系，确定系统的划分、版本、部署、优先级等。

（2）详细需求分析负责确定各个系统的详细目标与范围、用户工作流程、系统功能需求、非功能需求。

11.2.2 ARIS 模型

采用 ARIS（Architecture of Integrated Information Systems）模型作为描述软件需求的工具，针对业务建立需求模型。ARIS 体系结构如图 11-1 所示。

图 11-1 ARIS 体系结构

ARIS 体系结构视图由五个部分组成，本文主要介绍以下四个部分。

1. 功能视图

功能视图利用树来描述对系统功能的理解、层次划分以及层次的配置信息。体系中的功能树可以通过图形转换得到清晰的呈现。

2. 数据视图

数据视图重点在于数据的构建，它涵盖了多种构建模型的方法，用于创建实体的模型。主要以 ERM（实体关系模型）为基础，由此逐步展开并发展为 SAP 的 SERM、IEFSeDam 等数据模型。在这些模型中，实体组织、资源、功能实体也互相联系。

3. 组织视图

组织视图位于模型的最顶端，用来描述组织的架构，包括组织单元、分解方法、层次分布的种属关系等。除此之外，一些扩充的外部元素也可以用来描述组织架构，比如人员、职位、场所等各种相关信息。通常，不把具体人员分配到特定的功能，以避免因人员转岗或离职导致业务概念需要更新。"角色"的引入就是为了屏蔽人员的变化对业务流程的影响。

4. 控制视图

控制视图位于模型的中心，也是核心部分，它在体系结构中起到连接作用，将整个模型中组织视图、数据视图、功能视图和服务/输出视图联系到一起。事件过程链图是其主要的建模方法。

面向系统的生命周期，ARIS 定义了三个层次的概念：需求定义、设计说明和实施描述。其中：

（1）需求定义

需求定义用正式的语言详细说明了信息技术需要支持的业务应用。这一阶段在项目生命周期中占有很重要的地位，因为它描述了实际的业务应用，并标志着业务应用实施的起点。

（2）设计说明

在设计说明阶段，需求定义中的概念被转化为信息技术接口。具体来说，功能视图在这一阶段涉及模块设计、控制结构设计和输入/输出显示设计；组织视图主要描述组织结构间的信息交流和网络拓扑；数据视图则将 E-R 模型转化为数据模型，并在此基础上构建数据库系统；过程视图则在设计说明阶段维护功能、组织和数据视图间的关系。

（3）实施描述

实施描述阶段将设计说明转化为具体的信息技术产品，它的主要目标是充分利用每一个构件的性能。

11.2.3 多层软件结构体系

多层软件结构体系主要由表示层（Presentation）、事务逻辑层（Business Logic）和数据服务层（Data）构成，如图 11-2 所示。

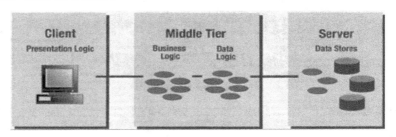

图 11-2 多层软件结构体系

（1）表示层

表示层负责用户界面的设计，确保用户交互的友好性。用户可以通过这个界面与应用的逻辑处理结果进行交互。在分布式应用环境中，表示层的工作完成就是由客户机来体现的。

（2）事务逻辑层

事务逻辑层位于表示层之下，负责处理来自上层的请求，执行逻辑上的计算任务，并将处理结果返给用户。该层首先把事务逻辑从客户接口处分离，然后放置于服务器，进行统一处理，从而允许多个用户共享这些逻辑。事务逻辑层在整体应用架构中起到最核心的作用。

（3）数据服务层

数据服务层主要负责提供数据访问服务，也就是说提供数据源。和前两层不同的是，数据服务层不直接与用户交互，也不与用户建立任何连接。它通过允许多个客户端和应用逻辑组件共享数据库链接，来提高连接效率和数据服务器的安全性。

11.2.4 Hibernate 框架

对象关系映射（ORM）的主要作用是将数据库中的数据映射成编程语言中的对象。在 Java 这种面向对象的语言中，ORM 使得开发者能够操作数据库表中的对象来进行一系列的开发工作。因此，开发者只需关注 ORM 这座桥梁中所映射的对象，就可以进行编程设计操作了。

Hibernate 框架是一个全自动的 ORM 框架，它将表中的数据自动转换为 Java 对象。通过之前映射的数据表和提前配置好的文件，对 Java 进行操作，来对数据库进行一系列的操作，从而把编程人员从编写烦琐的 SQL 语句中解放出来。

Hibernate 框架充当了数据库和程序之间的桥梁。Hibernate 的体系结构如图 11-3 所示（注：该图来自 Hibernate 官方参考文档）。

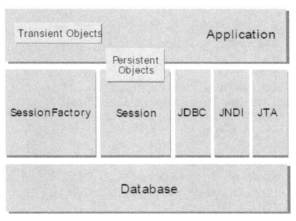

图 11-3　Hibernate 体系结构

Hibernate 有 5 个核心的接口，具体如下。

（1）sessionFactory 接口：负责创建 Session 的接口。SessionFactory 是数据库在持久层中创建出来的映射，它会保存之前所有经过持久层创造出来的镜像。

（2）Session 接口：会话类，它是执行数据库操作的核心，包括增加数据、删除数据、更改数据和查询数据的功能。

（3）Transaction 接口：访问指定的接口以管理事务。

（4）Query 接口：实现数据库的查询功能。

（5）Configuration 接口：用于创建 SessionFactory（会话工厂）类需要的配置信息和读取配置文件，比如数据库的版本、账户密码等信息。

11.3 持久层的实现

J2EE 系统利用 Hibernate 框架，将所有持久层的访问都交给其所提供的接口来实现，降低了业务逻辑层与持久层交互的耦合度。Hibernate 提供的模板类对象允许对数据对象进行全面的操作，使得开发者无需编写完整的 SQL 语句即可方便完成特定条件的数据操作。

持久层负责与数据库的交互，所以就要确保数据的一致性和准确性。在该系统中，持久层使用 Hibernate 框架进行持久化，包括 Hibernate 的配置文件和持久层所需的持久化对象 POJO。在 POJO 中，利用 J2EE 提供的 API 初步建立对象与数据库表之间的映射关系。Hibernate 配置文件负责完成 Java 类到关系数据库（RDBMS）表的映射，并提供数据库中的数据供程序查询和获取。

在 Hibernate 开发过程中，主要需要配置和编写两类文件：持久化对象文件（*.Java）以及 Hibernate 基础配置文件（hibernate.cfg.xml）。

11.3.1 持久化类文件

在 JavaBean 中，利用 J2EE 所提供的 API 可以将持久化对象的属性映射到数据库表中的字段。这些持久化对象为业务逻辑层提供所需的数据对象访问服务。

以出库管理模块为例，该模块的数据库表需要编写的持久化实体对象类文件包括 Ckb.java、Czb.java、Czmx.java、Spb.java。下面的代码展示了 Ckb.java 文件的内容，其中定义了对象应具有的数据成员，并为每个数据成员提供了相应的 setter 和 getter 方法。

```
packagecom.dcsh.market;
……
import javax.persistence.*; //数据持久化包
……
@Entity //元数据标签
@Table(name="Ckb",schema="dbo",catalog="test")
Public class Cangku implementsjava.io.Serializable{
private int id;//对象 ID
private String name;//仓库名
private string loc;//库位
private String address;//仓库地址
private Set<Ckxx>rkxxes=newHashSet<Ckxx>(0);//出库信息
@Id@GeneratedValue(strategy=GenerationType.IDENTITY)
@Column(name="Ckid",unique=true,nullable=false)
Public int getId(){return this.id; }
Public void setId(intid){this.id=id;}
…… //其他的 getter 和 setter
@OneToMany(cascade = CascadeType.ALL, fetch = FetchType.LAZY,
mappedBy="cangkuByRkId")
public Set<Chuku>get ChukusForRkId(){ return this.chukusForRkId;}
public void set ChukusForRkId(Set<Chuku> chukusForRkId) {this.chukusForRkId =
chukusForRkId;}
……
}
```

该实体类中包含了 javax.persistence 包，该包的主要作用是持久化实体类中的元数据，是 ORM 框架中常用的一个包。ORM 框架可以通过这个元数据标签，使实体类与数据库中的表建立映射关系。

11.3.2 基础配置文件

applicationContent.xml 是 Spring 框架中一个重要的基础配置文件，Spring 通过它来配置管理 SessionFactory。SessionFactory 是数据库连接的封装，由 Spring 来进行管理。Spring 的 IoC 容器将 SessionFactory 纳入其管理范围，使得每个需要持久化操作的组件都可以通过 Spring 的 IoC 容器将 SessionFactory 实例注入其中，从而实现对 SessionFactory 管理的松耦合。applicationContent.xml 文件代码片段如下：

```xml
……
<bean id="sessionFactory" class="org.springframework.orm.hibernate3.annotation.AnnotationSessionFactoryBean">
<!--hibernate.cfg.xml 是用来映射数据库的配置文件 -->
<property name="configLocation" value="hibernate.cfg.xml"/></bean>
<!-- 定义 Hibernate 模板类-->
<bean id="hibernateTemplate" class="org.springframework.orm.hibernate3.HibernateTemplate">
<property name="sessionFactory" ref="sessionFactory"/></bean>
<!-- 事务管理 -->
<bean id="transactionManager" class="org.springframework.orm.hibernate3.HibernateTransactionManager">
<property name="sessionFactory" ref="sessionFactory"/></bean>
<tx:annotation-driven transaction-manager="transactionManager" order="0"/>
……
```

在上面的代码清单中，定义了一个 HibernateTemplate 类，该类封装了 Hibernate 常用的操作方法，如 Create、Read、Update、Delete 等，本系统将采用 HibernateTemplate 类对数据库执行相关操作。

为了保证 SessionFactoryUtil 和 DataSourceUtil 能在一个事务里获取相同的数据库连接，同时便于管理事务的连接控制，系统将利用 Hibernate 所提供的事务管理器进行统一的管理。

当 SessionFactoryBean 在 Spring 容器中被定义之后，它就会由 Spring 容器负责创建和管理。这个 Bean 的定义包含了指向 hibernate.cfg.xml 配置文件的参数，该参数将连接数据库的配置工作和映射数据库表文件的事务交给了 hibernate.cfg.xml 这个文件来处理。下面的代码清单是该配置文件的主要代码：

```xml
……
<session-factory><property name="connection.driver_class">com.microsoft.sqlserver.jdbc.SQLServerDriver</property>//连接数据库驱动程序
<property name="connection.username">jboss</property>//连接用户名
<property name="connection.password">jboss</property>//连接用户密码
<property name="show_sql">false</property>//控制台不显示 SQL 语句
<property name="connection.url">jdbc:sqlserver://localhost:1433;databaseName=test</property>  //连接 URL
<property name="hibernate.dialect">org.hibernate.dialect.SQLServerDialect</property>//指定 Hibernate 连接数据库的连接方言
<!-- 映射持久化类 -->
<mapping class="com.dcsh.market.Users"/>
…… //其他持久化类
<mapping class="com.dcsh.market.Chukumx"/>
</session-factory>
……
```

11.4 业务逻辑层的实现

业务逻辑层负责管理程序内部的流程，包括从表示层到业务层、从业务层到持久层的数据和控制流。它还负责协调容器交互管理对象之间的依赖关系，声明与上层的相互作用接口等。系统的业务逻辑组件采用实现与接口分离的策略，使系统的控制器依赖其接口，而不再依赖于业务逻辑组件实现类，从而达到了降低系统重构代价的目的。业务逻辑组件通过它的配置文件来将具体的业务逻辑注入到实际的调用动作模块中，实现 Spring 的 IoC（控制反转）功能。

11.4.1 逻辑对象封装

通常，每个用户请求都有一个业务方法与之对应。系统的每个子模块都应有一个服务对象，用于对系统的业务逻辑进行封装。以货物信息管理模块为例，该模块对应的业务逻辑组件接口是 SpService.java，在这个接口中封装了货物信息管理模块的逻辑业务方法。每一个业务逻辑方法对应一个用户请求，每当用户发出请求并被 Struts2 的 Action 实例捕获后，都会将其委托给相应的业务逻辑方法来处理该请求。这个接口仅定义了业务逻辑组件接口本身，而不是该组件的实现类。因此，当系统的业务逻辑组件要重构时，只要不改变这个接口，就不会改变系统的功能。关键的封装代码片段如下。

```
packagecom.dcsh.market.service;
importcom.dcsh.market.Products;
……
Public interface SpService{
List<Spb>getAllSp();    //查询货物信息
Void updateSp(Sp product);//更新货物信息
Void deleteSp(Sp product);  //删除货物信息
Void insertSp(Sp product);  //增加货物信息
……
}
```

11.4.2 逻辑接口

业务逻辑接口只是对系统的业务功能的封装和定义，并未实现相应的功能。要使实际的业务逻辑功能得以执行，必须提供相应的实现类。在实现业务逻辑组件时，通常会引入 HibernateTemplate 来对数据库进行操作，同时利用 Spring 框架中的事务管理器来管理数据库的连接的创建和释放等工作，从而避免手动控制这些资源。关键代码清单如下。

```
packagecom.dcsh.market.service;
import org.springframework.orm.hibernate3.HibernateTemplate;
import org.springframework.transaction.annotation.Transactional;
……
public class SpService Implimplements SpService{
private HibernateTemplate hibernate Template;
//setter 和 getter 方法
@Transactional
public void insertSp(Spb product){
if(hibernateTemplate.find("from Spb where Cpm='"+
String.valueOf(Sp.getName())+"'").size()==0){
hibernateTemplate.save(product);}
else{thrownewServiceException("该产品已存在！"); }
```

```
    }
    ......
}
```

11.4.3 逻辑组件配置

将业务逻辑组件的实现类部署在 Spring 容器中是配置业务逻辑组件所要做的主要工作。除了配置业务逻辑组件，Spring 容器还为业务逻辑方法封装了一个 Hibernate 模板类，以此来实现对数据库的访问。在 applicationContent.xml 配置文件中定义了不同对象之间的依赖关系和交互方式。下面的代码清单列出了该配置文件的部分内容。

```xml
......
<bean id="hibernateTemplate" class="org.springframework.
orm.hibernate3.HibernateTemplate">
<property name="sessionFactory" ref="sessionFactory"/></bean>
<!-- 配置业务逻辑 bean-->
<bean id="SpService" class="com.dcsh.market.service.SpServiceImpl">
<property name="hibernateTemplate" ref="hibernateTemplate"/></bean>
<bean id="spmanagerAction" scope="prototype"
class="com.dcsh.market.action.admin.spManagerAction">
<constructor-arg ref="SpService"/></bean>
......
<!-- 配置其他业务逻辑 bean-->
......
```

通过以上的配置，在完成了部署业务逻辑组件的同时，也指明了调用业务逻辑组件方法的各个 Action。用户发送的各种请求将由 Action 根据此配置进行处理。

11.5 表示层的实现

形象地讲，表示层是向最终用户展示界面和提供用户交互的"窗口"，是 Web 应用的前端。它负责处理用户的请求和响应、验证用户输入数据的合法性以及展示数据等任务。为了完成以上的工作，需要配置 struts.xml 和 web.xml 等配置文件，并将业务逻辑层与 Struts2 框架相互整合。

11.5.1 过滤器设置

FilterDispatcher 是 Struts2 框架的核心控制器，负责拦截所有符合特定条件的用户请求。并且，系统中全部的超链接都是通过 Struts2 的控制器进行转发的，所以配置 FilterDispatcher 是 web.xml 文件必须完成的工作，其配置如下所示。

```xml
<filter>
<!--Dispatcher 用来初始化 Struts2 并且处理所有的 web 请求-->
<filter-name>struts2</filter-name>
<filter-class>org.apache.struts2.dispatcher.FilterDispatcher</filter-class>
</filter>
<filter-mapping>
<filter-name>struts2</filter-name>
<url-pattern>/*</url-pattern>
</filter-mapping>
```

有了以上的配置，用户的所有的请求就都会让 Struts2 的 FilterDispatcher 来处理了。

11.5.2 实现过程

以仓库管理为例来展开具体的 JSP 页面与控制器 Action 的实现步骤。管理仓库的页面是 cangkumanager.jsp，该页面包含了所有仓库的信息，并提供了对现有的仓库进行修改、删除以及新增仓库等功能。

以新增仓库为例，用户将仓库信息输入完毕并提交请求之后，该请求便会被发送到 adminckmanager.action。该 action 负责处理用户的请求，调用 insert 方法来执行新增操作。如果操作成功则返回 success 字符串，并重定向到该页面中，否则显示错误的提示。关键代码如下所示。

```
Public classadminckmanagerAction implements Preparable{
Private AdminService service;
Private String id;
Private String name;
Private Stringa ddress;
…… //其他的属性设置
Private static finalLoggerlog=LogManager.getLogManager().
get Logger(spManagerAction.class.getName());
public adminckmanagerAction(AdminService service)
{this.service=service;}
Public StringgetName(){return name;}
Public void setName(Stringname){this.name=name;}
…… //其他的setter和getter方法
publicString insert()throwsException{
ck=new Ck();
……
service.insertCk(ck);
return "success";
}
}
```

11.6 数据表设计

管理员信息表主要用来保存管理员信息，主要包括管理员名称和密码。基本信息管理数据库涉及的主要数据表包括：用户信息、客户信息、货物信息和货仓信息。入出库作业数据库涉及的主要数据表包括：入/出库单信息主表、入/出库单信息明细表。在库管理涉及的主要数据表包括：库位、库存。系统的主要数据库表设计概述如下。

1. tb_order（订单表）

订单表的结构和说明见表 11-1。

表 11-1 tb_order 表结构和说明

编号	字段名称	数据结构	说明
1	orderid	INT	订单号
2	memberid	VARCHAR	托运商号
3	companyid	VARCHAR	承运商号
4	batchno	VARCHAR	订单编号
5	ordertype	VARCHAR	订单类型

（续）

编号	字段名称	数据结构	说明
6	goodstype	VARCHAR	货物类型
7	startareaid	VARCHAR	起始号
8	endareaid	VARCHAR	终点号
9	packagetype	VARCHAR	包裹类型
10	expectprice	DOUBLE	预期价格

2．tb_member（托运商信息表）

托运商信息表的结构和说明见表 11-2。

表 11-2　tb_member 表结构和说明

编号	字段名称	数据结构	说明
1	memberid	VARCHAR	托运商号
2	memberlevel	VARCHAR	托运商级别
3	bankid	VARCHAR	银行号
4	bankaccount	VARCHAR	银行账户
5	companyname	VARCHAR	承运商名称
6	companytype	VARCHAR	承运商类型
7	areaid	VARCHAR	地点号
8	address	VARCHAR	地址
9	telephone	VARCHAR	电话号码
10	balancephone	VARCHAR	结算电话

3．tb_company（承运商信息表）

承运商信息表的结构和说明见表 11-3。

表 11-3　tb_company 表结构和说明

编号	字段名称	数据结构	说明
1	companyid	VARCHAR	承运商号
2	companyname	VARCHAR	承运商名称
3	companytype	VARCHAR	承运商类型
4	bankid	VARCHAR	银行号
5	mailaddress	VARCHAR	邮箱地址
6	telephone	VARCHAR	电话号码
7	balance	FLOAT	结算金额
8	balanceaccount	VARCHAR	结算账户
9	checkbank	VARCHAR	结算银行
10	checkaccount	VARCHAR	结算账号

4．tb_waybill（运单表）

运单表保存了一个运单内部的主要信息。运单表的结构和说明见表 11-4。

表 11-4 tb_waybill 表结构和说明

编号	字段名称	数据结构	说明
1	waybillid	VARCHAR	运单号
2	orderid	VARCHAR	订单号
3	startdate	VARCHAR	开始时间
4	enddate	VARCHAR	到达时间
5	batchno	VARCHAR	批次号
6	price	FLOAT	价钱
7	weight	FLOAT	重量
8	memo	VARCHAR	备注
9	modifyby	VARCHAR	修改人
10	isend	VARCHAR	是否为最后一批次

5．tb_ordercontract（订单合同表）

订单合同表保存了一个订单合同内部的主要信息。订单合同表的结构和说明见表 11-5。

表 11-5 tb_ordercontract 表结构和说明

编号	字段名称	数据结构	说明
1	ordercontractid	VARCHAR	订单合同号
2	orderid	VARCHAR	订单号
3	memberid	VARCHAR	托运商号
4	companyid	VARCHAR	承运商号
5	contracttime	VARCHAR	签订时间
6	contracttype	VARCHAR	签订方式
7	createdby	VARCHAR	创建者
8	contractqty	VARCHAR	产品数量
9	contractprice	FLOAT	产品单价
10	contracttype	VARCHAR	合同类型

6．tb_transaction（交易记录表）

交易记录表记录了执行一次交易时的主要信息。交易记录表的结构和说明见表 11-6。

表 11-6 tb_transaction 表结构和说明

编号	字段名称	数据结构	说明
1	transactionid	VARCHAR	交易记录号
2	orderid	VARCHAR	订单号
3	ordercontractid	VARCHAR	订单合同号
4	balancebillid	VARCHAR	结算单号
5	memberid	VARCHAR	托运商号
6	userid	VARCHAR	用户号
7	memo	VARCHAR	备注

（续）

编号	字段名称	数据结构	说明
8	actualpayamount	FLOAT	实际支付金额
9	deposit	FLOAT	抵押金额
10	createdby	VARCHAR	创建者

7．tb_role（用户角色表）

用户角色表描述了全部角色和相关信息。用户角色表的结构和说明见表 11-7。

表 11-7 tb_role 表结构和说明

编号	字段名称	数据结构	说明
1	roleid	VARCHAR	角色号
2	rolename	VARCHAR	角色名称
3	roledesc	VARCHAR	角色描述
4	username	VARCHAR	用户密码
5	sysname	VARCHAR	编码名称
6	password	VARCHAR	编码密码

8．tb_routetrace（路线运输表）

路线运输表保存了路线运输相关的主要信息。路线运输表的结构和说明见表 11-8。

表 11-8 tb_routetrace 表结构和说明

编号	字段名称	数据结构	说明
1	routetraceid	VARCHAR	路线运出号
2	companyid	VARCHAR	承运商号
3	waybillid	VARCHAR	运单号
4	areaid	VARCHAR	地址号
5	address	VARCHAR	地址
6	goodstype	VARCHAR	货物类型
7	memo	VARCHAR	备注
8	createdby	VARCHAR	创建者
9	createddate	VARCHAR	创建日期
10	modifydate	VARCHAR	修改时间

9．tb_invoice（发票表）

发票表保存了开发票时的主要信息。发票表的结构和说明见表 11-9。

表 11-9 tb_invoice 表结构和说明

编号	字段名称	数据结构	说明
1	invoiceid	VARCHAR	发票号
2	balancebillid	VARCHAR	结算单号

(续)

编号	字段名称	数据结构	说明
3	orderid	VARCHAR	订单号
4	ordercontractid	VARCHAR	订单签订号
5	invoiceno	VARCHAR	发票编号
6	invoicetype	VARCHAR	发票类型
7	invoicedate	VARCHAR	发票日期
8	invoiceaddress	VARCHAR	发票地址
9	memo	VARCHAR	备注
10	createdby	VARCHAR	创建者

10．tb_balancebill（结算表）

结算表保存了有关结算的主要信息。结算表的结构和说明见表 11-10。

表 11-10　tb_balancebill 表结构和说明

编号	字段名称	数据结构	说明
1	balancebillid	VARCHAR	结算单号
2	orderid	VARCHAR	订单号
3	ordercontractid	VARCHAR	订单合同号
4	price	FLOAT	单价
5	memo	VARCHAR	备注
6	waybillid	VARCHAR	运单号
7	startdate	VARCHAR	开始时间
8	transferid	VARCHAR	转移号
9	invoicestatus	VARCHAR	发票
10	enddate	VARCHAR	结束时间

11.7　数据库表创建

数据库的逻辑结构设计完毕后，就可以开始创建数据库和数据表。首先创建物流管理数据库 logisticmanage，创建及选择数据库的 SQL 语句如下。

```
create database logisticmanage;
use logisticmanage;
```

在图书管理数据库 logisticmanage 中分别创建数据表 tb_order（订单表）、tb_member（托运商信息表）、tb_company（承运商信息表）、tb_waybill（运单表）、tb_ordercontract（订单合同表）、tb_transaction（交易记录表）、tb_role（用户角色表）、tb_routetrace（路线运输表）、tb_invoice（发票表）和 tb_balancebill（结算表）。

1. tb_order（订单表）

创建订单表，SQL 语句如下。

```sql
CREATE TABLE 'NewTable' (
'orderid'  int NOT NULL AUTO_INCREMENT,
'memberid' varchar(255) NULL,
'companyid' varchar(255) NULL,
'batchno' varchar(255) NULL,
'ordertype' varchar(255) NULL,
'goodstype' varchar(255) NULL,
'startareaid' varchar(255) NULL,
'endareaid' varchar(255) NULL,
'packagetype' varchar(255) NULL,
'expectprice' double NULL,
PRIMARY KEY ('orderid')
);
```

2. tb_member（托运商信息表）

创建托运商信息表，SQL 语句如下。

```sql
CREATE TABLE 'tb_member' (
'memberid' varchar(255) NULL ,
'memberlevel' varchar(255) NULL ,
'bankid' varchar(255) NULL ,
'bankaccount' varchar(255) NULL ,
'companyname' varchar(255) NULL ,
'companytype' varchar(255) NULL ,
'areaid' varchar(255) NULL DEFAULT NULL ,
'address' varchar(255) NULL ,
'telephone' varchar(255) NULL ,
'balancephone' varchar(255) NULL
)
;
```

3. tb_company（承运商信息表）

创建承运商信息表，SQL 语句如下。

```sql
CREATE TABLE 'tb_company' (
'companyid' varchar(255) NULL ,
'companyname' varchar(255) NULL ,
'companytype' varchar(255) NULL ,
'bankid' varchar(255) NULL ,
'mailaddress' varchar(255) NULL ,
'telephone' varchar(255) NULL ,
'balance' float NULL ,
'balanceaccount' varchar(255) NULL ,
'checkbank' varchar(255) NULL ,
'checkaccount' varchar(255) NULL
)
;
```

4. tb_waybill(运单表)

创建运单基本信息表,SQL 语句如下。

```sql
CREATE TABLE 'tb_waybill' (
'waybillid' varchar(255) NULL ,
'orderid' varchar(255) NULL ,
'startdate' varchar(255) NULL ,
'enddate' varchar(255) NULL ,
'batchno' varchar(255) NULL ,
'price' float NULL ,
'weight' float NULL ,
'memo' varchar(255) NULL ,
'modifyby' varchar(255) NULL ,
'isend' varchar(255) NULL
);
```

5. tb_ordercontract(订单合同表)

创建订单合同表,SQL 语句如下。

```sql
CREATE TABLE 'tb_ordercontract' (
'ordercontractid' varchar(255) NULL ,
'orderid' varchar(255) NULL ,
'memberid' varchar(255) NULL ,
'cmpanyid' varchar(255) NULL ,
'contracttime' varchar(255) NULL ,
'contracttype' varchar(255) NULL ,
'createdby' varchar(255) NULL ,
'contractqty' varchar(255) NULL ,
'contractprice' float NULL ,
'contracttype' varchar(255) NULL
);
```

6. tb_transaction(交易记录表)

创建交易记录表,SQL 语句如下。

```sql
CREATE TABLE 'tb_transaction' (
'transactionid' varchar(255) NULL ,
'orderid' varchar(255) NULL ,
'ordercontractid' varchar(255) NULL ,
'balancebillid' varchar(255) NULL ,
'memberid' varchar(255) NULL ,
'userid' varchar(255) NULL ,
'memo' varchar(255) NULL ,
'actualpayamount' float NULL ,
'deposit' float NULL ,
'createdby' varchar(255) NULL
);
```

7. tb_role(用户角色表)

创建用户角色表,SQL 语句如下。

```sql
CREATE TABLE 'tb_role' (
```

```
'roleid'  varchar(255) NULL ,
'rolename'  varchar(255) NULL ,
'roledesc'  varchar(255) NULL ,
'username'  varchar(255) NULL ,
'sysname'  varchar(255) NULL ,
'password'  varchar(255) NULL
);
```

8. tb_routetrace（路线运输表）

创建路线运输表，SQL 语句如下。

```
CREATE TABLE 'tb_routetrace' (
'routetraceid'  varchar(255) NULL ,
'companyid'  varchar(255) NULL ,
'waybillid'  varchar(255) NULL ,
'areaid'  varchar(255) NULL ,
'address'  varchar(255) NULL ,
'goodstype'  varchar(255) NULL ,
'memo'  varchar(255) NULL ,
'createdby'  varchar(255) NULL ,
'createddate'  varchar(255) NULL ,
'modifydate'  varchar(255) NULL
);
```

9. tb_invoice（发票表）

创建发票表，SQL 语句如下。

```
CREATE TABLE 'tb_invoice' (
'invoiceid'  varchar(255) NULL ,
'balancebillid'  varchar(255) NULL ,
'orderid'  varchar(255) NULL ,
'ordercontractid'  varchar(255) NULL ,
'invoiceno'  varchar(255) NULL ,
'invoicetype'  varchar(255) NULL ,
'invoicedate'  varchar(255) NULL ,
'invoiceaddress'  varchar(255) NULL ,
'memo'  varchar(255) NULL ,
'createdby'  varchar(255) NULL
);
```

10. tb_balancebill（结算表）

创建结算表，SQL 语句如下。

```
CREATE TABLE 'tb_balancebill' (
'balancebillid'  varchar(255) NULL ,
'orderid'  varchar(255) NULL ,
'ordercontractid'  varchar(255) NULL ,
'price'  float NULL ,
'memo'  varchar(255) NULL ,
'waybillid'  varchar(255) NULL ,
'startdate'  varchar(255) NULL ,
```

```
'transferid' varchar(255) NULL ,
'invoicestatus' varchar(255) NULL ,
'enddate' varchar(255) NULL
);
```

11.8 系统实现

物流管理系统结构如图 11-4 所示,采用 B/S 的多层结构。其中主要的层次为:表示层、业务逻辑层、业务支持层、基础应用层和 IT 基础设施层。表示层负责实现用户的交互界面;业务支持层主要对表示层的业务请求做出响应,并完成与其他系统的接口调用;业务逻辑层完成系统主要的业务逻辑和工作流程;基础应用层包括中间件应用平台、SSH 框架等,是为系统提供框架和软件的层;IT 基础设施层包括数据中心、业务应用数据库、网络、操作系统等,负责系统数据的采集、通信和集中存储,以及数据库的连接功能。

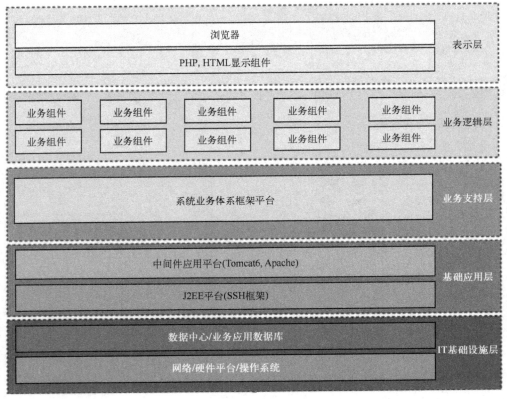

图 11-4　物流管理系统结构图

11.8.1　业务流程

1. 基本信息维护

通过登记并审核物流买家和物流承运方的信息,为物流平台的信息展示和运力交易提供最大的信用保障。

2. 物流买家基本信息维护

（1）买家信息登记：所有需要在物流平台上购买运力的买家，都必须在物流平台上申请账号并如实提供买家信息，以便在购买运力时能够登录物流平台确认购买方信息。

（2）买家信息变更：当买家基本信息发生变更时需要及时在平台上进行信息变更登记。

（3）买家信息审核：新买家登记基本信息或者已注册买家变更关键基本信息后，物流平台的管理员应对新的信息进行审核，确认信息无误后，将其标注为"已审核"。

（4）买家信息查询：成功购买运力的物流承运方有权查询并查看运力购买合同中的买家基本信息。业务流程图如图 11-5 所示。

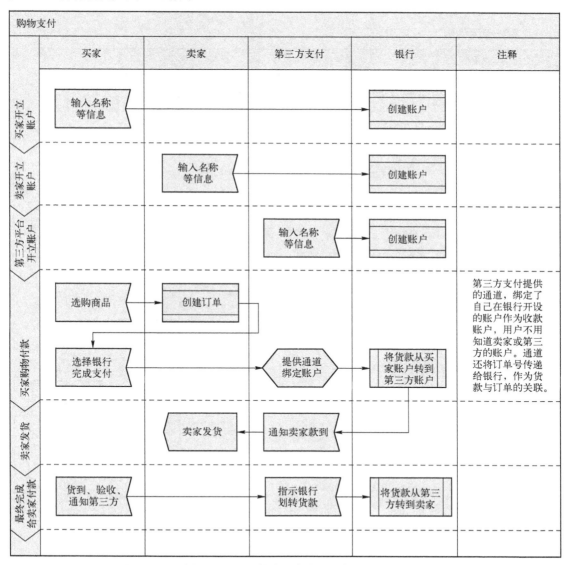

图 11-5 买家基本信息维护业务流程图

3. 物流承运方基本信息维护

（1）承运方信息登记：所有需要在物流平台上展示或销售运力的买家，必须由承运方本人或管理员在物流平台上注册真实的基本信息，并申请或分配账号，以便在运力展示或交易时方便购买方确认承运方信息。

（2）承运方信息变更：当承运方基本信息发生变更时需要及时在平台上进行信息变更登记。

（3）承运方信息审核：新承运方基本信息登记或者已注册承运方变更关键基本信息后，物流平台的管理员应对新的信息进行审核，确认信息无误后，将其标注为"已审核"。

（4）承运方信息查询：物流平台的用户有权查询并查看相应运力购买合同中的买家基本信息。

业务流程图如图 11-6 所示。

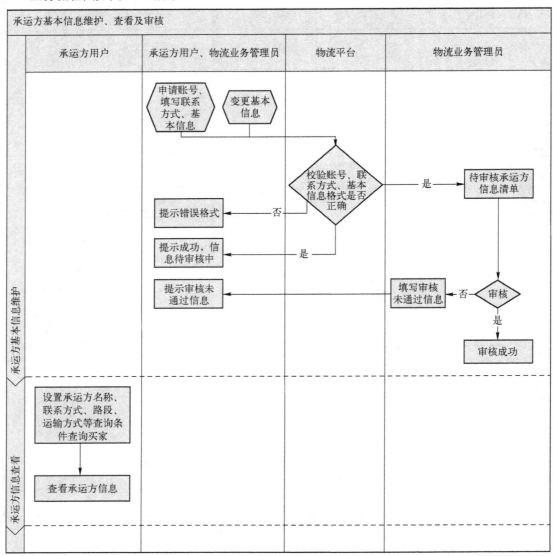

图 11-6 承运方基本信息维护业务流程图

4．物流承运方运力维护

所有自行注册的物流承运方可根据自己运力的变化情况，随时对运力记录进行添加、修改、暂不展示、恢复展示、注销等操作。同样，物流平台业务管理员在获知承运方运力变化后，也可以对相应承运方记录执行这些操作。

（1）运力记录添加：新添加的运力记录应包含运输工具、价格、最长耗时、最短耗时、平均耗时以及选择是否展示的选项。

（2）运力记录查询：自行注册的物流承运方和物流平台业务管理员均可查询运力记录并以清单方式展现。

（3）运力记录修改：自行注册的物流承运方和物流平台业务管理员均可选择运力记录进行修改，包括运输工具、价格、最长耗时、最短耗时和平均耗时。

（4）运力记录暂停展示：自行注册的物流承运方和物流平台业务管理员可将特定的运力记录设置为暂停展示，使其不被物流平台用户查询到。

（5）运力记录恢复展示：自行注册的物流承运方和物流平台业务管理员可将特定的运力记录设置为恢复展示，使其恢复到允许物流平台用户查询到并查看的状态。

（6）运力记录注销：自行注册的物流承运方和物流平台业务管理员可对完全失效的运力记录进行注销。

5．运力投诉管理

物流平台的用户可对查询并展示的运力记录进行投诉，并提交投诉理由。物流平台的业务管理员必须对投诉的运力记录和投诉记录进行回复，并和承运方就投诉进行沟通，最后确认投诉是否成立并回复核查意见，并据此决定是否对被投诉运力记录进行暂停展示或注销。

（1）运力记录投诉：物流平台用户可以对查询出来的运力记录进行投诉操作，并登录投诉内容。

（2）运力记录投诉回复：自行注册的承运方必须对投诉进行回复；或由业务管理员对投诉进行查看并回复投诉用户，指出投诉内容是否成立、是否会进一步核实。业务管理员可能根据需要多次联系用户和承运方，就投诉内容进行沟通，并登记每次沟通要点，以解决投诉问题。

（3）运力记录核实：业务管理员将根据调查结果填写核实报告，并决定是否对被投诉的运力记录进行暂停展示或注销。

业务流程图如图 11-7 所示。

6．可网签运力交易

用户可根据物流平台列出的可网签运力记录直接在线上进行交易。交易流程通常包括以下步骤：首先向购买方展示购买合同并获取购买方的同意；然后向销售方展示合同并获取其同意；接着向购买方展示最后剩余的同意合同的销售方，并让购买方再次去除不方便交易的销售方，最后生成有效的运力交易合同。生成合同后，双方在线下办理实际的托运业务。

（1）未获二次确认的运力记录的反馈

在二次确认环节未获购买方勾选的运力记录，将被反馈给相应的承运方。

业务流程图如图 11-8 所示。

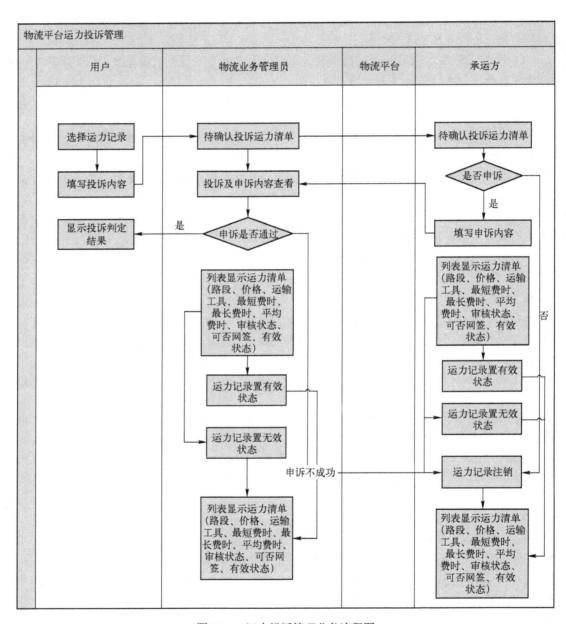

图 11-7 运力投诉管理业务流程图

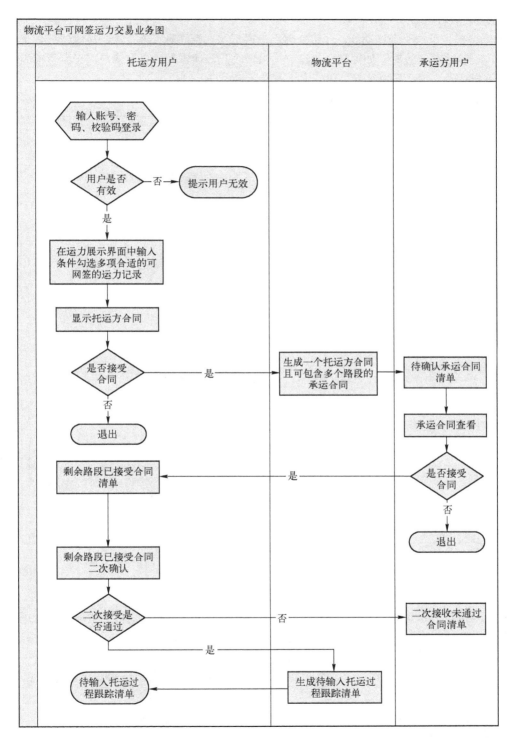

图 11-8 可网签运力交易业务流程图

（2）运输情况跟踪

物流平台提供了一个查询功能，允许任何用户根据购买合同号查询货物的运输情况。平台在展示各路段运输情况记录时，如果相应承运方提供了公开的运输详情查询接口，平台将首先根据单据号查询出运输详情，再对结果集进行优化并显示给用户。

业务流程图如图 11-9 所示。

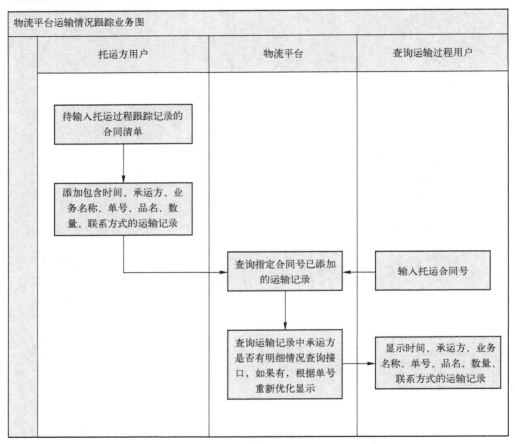

图 11-9　运输情况跟踪业务流程图

11.8.2　系统登录

当用户登录账户系统时，首先会进入账户类型引导页。在这里，用户根据实际情况选择适合自己的类型，包括：成为委托方、成为承运商、关联已有承运商、关联已有托运方。个人类型的用户不能选择成为承运商（承运商必须是企业）。系统登录界面如图 11-10 所示。

客户端生成包含加密密码信息，然后将其发送到服务器检查密码是否正确，主要实现代码如下：

```
public static String CheckPassword(String firm_id,String password){
    String cKey =GlobalNames.PLATFORM_AES_KEY;   //AES 加密 KEY
    String enPassword="";
    try {
        enPassword = AESUtil.encrypt(password, cKey);   //对密码进行 AES 加密
```

```
        //String DeString = AESUtil.decrypt(enPassword, cKey);   //AES 解密
        } catch (Exception e) {
            // TODO Auto-generated catch block
            e.printStackTrace();
        }
    Map<String, String> paraMap = new HashMap<String, String>();
        paraMap.put("firm_id",firm_id);
        paraMap.put("password",enPassword);
        //paraMap.put("password","8Ogr9X/Cmvy3J6CV2V97WA==");
        String queryString=SignUtil.createLinkString(paraMap);      //对参数进行 ASCII 排序
        String bodata="{\"firm_id\":\""+firm_id+"\",\"password\":\""+enPassword+"\"}";

//bodata="{\"bank_billno\":\"1475652093815\",\"code\":\"0\",\"total_fee\":\
"10000\",\"service_fee\":\"0\",\"product_fee\":\"0\",\"order_num\":\"\",\"attach\":
\"\",\"pay_time\":\"2016-10-05 15:21:33\"}";
        System.out.println("bodata="+bodata);
        String dataSign=MD5.sign(bodata+"&key="+cKey,"UTF-8").toString();
        System.out.println("datasign="+dataSign);
        return dataSign;
    }
```

图 11-10　系统登录界面

11.8.3　托运方平台

1. 创建订单

托运方在创建货物托运订单页面时，点击【创建订单】进入订单界面，根据相应要求填写各数据项后，可以选择【保存订单】或【保存并立即发布】。

（1）【保存订单】：将订单保存为草稿状态，即"未发布"。进入订单查询页面可以修改或发布该订单。

（2）【保存并立即发布】：使订单进入发布流程，不可以再进行修改。订单状态变更为"订单议价中"，可以查询该订单详细情况或继续后续操作。

主要代码如下。

```java
//根据SQL查询分页数据
    public String QueryDataBySqlForAll(String sql,String convertcode) throws ApplicationException{
        ServletActionContext.getResponse().setContentType("text/html;charset=GBK");
        JsonQueryBPO bpo=new JsonQueryBPO();
        String s=bpo.QueryDataBySqlForAll(sql,convertcode);
        if (!(getCallback()==null || getCallback().equals(""))){
            s=getCallback()+"("+s+")";
        }
        s=s.replaceAll("\r", "");        //替换回车换行，解决EXTJS不显示问题
        s=s.replaceAll("\n", "<br>");  //替换回车换行，解决EXTJS不显示问题
        //ServletActionContext.getResponse().setContentType("text/html;charset=utf-8");
        try {
            ServletActionContext.getResponse().getWriter().write(s);
            ServletActionContext.getResponse().getWriter().flush();
            ServletActionContext.getResponse().getWriter().close();
        } catch (IOException e) {
            // TODO Auto-generated catch block
            e.printStackTrace();
        }
        return this.SUCCESS;
    }
```

2. 订单查询

在订单查询页面，用户可以查询该托运方的所有订单。页面提供【查看】【发布】【撤单】三个操作按钮，在订单列表中勾选需要操作的订单（单选）并点击相应操作按钮即可对其进行查询。

【查看】：用户可以查看所有的订单详情，点击该按钮后进入订单详情页面，页面中数据仅为展示，不提供修改等操作按钮。

主要代码如下。

```java
//根据SQL查询分页数据
public String QueryDataBySql(String sql,String convertcode) throws ApplicationException{

    ServletActionContext.getResponse().setContentType("text/html;charset=GBK");
    String startRow = new Integer(start).toString();        //获取开始行
    if (startRow==null){
        startRow="0";
    }

    if (limit==0){                    //默认为每页10行
        limit=10;
    }
    int pageSize = limit;             //页记录数

    //int index = Integer.parseInt(startRow)/pageSize;        //开始页
    int index = Integer.parseInt(startRow)/pageSize+1;       //开始页

    JsonQueryBPO bpo=new JsonQueryBPO();
```

```
String s="";
/*
String ls_FieldList=bpo.GetFieldList(sql);
if (!(fieldList==null || fieldList.equals(""))){
    s=bpo.QueryDataBySql(sql,fieldList,index,pageSize);
}else{
    s=bpo.QueryDataBySql(sql,ls_FieldList,index,pageSize);
}
*/
s=bpo.QueryDataBySql(sql,convertcode,index,pageSize);

if (!(getCallback()==null || getCallback().equals(""))){
    s=getCallback()+"("+s+")";
}
s=s.replaceAll("\r", "");           //替换回车换行符,解决 EXTJS 不显示问题
s=s.replaceAll("\n", "<br>");       //替换回车换行符,解决 EXTJS 不显示问题

//ServletActionContext.getResponse().setContentType("text/html;charset=utf-8");

try {
    ServletActionContext.getResponse().getWriter().write(s);
    ServletActionContext.getResponse().getWriter().flush();
    ServletActionContext.getResponse().getWriter().close();
} catch (IOException e) {
    // TODO Auto-generated catch block
    e.printStackTrace();
}
return this.SUCCESS;
}
```

3. 订单签约

订单建立后,订单初始状态为"订单议价中"。只要承运商与托运方其中有一方同意价格(即订单议价状态为"托运方同意价格"或"承运商同意价格"),订单将进入签约环节,订单状态更新为"订单签约中",订单签约状态更新为"等待同意签约"。

在签约环节,托运方可以对订单状态为"订单签约中"、订单签约状态为"等待同意签约"的订单进行同意签约操作。在列表中仅展示等待操作签约的订单,并提供【查看】和【签约】操作按钮。用户可以勾选需要操作的订单(单选),然后点击相应操作按钮。订单签约界面如图 11-11 所示。

图 11-11　订单签约界面

主要代码如下。

```
public String ContractFinish()throws ApplicationException {
    if (!super.CheckMsgdata()){
        super.QueryException("数据包签名异常");
        return SUCCESS;
    }
    CommonDTO dto = new CommonDTO();
    success="false";
    msg=companyDAO.ContractFinish(msgdata);
    if (msg.equals("0")){
        success="true";
        msg="操作成功";
    }
    dto.setSuccess(success);
    dto.setMsg(msg);
    HttpServletResponse response=ServletActionContext.getResponse();
    returnExtJSONToBrowser(response,dto,callback);
    return null;
}
```

【查看】：点击该按钮后，进入订单详情页，页面中数据仅为展示，不提供操作按钮。

【签约】：点击该按钮后，签约成功，订单签约状态变更为"已同意签约"，如图 11-12 所示。

图 11-12　签约成功详情页

主要代码如下。

```
public String SearchOrderBillList()throws Exception{
    if (!super.CheckMsgdata()){
        super.QueryException("数据包签名异常");
        return SUCCESS;
    }
    String ls_msg=companyDAO.CheckSql_Where(msgdata);
    if (ls_msg.equals("0")){   //验证成功
        String ls_sql=companyDAO.GetSql_SearchOrderBillList(msgdata);
        super.QueryDataBySql(ls_sql,convertcode);         //查询业务数据
    }else{
        super.QueryException(ls_msg);                    //抛出异常提示
    }
    return SUCCESS;
}
```

4. 签订合同

当托运方成功缴纳了履约保证金后，该订单进入最后的签订环节。在此环节中，订单状态将显示为"订单签约中"，订单签约状态将更新为"已缴纳保证金"。提供【查看】、【立即签订合同】按钮，用户可以在订单列表中勾选需要操作的订单（单选），并点击相应操作按钮。签订合同页面如图11-13所示。

图 11-13　签订合同页面

【查看】：点击该按钮后，进入订单详情页，页面中数据仅为展示，不提供操作按钮。

【立即签订合同】：点击该按钮后，进入签订信息补充页面。在这里，用户需要选择是否为现货交易，并提供保单号。完成补充信息后，点击【确定】按钮，订单签约状态变更为"已签订合同"。当承运商也完成签订操作后，该订单的状态将变更为"订单生效"。

5. 订单跟踪

订单生效后，托运方可以向承运商发起运单物流状态查询请求，承运商则需要就相应的物流状态进行回应。列表展示当前托运方订单状态为"订单生效"的订单，并提供【发送运单跟踪请求】、【查看最新回应】按钮。用户可以在订单列表中勾选需要操作的订单（单选），并点击相应操作按钮。点击【待验收确认单】，可以查看待验收确认单列表。

主要实现代码如下。

```
//查询运力
    public String SearchTransport()throws Exception{
        if (!super.CheckMsgdata()){
            super.QueryException("数据包签名异常");
            return SUCCESS;
        }
        String ls_msg=companyDAO.CheckSql_Where(msgdata);
        if (ls_msg.equals("0")){   //验证成功
            String ls_sql=companyDAO.GetSql_SearchTransport(msgdata);
            super.QueryDataBySql(ls_sql,convertcode);   //查询业务数据
        }else{
            super.QueryException(ls_msg);              //抛出异常提示
        }
        return SUCCESS;
    }
    public String AddTransport()throws ApplicationException {
        if (!super.CheckMsgdata()){
            super.QueryException("数据包签名异常");
```

```
            return SUCCESS;
        }
        CommonDTO dto = new CommonDTO();
     success="false";
     msg=companyDAO.AddTransport(msgdata);
     if (msg.equals("0")){
         success="true";
         msg="操作成功";
     }
         dto.setSuccess(success);
         dto.setMsg(msg);
         HttpServletResponse response=ServletActionContext.getResponse();
         returnExtJSONToBrowser(response,dto,callback);
         return null;
    }
    public String ModTransport()throws ApplicationException {
    ........
    }
    public String DelTransport()throws ApplicationException {
    ........
    }
```

11.8.4 承运方平台

1．发布运力

在发布运力页面，承运商可以操作目前该公司拥有的运力类别，并提供【发布运力】操作。

2．运力信息管理

显示当前承运商运力信息列表，并提供【查看】【修改】【删除】【发布】操作。

【查看】：点击该按钮，可以查看到已发布的信息。若要再次发布，点击【发布】按钮，将跳转到发布页面，然后点击【立即发布】按钮即可以将运力信息发布到平台中。

主要代码如下。

```
//查询运力类型
    public String SearchPowertype()throws Exception{
        if (!super.CheckMsgdata()){
            super.QueryException("数据包签名异常");
            return SUCCESS;
        }
        String ls_msg=companyDAO.CheckSql_Where(msgdata);
        if (ls_msg.equals("0")){    //验证成功
            String ls_sql=companyDAO.GetSql_SearchPowertype(msgdata);
            super.QueryDataBySql(ls_sql,convertcode);    //查询业务数据
        }else{
            super.QueryException(ls_msg);                //抛出异常提示
        }
        return SUCCESS;
    }
    public String AddPowertype()throws ApplicationException {
        if (!super.CheckMsgdata()){
            super.QueryException("数据包签名异常");
            return SUCCESS;
```

```
        }
         CommonDTO dto = new CommonDTO();
        success="false";
        msg=companyDAO.AddPowertype(msgdata);
        if (msg.equals("0")){
          success="true";
          msg="操作成功";
        }
        dto.setSuccess(success);
        dto.setMsg(msg);
        HttpServletResponse response=ServletActionContext.getResponse();
        returnExtJSONToBrowser(response,dto,callback);
        return null;
    }
    public String ModPowertype()throws ApplicationException {
......
    }
    public String DelPowertype()throws ApplicationException {
        ......
    }
    //查询运力
    public String SearchTransport()throws Exception{
        ......
    }
    public String AddTransport()throws ApplicationException {
        ......
    }
    public String ModTransport()throws ApplicationException {
        ......
    }
    public String DelTransport()throws ApplicationException {
        ......
    }
```

3. 车辆资源管理

在车辆资源页面可以对本公司的车辆信息进行维护，提供增、删、查、改功能，如图 11-14 所示。

图 11-14　车辆资源页面

【添加车辆】：点击该按钮，进入车辆信息新增页面，点击【确定】按钮保存，如图 11-15 所示。

图 11-15　车辆信息新增页面

【编辑】：点击该按钮，进入车辆信息编辑页面，如图 11-16 所示。

图 11-16　车辆信息编辑页面

【删除】：点击该按钮，可以删除所选车辆信息。
主要代码如下。

```java
//查询车辆
    public String SearchCar()throws Exception{
        if (!super.CheckMsgdata()){
            super.QueryException("数据包签名异常");
            return SUCCESS;
        }
        String ls_msg=companyDAO.CheckSql_Where(msgdata);
        if (ls_msg.equals("0")){   //验证成功
            String ls_sql=companyDAO.GetSql_SearchCar(msgdata);
            super.QueryDataBySql(ls_sql,convertcode);   //查询业务数据
        }else{
            super.QueryException(ls_msg);              //抛出异常提示
        }
        return SUCCESS;
    }
//查询车辆图片
    public String SearchCarimg()throws Exception{
        if (!super.CheckMsgdata()){
            super.QueryException("数据包签名异常");
            return SUCCESS;
        }
        String ls_msg=companyDAO.CheckSql_Where(msgdata);
        if (ls_msg.equals("0")){   //验证成功
            String ls_sql=companyDAO.GetSql_SearchCarimg(msgdata);
            super.QueryDataBySql(ls_sql,convertcode);   //查询业务数据
        }else{
            super.QueryException(ls_msg);              //抛出异常提示
        }
        return SUCCESS;
    }
    public String AddCar()throws ApplicationException {
     ......
    }

    public String DeleteCarimg()throws ApplicationException {
     ......
    }
    public String ModCar()throws ApplicationException {
        ......
    }
    public String DelCar()throws ApplicationException {
        ......
    }
```

4. 轨道资源维护

在轨道资源维护页面，用户可以维护本公司轨道资源相关信息，并提供增、删、查、改功能，如图 11-17 所示。

图 11-17 轨道资源维护页面

【添加轨道】：点击该按钮，进入轨道资源新增页面，点击【确定】按钮保存。

```
//查询轨道
    public String SearchTrack()throws Exception{
        if (!super.CheckMsgdata()){
            super.QueryException("数据包签名异常");
            return SUCCESS;
        }
        String ls_msg=companyDAO.CheckSql_Where(msgdata);
        if (ls_msg.equals("0")){   //验证成功
            String ls_sql=companyDAO.GetSql_SearchTrack(msgdata);
            super.QueryDataBySql(ls_sql,convertcode);   //查询业务数据
        }else{
            super.QueryException(ls_msg);              //抛出异常提示
        }
        return SUCCESS;
    }
//查询轨道图片
    public String SearchTrackimg()throws Exception{
        if (!super.CheckMsgdata()){
            super.QueryException("数据包签名异常");
            return SUCCESS;
        }
        String ls_msg=companyDAO.CheckSql_Where(msgdata);
        if (ls_msg.equals("0")){   //验证成功
            String ls_sql=companyDAO.GetSql_SearchTrackimg(msgdata);
            super.QueryDataBySql(ls_sql,convertcode);   //查询业务数据
        }else{
            super.QueryException(ls_msg);              //抛出异常提示
        }
        return SUCCESS;
    }
    public String AddTrack()throws ApplicationException {
        if (!super.CheckMsgdata()){
            super.QueryException("数据包签名异常");
            return SUCCESS;
        }
        CommonDTO dto = new CommonDTO();
       success="false";
       msg=companyDAO.AddTrack(msgdata);
       if (msg.equals("0")){
        success="true";
        msg="操作成功";
```

```
        }
        dto.setSuccess(success);
        dto.setMsg(msg);
        HttpServletResponse response=ServletActionContext.getResponse();
        returnExtJSONToBrowser(response,dto,callback);
        return null;
    }
    public String DeleteTrackimg()throws ApplicationException {
        ......
    }
    public String ModTrack()throws ApplicationException {
        ......
    }
    public String DelTrack()throws ApplicationException {
        ......
    }
```

本章小结

　　本物流管理系统的开发，以软件工程的基本原理为指导，将新一代 SSH 框架与现代物流系统业务需求相结合，打造出能够提供更加良好的用户体验的平台。本章首先阐述研究背景，将内容划分为"SSH 框架下系统开发"和"现代物流系统业务需求"这两个主要部分，并分别概括。接着，根据调查问卷对现代企业的实际需求进行整理和详细分析，明确了系统要完成哪些功能、要实现哪些目标。之后，从前端和后台两个方面对系统进行概要设计和详细设计，通过系统流程设计和功能设计图等图示使读者对系统工作流程和基本功能有明确的认识。最后，实施系统开发，确保系统基本功能的正常运转。

参 考 文 献

[1] 崔洋,贺亚茹. MySQL 数据库应用从入门到精通[M]. 3 版. 北京:中国铁道出版社,2016.
[2] 郑阿奇. MySQL 实用教程[M]. 2 版. 北京:电子工业出版社,2014.
[3] 李辉. 数据库技术与应用:MySQL 版[M]. 北京:清华大学出版社,2016.
[4] 李波. MySQL 从入门到精通[M]. 北京:清华大学出版社,2015.
[5] BEN FORTA. MySQL 必知必会[M]. 刘晓霞,钟鸣,译. 北京:清华大学出版社,2009.
[6] 刘玉红,郭广新. MySQL 数据库应用案例课堂[M]. 北京:清华大学出版社,2015.
[7] 陈飞显,孙俊玲,马杰. MySQL 数据库实用教程[M]. 北京:清华大学出版社,2015.
[8] 侯振云,肖进. MySQL 5 数据库应用入门与提高[M]. 北京:清华大学出版社,2015.
[9] 刘增杰,李坤. MySQL 5.6 从零开始学[M]. 北京:清华大学出版社,2013.
[10] 孔祥盛. MySQL 数据库基础与实例教程[M]. 北京:人民邮电出版社,2014.
[11] 杨树林,胡洁萍. Java Web 应用技术与案例教程[M]. 北京:人民邮电出版社,2011.
[12] 迪布瓦. MySQL 技术内幕[M]. 张雪平,何莉莉,陶虹,译. 5 版. 北京:人民邮电出版社,2015.
[13] 张磊,丁香乾. Java Web 程序设计[M]. 北京:电子工业出版社,2011.
[14] 刘淳. Java Web 应用开发[M]. 北京:中国水利水电出版社,2012.
[15] 常倬琳. Java Web 从入门到精通[M]. 北京:机械工业出版社,2011.
[16] SASBA PACBEV. 深入理解 MySQL 核心技术[M]. 李芳,于红芸,邵健,译. 北京:中国电力出版社,2009.
[17] RICK F VAN DER LANS. MySQL 开发者 SQL 权威指南[M]. 许杰星,李强,等译. 北京:机械工业出版社,2008.
[18] BARON SCHWARTZ,PETER ZAITSEV,VADIM TKACHENKO. 高性能 MySQL[M]. 宁海元,周振兴,彭立勋,等译. 北京:电子工业出版社,2013.
[19] 李雁翎. 数据库技术及应用[M]. 4 版. 北京:高等教育出版社,2014.
[20] 李楠楠. 数据库原理及应用[M]. 北京:科学出版社,2015.
[21] 贾铁军. 数据库原理应用与实践:SQL Server 2014[M]. 2 版. 北京:科学出版社,2015.